PYTHON HIGH CONCURRENCY AND HIGH PERFORMANCE PROGRAMMING

Principle and Practice

# Python高并发与高性能编程

## 原理与实践

周宇凡 ◎著

机械工业出版社
CHINA MACHINE PRESS

**图书在版编目（CIP）数据**

Python 高并发与高性能编程：原理与实践 / 周宇凡著 . —北京：机械工业出版社，2023.6（2024.10 重印）

ISBN 978-7-111-72939-6

I. ① P… II. ①周… III. ①软件工具 – 程序设计 IV. ① TP311.561

中国国家版本馆 CIP 数据核字（2023）第 058394 号

机械工业出版社（北京市百万庄大街 22 号 邮政编码：100037）

策划编辑：孙海亮 责任编辑：孙海亮 董惠芝

责任校对：张昕妍 张 薇 责任印制：李 昂

北京捷迅佳彩印刷有限公司印刷

2024 年 10 月第 1 版第 2 次印刷

186mm × 240mm · 14.75 印张 · 318 千字

标准书号：ISBN 978-7-111-72939-6

定价：89.00 元

电话服务 网络服务

客服电话：010-88361066 机 工 官 网：www.cmpbook.com

010-88379833 机 工 官 博：weibo.com/cmp1952

010-68326294 金 书 网：www.golden-book.com

**封底无防伪标均为盗版** 机工教育服务网：www.cmpedu.com

# *Preface* 前　　言

## 为什么要写本书

我刚进入大学时就接触到了 Python 语言，当时就被它的各种语法糖和简单易学的特性吸引。随着学习和使用的深入，我慢慢体会到了利用它的高级特性也可以解决更加复杂的问题。这一点在我大学毕业进入阿里云工作后有了更深刻的体会和认知。

刚进入阿里云时，很多工作都需要用 Java 语言来实现。但是因为我对 Python 的偏爱，一直想看看用 Java 实现的功能是否可以用 Python 来重构或实现。于是，我开始对 Python 进行更加深入的研究，发现 Java 和 Python 在实现过程中有太多相似的地方。当然，Python 和 Java 有不同的应用场景，具有不同的业务处理能力。在 Python 擅长的业务中，现实的业务场景对高并发、高性能的要求在逐步提高。要想满足这些需求，我们就需要对 Python 线程、进程、原子锁等高级特性有深入理解。

“深入理解”四个字说起来容易，但做起来非常难。这不仅需要进行大量针对性学习和刻意练习，还需要在实际工作中进行实践和总结。幸运的是，在阿里云工作期间，我有很多机会使用 Python。因为我有了对 Python 高并发与高性能内容的深入理解，在日常工作中处理那些逻辑复杂、耗时长、I/O 流量大的任务时更加得心应手。比如，在处理阿里云内部某电信系统大批量数据的频繁生成和导出时，由于数据体量庞大（大于 TB 级别），使用 Java 处理所需时间和使用 Python 处理所需时间相差较大——这是 Java 和 Python 在线程与并发实现方式上有所差别造成的，所以我优先考虑使用 Python 并发机制去处理，而使用 Java 处理一些基本的服务。

目前，市面上关于 Java 高并发、高性能的书很多，讲解 Python 基本语法和常规使用的书也很多，但很少有专门针对 Python 高并发、高性能从实现原理到实践应用系统性讲解的书。鉴于此，我决定结合自己的经验对 Python 语言中的高级编程部分（即高并发、高性能编程的核心实现原理与实践应用）进行剖析，以帮助那些希望成为 Python 高级工程师的人。

## 读者对象

- ❑ Python 开发工程师
- ❑ Python 语言爱好者
- ❑ Python 高并发、高性能编程爱好者
- ❑ CPython 解释器或虚拟机研究者
- ❑ 开设相关课程的高校师生

## 本书特色

本书主要介绍 Python 高并发、高性能编程的核心实现原理与代码实现，具体包括如下内容。

- ❑ Python 高并发、高性能编程的步骤和规范。
- ❑ 与 Python 高并发、高性能编程相关的核心实现原理。
- ❑ 与 Python 高并发、高性能编程相关的特性在当下主流的 Python 解释器或虚拟机 CPython 中的具体表现形式和内存分配策略。

从内容呈现形式上来说，本书具有如下特色。

- ❑ 在深度解读核心原理的同时，通过实际工作场景的实现方式来加深读者对 Python 高并发、高性能编程核心原理的理解。
- ❑ 只聚焦于干货内容，对读者实践和学习无用的内容一律不要。
- ❑ 对于重点、难点给出对应的图例和实际案例，以帮助读者理解。
- ❑ 只给出最核心的代码，减轻读者的学习压力。

## 如何阅读本书

本书分为 4 篇。

- ❑ 基础篇：系统地介绍 Python 高级编程所涉及的基础概念，以及当下主流的 Python 3.X 版本，使读者对 Python 高级编程所需的基础知识有一定的了解。
- ❑ 高并发篇：系统地介绍 Python 中的高并发概念，包括 Python 如何实现高并发、Python 线程的实现与操作、Python 协程的实现与操作，以及 Python 中的锁机制、Python 中的原子性和线程池的基本实现。
- ❑ 高性能篇：以对 Python 代码进行性能优化为指导，介绍如何对基础的 Python 代码进行

性能优化、如何基于 Profile 对 Python 代码进行性能优化、如何基于 Python 的 C 拓展组件对 Python 代码进行性能优化，以及优化前后 Python 代码性能指标监测与统计。

- 实践篇：以书中所介绍的理论知识为根基，介绍常见的邮件发送功能、日志打印功能、用户注册和登录功能在高并发环境下的实现，同时基于 Locust 框架对实现的上述功能进行并发性能测试。

附录 A 为 Django 框架快速入门，为没有用过 Django 框架的读者提供快速入门 Django 框架的相关知识。

附录 B 为 FastAPI 框架快速入门，为没有用过 FastAPI 框架的读者提供快速入门 FastAPI 框架的相关知识。

如果你是资深 Python 开发工程师，想了解关于 Python 高并发、高性能的相关知识，可以直接从高并发篇开始学习；如果你没有 Python 高并发、高性能相关知识储备，需要从基础篇开始学习。

## 勘误和支持

由于作者的水平有限，书中难免会出现一些错误或者不准确的地方，恳请读者批评指正。为此，我特意创建了一个邮箱 higherpython@gmail.com，你可以将书中的错误发送到该邮箱；同时，你遇到任何与 Python 相关的问题和对本书有任何建议，也可通过该邮箱进行沟通，我将尽力提供满意的解答和回复。书中的全部源文件均可以从 GitHub 仓库（https://github.com/SteafanMrZhou/HigherPythonCode）中下载。


## 致谢

首先感谢 Python 之父——Guido van Rossum，他为 IT 领域注入了新生力量。

其次感谢我的母校——江西科技学院，校内图书馆为我提供了汲取前沿专业知识的机会及安静的读书环境。感谢学校老师们悉心教导，为我解疑答惑。

最后感谢我的父母，是他们将我培养成人，不断鼓励我，指引我走向光明。特别真诚地感谢我的妻子，是她在我写作过程中给予我无微不至的关怀与理解，并时时刻刻给予我前进的力量和信心！

谨以此书献给我的职业生涯和我最亲爱的家人，以及众多热爱编程、热爱 Python 的朋友们！

# 目　　录 *Contents*

## 高性能篇



## 实践篇

## 附录

# 基 础 篇

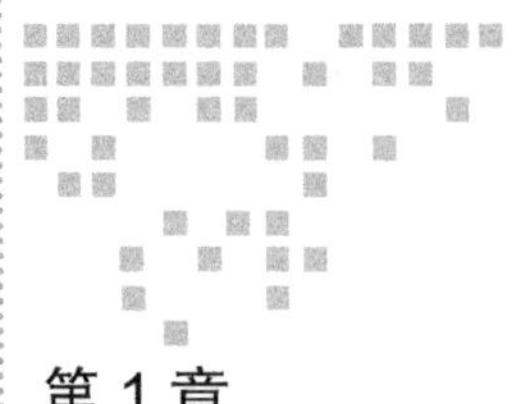

Chapter 1 第1章

# Python 高级编程所涉及的基础概念

本章将为读者介绍 Python 高级编程中的一些基础概念和定义，这些基础概念和定义会贯穿全书，需要读者根据自身的实际水平来有选择地学习。

本章内容包括 Python 中的类，Python 中的对象，进程与线程，多线程与多进程等。

## 1.1 Python 中的类

Python 作为一门面向对象的高级编程语言，提供了丰富的面向对象编程的实现，包括面向对象语言中的类、对象。对于任意一门面向对象的高级编程语言，最基础的特性都是封装、继承和多态，而实现这些特性的基础正是面向对象编程语言中的类。

类是真实世界中的事务在 Python 语言中的一种实现，其规定了真实世界中的事务在 Python 语言中的组成，是使用 Python 来描绘真实世界中事务的手段。在真实世界中，事务可能是一个非常大的问题，也可能是一个非常小的问题，即在真实世界中，事务本身不是一个定数，所以，Python 中类的设计也是如此。

Python 中的类规定了真实世界中的事务在 Python 中的定义和实现，我们可以通过以下代码定义 Python 中的类：

```
class [className]:
    // 相应的操作
```

执行上述代码即可创建一个名为 [className] 的 Python 类。在 Python 中存在一个全局解释器，该解释器用来执行 Python 代码。Python 解释器将处理类的过程全部执行完毕后，通过上述代码创建的 Python 类才能被真正创建。Python 中的类在被创建之后，在类的同一生命周期下，就不允许继续修改了，因为该类已经被转义为 Python 解释器可识别的代码，这些代码已经被解释和执行了。如果需要继续修改该 Python 类，我们可以先在该 Python 类中编写需要修改的内容，然后手动执行并重新解释。

在了解了 Python 类的创建过程和解释过程之后，我们真正创建一个 Python 类来进一步了解 Python 类的组成。根据上述创建类的代码，我们创建一个名为 HelloPython 的类，并且在 HelloPython 类中先定义两个成员变量 strA 和 strB，再定义两个方法：一个方法被声明为 Hello，另一个方法被声明为 World。创建 HelloPython 类的代码如下所示。

```
class HelloPython:
    strA = "strA"
    strB = "strB"

    def Hello(self):
        pass

    def World(self):
        pass
```

我们再来看一下 HelloPython 类所在的目录结构，以 PyCharm 代码编辑器为例，HelloPython 所在目录结构如图 1-1 所示。

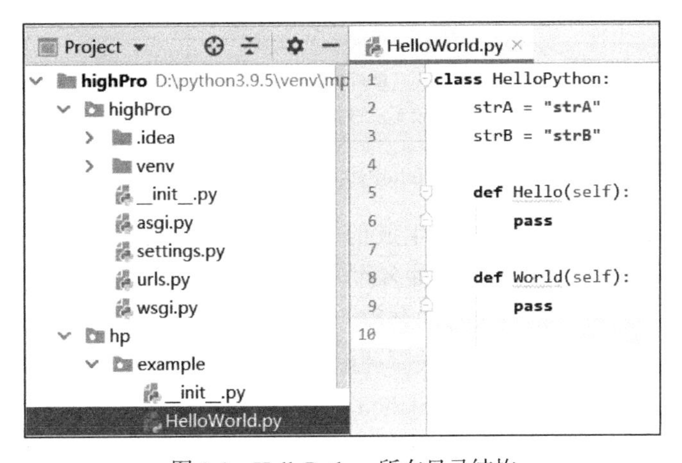


图 1-1　HelloPython 所在目录结构

这里是在一个名为 highPro 的项目中创建 HelloPython 类。highPro 项目是本书所使用的项目，该项目会在后文进行介绍。

通过图 1-1 可知，HelloPython 类所在的 Python 文件名为 HelloWorld，并不是 HelloPython，这在 Python 语言中是允许的，但是在 Java 语言中会直接报错，连编译都不能。这就是 Python 语言和 Java 语言最显著的区别。

Python 解释器在解释 Python 代码时，会先对 Python 代码进行编译，在编译通过之后，才会将编译的 Python 代码交给 Python 解释器（虚拟机）来执行，这是 Python 代码解释的全过程，而在这个过程中会有不同类型的文件产出。我们以 HelloPython 类为例展开介绍，如图 1-2 所示。

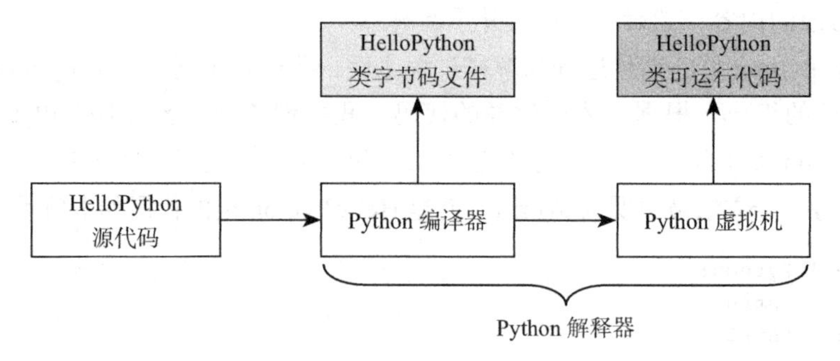


图 1-2　HelloPython 类代码执行过程

通过图 1-2 可知，HelloPython 类会先被 Python 编译器进行编译。在编译阶段，Python 编译器会检查 HelloPython 类代码是否符合 Python 语言所规定的语法格式和语义规范，还会检查各种变量的定义和引用等。只有这些检查项全部通过，编译才能通过，这些检查项中只要有一项存在异常或错误，Python 编译器就会立即中断编译，向用户抛出异常或错误。重复该过程，直到编译通过。

在 HelloPython 类编译通过后会输出 HelloPython 类字节码文件，如图 1-3 所示。

| 名称 | 修改日期 | 类型 | 大小 |
| --- | --- | --- | --- |
| HelloWorld.cpython-39.pyc | | PYC 文件 | 1 KB |

图 1-3　HelloPython 类字节码文件

通过图 1-3 可知，HelloPython 类生成的字节码文件名为 HelloWorld.cpython-39.pyc，大小为 1KB。HelloPython 类字节码文件名称由 4 部分组成。

- HelloWorld：表示 Python 文件的名称，即 HelloPython 类所在的 Python 文件的名称。
- cpython：表示 HelloPython 类被哪种虚拟机编译，本书使用的是 Python 默认实现的 CPython 虚拟机，所以这里是 cpython。
- 39：表示当前 Python 版本在 CPython 虚拟机中对应的字节码版本号，该版本号默认由采用的 Python 版本的第一位大版本号和第二位小版本号组成，忽略其余位数的版本号。本书采用的 Python 版本是 3.9.5，取前两位来表示这一字节码版本号，忽略后面的 5，所以这里是 39。
- pyc：这是文件的后缀名，表示当前的文件类型是 Python 字节码文件，而不是 Java 字节码文件。Java 字节码文件名以 javac 结尾。

接着将 HelloPython 类字节码文件交由 CPython 虚拟机处理。CPython 虚拟机的主要工作是解析 HelloPython 类字节码文件，并根据该字节码文件中的内容为 HelloPython 类中的各种变量分配内存空间，为各种方法创建执行所需的栈帧空间。如果该类中存在类的实例，

CPython 虚拟机会为该类的实例分配内存空间，并初始化该类的实例的其他属性。下面介绍 HelloPython 类字节码文件中的底层内容，以便更好地理解 Python 类字节码文件，如图 1-4 所示。

```
HelloWorld.cpython-39.py...
Offset     0  1  2  3  4  5  6  7   8  9  A  B  C  D  E  F   ANSI ASCII
00000000  61 0D 0D 0A 00 00 00 00  DA 80 8C 62 86 00 00 00  a       Ú€Œb†
00000010  E3 00 00 00 00 00 00 00  00 00 00 00 00 00 00 00  ã
00000020  00 03 00 00 00 40 00 00  00 73 12 00 00 00 47 00       @   s    G
00000030  64 00 64 01 84 00 64 01  83 02 5A 00 64 02 53 00  d d „ d ƒ Z d S
00000040  29 03 63 00 00 00 00 00  00 00 00 00 00 00 00 00  ) c
00000050  00 00 00 02 00 00 00 40  00 00 00 73 24 00 00 00         @   s$
00000060  65 00 5A 01 64 00 5A 02  64 01 5A 03 64 02 5A 04  e Z d Z d Z d Z
00000070  64 03 64 04 84 00 5A 05  64 05 64 06 84 00 5A 06  d d „ Z d d „ Z
00000080  64 07 53 00 29 08 DA 0B  48 65 6C 6C 6F 50 79 74  d S ) Ú HelloPyt
00000090  68 6F 6E DA 04 73 74 72  41 DA 04 73 74 72 42 63  honÚ strAÚ strBc
000000A0  01 00 00 00 00 00 00 00  00 00 00 00 01 00 00 00
000000B0  01 00 00 00 43 00 00 00  73 04 00 00 00 64 00 53      C   s    d S
000000C0  00 A9 01 4E A9 00 A9 01  DA 04 73 65 6C 66 72 05   © N© © Ú selfr
000000D0  00 00 00 72 05 00 00 00  FA 0D 48 65 6C 6C 6F 57     r    ú HelloW
000000E0  6F 72 6C 64 2E 70 79 DA  05 48 65 6C 6C 6F 05 00  orld.pyÚ Hello
000000F0  00 00 73 02 00 00 00 00  01 7A 11 48 65 6C 6C 6F    s       z Hello
00000100  50 79 74 68 6F 6E 2E 48  65 6C 6C 6F 63 01 00 00  Python.Helloc
00000110  00 00 00 00 00 00 00 00  00 01 00 00 00 01 00 00
00000120  00 43 00 00 00 73 04 00  00 00 64 00 53 00 72 04   C   s    d S r
00000130  00 00 00 72 05 00 00 00  72 06 00 00 00 72 05 00     r    r    r
00000140  00 00 72 05 00 00 00 72  08 00 00 00 DA 05 57 6F    r    r    Ú Wo
00000150  72 6C 64 08 00 00 00 73  02 00 00 00 00 01 7A 11  rld    s      z
00000160  48 65 6C 6C 6F 50 79 74  68 6F 6E 2E 57 6F 72 6C  HelloPython.Worl
00000170  64 4E 29 07 DA 08 5F 5F  6E 61 6D 65 5F 5F DA 0A  dN) Ú __name__Ú
00000180  5F 5F 6D 6F 64 75 6C 65  5F 5F DA 0C 5F 5F 71 75  __module__Ú __qu
00000190  61 6C 6E 61 6D 65 5F 5F  72 02 00 00 00 72 03 00  alname__r    r
000001A0  00 00 72 09 00 00 00 72  0A 00 00 00 72 05 00 00    r    r    r
000001B0  00 72 05 00 00 00 72 05  00 00 00 72 08 00 00 00   r    r    r
000001C0  72 01 00 00 00 01 00 00  00 73 08 00 00 00 08 01  r         s
000001D0  04 01 04 02 08 03 72 01  00 00 00 4E 29 01 72 01             r    N) r
000001E0  00 00 00 72 05 00 00 00  72 05 00 00 00 72 05 00     r    r    r
000001F0  00 00 72 08 00 00 00 DA  08 3C 6D 6F 64 75 6C 65    r    Ú <module
00000200  3E 01 00 00 00 F3 00 00  00 00                    >    ó
```

图 1-4　HelloPython 类字节码文件中的底层内容

这里我们只需要看 3 个部分。第一部分是图 1-4 所示的前 8 位，即 610D0D0A。这部分是 Python 字节码的第一部分，即 Python 语言中的魔数。CPython 虚拟机根据这 8 位内容判断当前需要处理的字节码文件是不是 Python 字节码文件。如果一个字节码文件的头内容中包含 610D0D0A，就表示该字节码文件是 Python 字节码文件，此时 CPython 虚拟机才会继续向下解析该文件，否则会终止解析，并向用户抛出异常或错误。CPython 虚拟机所能识别的 Python 字节码的魔数，同样会随着 Python 版本而发生改变，并不是固定不变的。

第二部分是图 1-4 所示的第 8 列到第 B 列的内容，即 DA808C62。这 8 位表示 Python 字节码文件头的大小。我们可以使用数据解释器计算出该类字节码文件头的大小，如图 1-5 所示。

第三部分是 Offset，即偏移量从 00000000 往下一直到该文件结束（不包含 00000000）的内容，这部分就是 HelloPython 类中的字段、方法或者实例被编译成字节码之后的内容。

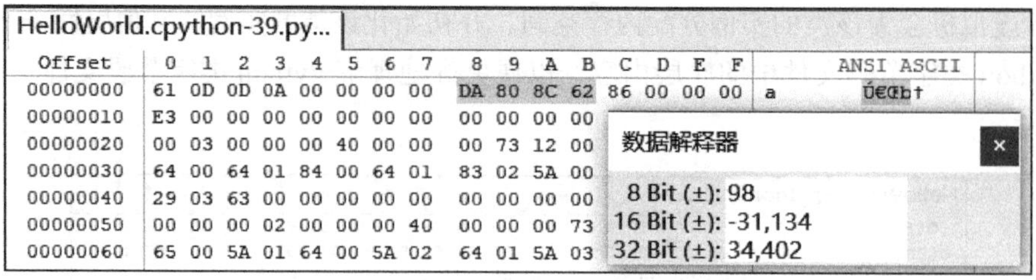

HelloWorld.cpython-39.py...

| Offset | 0 | 1 | 2 | 3 | 4 | 5 | 6 | 7 | 8 | 9 | A | B | C | D | E | F | ANSI ASCII |
|---|---|---|---|---|---|---|---|---|---|---|---|---|---|---|---|---|---|
| 00000000 | 61 | 0D | 0D | 0A | 00 | 00 | 00 | 00 | DA | 80 | 8C | 62 | 86 | 00 | 00 | 00 | a Ú€Œb† |
| 00000010 | E3 | 00 | 00 | 00 | 00 | 00 | 00 | 00 | 00 | 00 | 00 | 00 | | | | | |
| 00000020 | 00 | 03 | 00 | 00 | 00 | 40 | 00 | 00 | 00 | 73 | 12 | 00 | | | | | |
| 00000030 | 64 | 00 | 64 | 01 | 84 | 00 | 64 | 01 | 83 | 02 | 5A | 00 | | | | | |
| 00000040 | 29 | 03 | 63 | 00 | 00 | 00 | 00 | 00 | 00 | 00 | 00 | 00 | | | | | |
| 00000050 | 00 | 00 | 00 | 02 | 00 | 00 | 00 | 40 | 00 | 00 | 00 | 73 | | | | | |
| 00000060 | 65 | 00 | 5A | 01 | 64 | 00 | 5A | 02 | 64 | 01 | 5A | 03 | | | | | |

数据解释器

8 Bit (±): 98
16 Bit (±): -31,134
32 Bit (±): 34,402

图 1-5 HelloPython 类字节码文件头的大小

回到我们平常所说的 Python 代码解释过程，结合笔者对 HelloPython 类代码的解析过程可以得出，Python 语言中所说的解释器其实就是 Python 编译器和 Python 虚拟机结合的产物，即 Python 代码的编译和 Python 虚拟机的处理是同一时机触发的，只不过这个过程没有对外暴露而已。

## 1.2 Python 中的对象

本质上来说，Python 中的对象是对 Python 中的类进行实例化后输出的产物。Python 中的对象和 Python 中的基本类型变量在实现方式上是完全不同的。

对于 Python 中的基本类型变量来说，Python 官方在 Python 语言层面已经进行了规定或约束。以数字类型变量来说，在 Python 语言对外发布时，数字类型已经被固化到了 Python 语言当中，并且通过一定的数字占位，与 Python 虚拟机中的语义规范进行对应，即我们在 Python 中声明了数字类型的基本变量之后，Python 虚拟机通过已经固化好的数字占位来识别这一变量所属的类型。

Python 中的对象本身也是一种变量，只不过这种变量的类型是随机的、可变的，这是与 Python 中的基本类型变量最大的不同之处。Python 官方规定了 Python 对象在 Python 虚拟机中的存活方式，即以一种对象地址的形式在 Python 虚拟机中存在，且对象的生命周期交由 Python 虚拟机自动管理，不需要开发者手动管理 Python 对象的生命周期。需要开发者做的，只是创建 Python 对象。

在 Python 中，创建一个类的对象的代码如下所示。

```
class ExampleClass:
    NumsA = 6
    NumsB = 3

    def demo(self):
        return 'hello python'

ExampleClassObject = ExampleClass()
```

在上述代码中，我们定义了一个名为 ExampleClass 的类，并且在 ExampleClass 类中声明了两个数字类型变量 NumsA 和 NumsB，还声明了一个名为 demo 的方法，该方法最终返回 hello python 。我们将 ExampleClass 类定义完毕之后，就可以在需要用到的地方对它进行实例化了。在上述代码中，ExampleClassObject = ExampleClass() 代码通过 ExampleClass() 的方式将定义好的 ExampleClass 类实例化，即通过 ExampleClass() 的方式创建 ExampleClass 类的对象，并用 ExampleClassObject 变量来接收。

和其他面向对象的编程语言创建类的对象的方式不同，在 Python 中不需要通过 new 关键字创建对象，只需要在类的名称后面添加一对英文状态下的小括号就可以了。其他面向对象的高级编程语言中的对象的基本组成，如对象的头信息、对象的实例数据、对象的填充数据，在 Python 语言中也有。

在执行了 ExampleClass() 之后，Python 解释器会首先确定与 ExampleClass() 对应的类的类型。在确定对应类的类型后，Python 解释器便和 Python 虚拟机共同为 ExampleClass() 类型对象分配一定的内存空间，从而存储 ExampleClass() 对象。在这些基础的分配流程完成之后，我们还为 ExampleClass() 对象赋予一个变量，即 ExampleClassObject。所以，访问 ExampleClass() 对象中的字段或者方法可以通过 ExampleClassObject 变量来实现。值得注意的是，ExampleClassObject 变量中并不会存储 ExampleClass() 对象本身，而是存储 ExampleClass() 对象的副本地址，使其成为 ExampleClass() 对象的一个引用，并最终以这种引用的方式存在。在 Python 中，通过 ExampleClassObject 变量来访问 ExampleClass() 对象时始终会使用引用的方式。

## 1.3　进程与线程

在对 Python 类和对象有了一定了解之后，我们还需要了解进程与线程。对于进程与线程，这里不会局限于 Python 语言层面，而是从操作系统层面展开介绍。进程与线程是入门 Python 高并发编程必须掌握的基础知识。

### 1.3.1　进程与线程的区别和联系

进程（Process）是计算机中的基础运算单元，是 CPU 统筹计算机中所有任务的程序实体。CPU 通过对不同进程进行调用，协调位于寄存器、运算器以及内存中计算机任务的时间片，使每个计算机任务都能得到合理执行和调用。

线程（Thread）是计算机任务的具体执行者，是操作系统能够进行运算、调度的最小单位。线程隶属于一个具体的进程。在同一时刻，一个进程可以拥有一个或多个线程，线程是开发者可以直接与计算机 CPU 或内存进行交互的最小单位。

在操作系统（泛指 Windows 系统或 Linux 系统）中，进程指的是 CPU 调度的程序实体，线程是具体程序实体的执行者。一个进程可以包含多个线程，但是一个线程只能从属于一个具体的进程。一个线程不能跨进程存在，但是一个进程中的线程可以通过技术手段访问或操作另一个进程中的线程。

下面通过画图的方式来阐述进程与线程在 Python 项目中的存在方式，如图 1-6 所示。

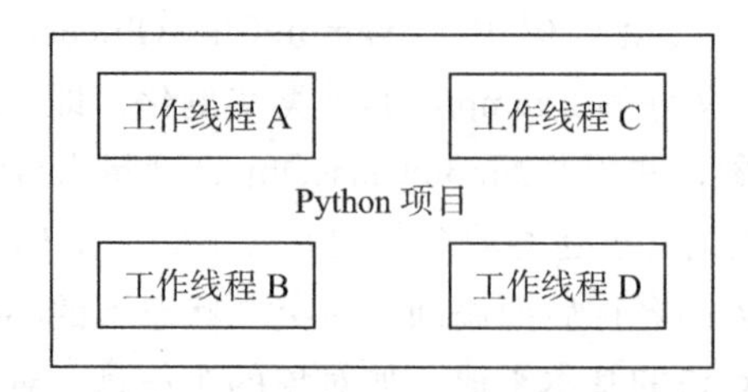


图 1-6　进程与线程在 Python 项目中的存在方式

一个具体的 Python 项目可以表示为一个进程，即 Python 项目启动之后，就会在计算机中以一个具体的进程存在，并且由计算机操作系统管理。当启动 Python 项目时，根据 Python 虚拟机（或解释器）解析 Python 语言的规范，Python 虚拟机会创建一个专门用于解析 Python 语言的主线程，接着会创建一个专门用于执行 Python 语言所定义的任务的工作线程，即一旦 Python 项目正常运行起来，在计算机中就会存在一个 Python 主线程和至少一个工作线程。如果是多线程的业务场景，Python 就会创建出多个工作线程来并发执行任务。

## 1.3.2　线程的 7 种状态

任何一个具体的 Python 线程拥有 7 种不同的状态。这 7 种不同的状态构成了线程的生命周期。

- 线程创建状态：该状态表明线程刚刚被创建，还没有被调用或初始化，此时的线程只是一个空的线程对象。
- 线程就绪状态：在该状态下，初始化一些线程运行所需要的属性和方法，以便被任务调用。
- 线程运行状态：线程实际运行的状态，即线程一旦被任务调用，就会从线程就绪状态转变为线程运行状态，且线程一旦进入运行状态，就表明已经开始执行任务了。
- 线程中止状态：当线程在运行状态时，由于任务中止或者人为操作等迫使线程停止运行，线程从运行状态转变为中止状态。转变为中止状态的线程，如果没有人为干预，不会自动执行，除非给线程设定一定的饱和策略或其他可恢复线程执行的策略条件。
- 线程等待状态：线程等待状态分为无限期等待状态和限期等待状态。无限期等待表示 CPU 资源被先前的线程抢占，且先前的线程一直不释放 CPU 资源，导致当前线程无限期等待下去；限期等待表示先前已经抢占到 CPU 资源的线程，在过了一定时间后会自动释放 CPU 资源，当前线程只需要等待一定时间即可获取 CPU 资源。线程运行状态无论转变为无限期等待状态还是转变为限期等待状态，均需要开发者控制，线程无法自动转换。

- 线程阻塞状态：线程阻塞状态与线程等待状态类似，只不过线程阻塞状态更多地用于表示线程队列的状态，即在线程队列中，等待执行任务的线程均可以被认为是阻塞的。线程阻塞状态需要开发者控制，线程无法自动转换。
- 线程结束状态：该状态表明当前线程已经执行完毕，这里所说的执行完毕包括线程已经执行完任务，或者线程在转变为中止状态之后，又转变为结束状态。线程可以在程序执行完后转变为结束状态，也允许开发者手动结束当前线程而转变为结束状态。

为了更清楚地说明线程状态，以及线程各状态间的转换，笔者画了一张线程状态转换图，如图 1-7 所示。

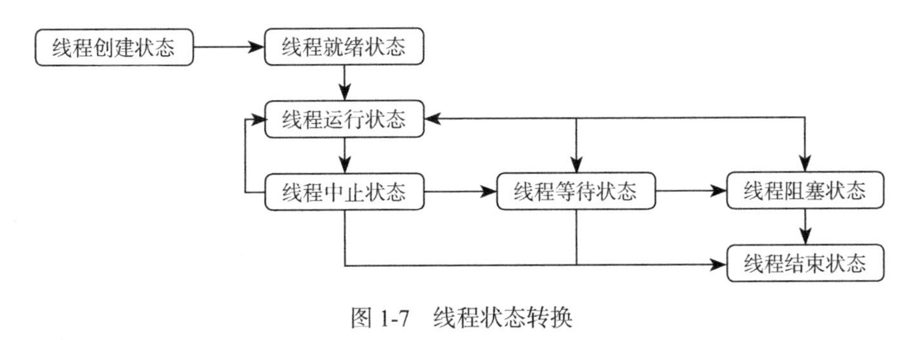


图 1-7　线程状态转换

读者可以根据上面描述的线程状态，对比线程状态转换图来更好地理解线程状态及线程状态间的转换关系。

# 1.4　多线程与多进程

## 1.4.1　多线程

多线程一般指通过技术手段在具体项目中开启两个或两个以上线程，以一起执行任务。在 Python 中也是如此，我们可以通过 Python 提供的线程相关的类库在 Python 项目中开启多线程，比如使用 Threading 库等方式，这一点会在本书的高并发篇进行详细介绍。通过开启两个或两个以上线程，计算机可以异步或并发执行 Python 任务。通过该技术手段，Python 任务得到充分执行，可以使 CPU 可以充分地发挥作用，不再因为等待任务的执行而延长 CPU 等待执行任务的时间。

## 1.4.2　多进程

多进程一般指通过技术手段，将同一个项目拆分成不同的进程来一起运行项目的现象。这种技术目前只有一些理论内容，并没有实际的产出，因为这种理论在正常情况下实现起来还是有一定难度的，所以本书不做过多介绍。

## 1.4.3 单线程

单线程指的是项目自始至终只有一个线程负责执行任务。这种单线程执行任务的方式在比较简单的场景中比较适用，但是，一旦项目具备一定的业务逻辑或者有计算要求，再采用单线程的方式去处理任务就不是很合适了。试想一下，一个线程正在执行一个比较耗时的计算任务，而后续代码需要这个计算任务的结果才能继续向下执行。此时，由于只有一个线程执行，所以不得不等待该线程执行完后才能继续执行后续的业务逻辑，这一等待过程会直接反映到用户层面，即用户在使用该项目时会感知到明显的等待时间，这会给用户带来不好的体验。

为了避免上述现象出现，我们不得不在项目中采用多线程的方式进行优化，但是，使用多线程来对项目进行优化就一定好吗?

## 1.4.4 多线程的优势与不足

任何事物都具有两面性，多线程亦是如此。在通过多线程来优化项目时，我们不得不反思使用多线程会不会给项目增加其他的负担。答案是一定会。

对于 CPython 虚拟机来说，多线程是通过切换线程上下文而实现的。而每一次线程上下文切换，都会带来一定的时间开销，都需要 CPython 虚拟机去等待执行，这也是使用多线程处理任务必须要花费的时间成本。除了时间成本，在 Python 项目中将具体代码优化成线程安全的常用手段还是加锁，而一旦给代码解锁，就会带来线程间对于临界区资源的竞争，一旦存在资源的竞争，线程之间就会等待获取锁，从而获取线程所需的资源，这其中也需要一定的时间成本。如果开发者不懂如何给代码加锁，从而乱用各种锁，这对于代码本身就不是一件正常的事情，大概率也不会实现线程安全，只会让结果变得更糟。

综上所述，我们只有在具备一定的多线程应用能力之后，才能对 Python 代码进行优化，这样才能发挥多线程的优势。而实现多线程的每一种技术手段都需要读者潜心钻研、自我总结。

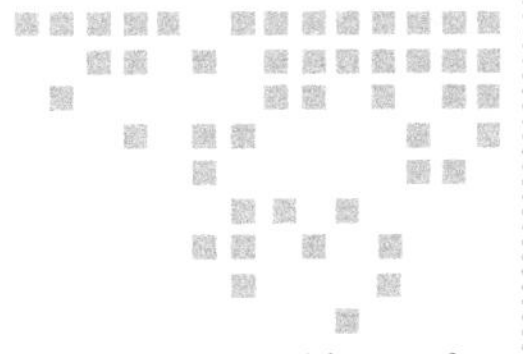

第 2 章 Chapter 2

# Python 3.X 版本简析

本章会对目前使用非常广泛的 Python 3.X 版本的相关内容进行简单介绍，主要内容包括 Python 3.X 版本的线程实现方式、线程优先级队列、日志输出模块以及 GIL。本章会结合 Python 2.X 版本进行介绍，这样做的主要目的是突出线程实现方式、线程优先级队列、日志输出模块以及 GIL 在 Python 3.X 版本中的不同之处。

## 2.1 线程实现方式的改进

对于线程的实现方式，暂且抛开 Python 2.X 和 Python 3.X 版本不谈，纵观主流的 Python 实现方式以及 CPython 虚拟机或 Python 解释器的实现过程，可以得出，Python 对于线程的实现似乎并不是作为一种主要的工作去对待，而是将其作为主分支工作之外的附加分支去处理。笔者从 Python 官方社区和主流使用 Python 的大厂中了解到，Python 官方并不想让使用 Python 的用户因为线程的使用而感到困惑，但是线程这一概念又不得不在 Python 中实现。

Python 语言全局解释锁的加持，使得线程实现并不会像 Java 语言那样复杂，也并不会像 Java 语言那样对外提供很多操作线程或多线程的 API 规范，而是提供一些基础的操作线程的 API 规范。Python 这种设计使得开发者在开发或实现多线程或高并发的服务接口时，并不像想象中的那么顺利。但是笔者认为，Python 官方对线程的这种设计方式有自己的道理，最直观的感受是从事 Python 开发工作的人员在初步学习 Python 线程开发时，容易入手，只需要 1 行代码就能创建出一个新线程。

通过对主流 Python 解释器或 CPython 虚拟机的观察得知，Python 对外发布的第一个版本中就已经存在针对线程实现的设计，即 thread.c。这是一个用 C 语言实现的线程文件。但是当时，使用线程的企业少之又少，而且我国刚刚引入计算机，对于 Python 线程模块的使用可以说是一个“黑暗时代”。在 Python 中线程模块真正被人们广为使用，是从 Python 2.X 版本开始的。在 Python 2.X 版本中，Python 官方对早期的 thread.c 文件做了大量改动和更新，并且在 CPython 官方社区中，关于 Python 线程模块的 issue（问题）和 pull request（拉取请求）逐渐增多，CPython 官方社区对这些 issue（问题）和 pull request（拉取请求）的解决也变得更为关注。经过对 Python 线程模块的长期使用和维护，以及 Python 官方对这些 issue（问题）和 pull request（拉取请求）的关注和解决，Python 3.X 版本中的线程模块得到了重大改善。

由于早期的 Python 版本太过久远，很多有关线程的实现和对外提供的线程 API 早已过时，所以本章会基于比较新的 Python 2.X 版本对比介绍 Python 3.X 版本的线程实现方式。本章选择最新的 Python 2.7.18 以及 Python 3.9.13 版本进行分析。

Python 2.7.18 版本中的线程模块组成如图 2-1 所示。

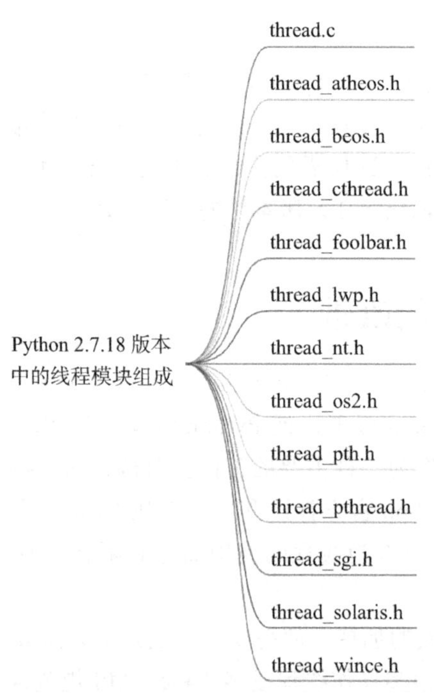


图 2-1　Python 2.7.18 版本中的线程模块组成

初看 Python 2.7.18 版本中的线程模块，似乎并没有严格的逻辑关系，这里我们对图 2-1 根据 CPython 虚拟机的实现来做进一步梳理。梳理过后的 Python 2.7.18 版本中的线程模块组成如图 2-2 所示。

对 Python 2.7.18 版本中的线程组成模块梳理完毕后，接着我们来看 Python 3.9.13 版本中的线程模块组成，如图 2-3 所示。

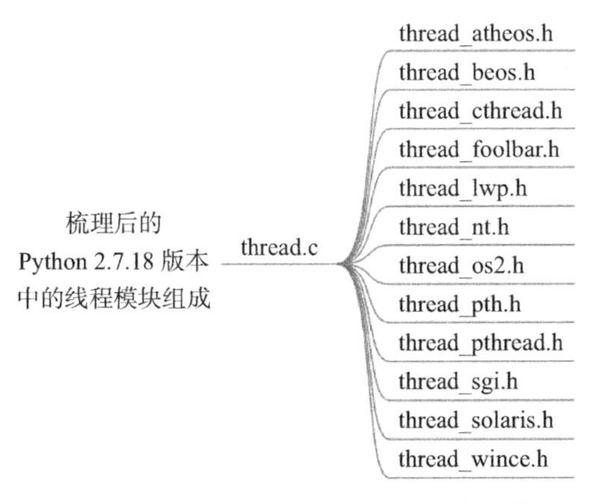


图 2-2　梳理后的 Python 2.7.18 版本中的线程模块组成

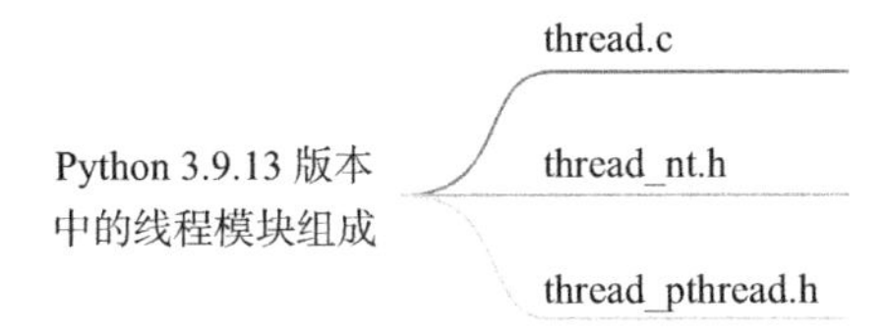


图 2-3　Python 3.9.13 版本中的线程模块组成

和梳理 Python 2.7.18 版本中的线程模块一样，我们对 Python 3.9.13 版本中的线程模块做进一步梳理，会得到图 2-4 所示的结构。

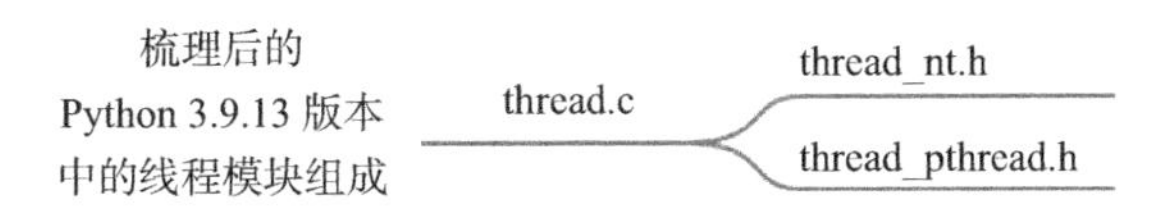


图 2-4　梳理后的 Python 3.9.13 版本中的线程模块组成

从图 2-2 和图 2-4 中可以得出，无论什么版本的 Python 线程模块，都离不开线程实现的主文件——thread.c，该文件是通过 C 语言实现的，并且其中的定义几乎囊括了 Python 语言中与线程相关的所有行为，包括线程的组成、线程的创建、线程的生命周期等，而位于 thread.c 文件下级的所有以 .h 结尾的文件，都是为了辅助 thread.c 文件而从 Python 线程实现中抽离出来的，作为 Python 线程的辅助实现文件。通过拓展名可以推断出，这些文件都以头文件的形式存在，且都已经被引入线程实现的主文件 thread.c 中。我们先来看 Python 2.7.18 版本中这些文件是如何被引入的，引入部分的伪代码如下所示。

```
#include "Python.h"
#include <pthread.h>
#include "pythread.h"

#ifdef SGI_THREADS
```

```
#include "thread_sgi.h"
#endif

#ifdef SOLARIS_THREADS
#include "thread_solaris.h"
#endif

#ifdef SUN_LWP
#include "thread_lwp.h"
#endif

#ifdef HAVE_PTH
#include "thread_pth.h"
#undef _POSIX_THREADS
#endif

#ifdef _POSIX_THREADS
#include "thread_pthread.h"
#endif

#ifdef C_THREADS
#include "thread_cthread.h"
#endif

#ifdef NT_THREADS
#include "thread_nt.h"
#endif

#ifdef OS2_THREADS
#include "thread_os2.h"
#endif

#ifdef BEOS_THREADS
#include "thread_beos.h"
#endif

#ifdef PLAN9_THREADS
#include "thread_plan9.h"
#endif

#ifdef ATHEOS_THREADS
#include "thread_atheos.h"
#endif
```

在线程主文件 thread.c 中，对与线程相关的从 .h 结尾的头文件的引入是没有严格顺序的。这里对这些以 .h 结尾的头文件根据线程主文件 thread.c 的实现思路和语义做了顺序调整，大体的使用顺序见上述的代码片段。上述代码片段以空格为分隔符，对不同的头文件进行分割，目的是方便读者更好地阅读代码。下面我们进行具体分析。

首先来看引入头文件的第一部分。

```
#include "Python.h"
#include <pthread.h>
#include "pythread.h"
```

这里的 Python.h 头文件是 CPython 官方为 Python 语言定义的基础数据支撑和基础规范支撑头文件。该文件中包含对 Python 对象的定义、Python 内存管理的定义、Python 各数据类型的定义，以及 Python 中各种异常或错误的定义等。由于 Python.h 头文件并不是我们介绍的重点，这里仅做简短介绍。对于本书来说，大家只需要了解 Python.h 头文件中包含的内容即可，感兴趣的读者可以自行对 Python.h 头文件做深入了解。

Python.h 头文件中的定义几乎作用于每一个实现 Python 语言的特性文件，并在这些特性实现的最开始的位置进行引入，以此来告诫每一位学习 CPython 源码的朋友，这些文件中的内容都会受到 Python.h 头文件定义的约束，并且实现 Python 语言的特性文件也都会引用到 Python.h 头文件中的内容。对于线程主文件 thread.c 来说，它会用到 Python.h 头文件中定义的 Python 对象，并为 Python 对象添加线程标记和分配相应的线程空间，从而将其加入计算机操作系统的线程队列，并交由计算机操作系统进行管理（包括对 Python 对象线程上下文的定义、线程上下文切换的管理，以及对 Python 对象线程生命周期的管理。

接下来引入 pthread.h 和 pythread.h 头文件，pthread.h 并不是实现 Python 语言特有的头文件，而是一种线程实现标准的头文件。CPython 在实现 Python 语言时使用了这种线程实现的标准，并基于该标准实现了只属于 Python 语言的 Python 线程。这种线程标准被称为 POSIX Threads 标准，一般被称为 POSIX 线程标准。该标准最早应用于 Linux 系统，即一些基于 Linux 内核的系统，现在已可以应用于 Windows 32 位系统。CPython 使用 POSIX 线程标准来构建 Python 线程，包括 Python 线程的创建、Python 线程的使用、Python 线程的销毁、Python 线程间通信等。CPython 将整个 pthread.h 头文件直接引入线程的实现过程。在 Python 线程实现时，CPython 会调用 pthread.h 头文件中为不同操作系统提供的线程操作接口，从而实现对应操作系统下的 Python 线程。对于 pythread.h 头文件的引用，CPython 根据 pthread.h 头文件实现，并通过基于 C 语言拓展的方式实现真实的 Python 线程头文件。pythread.h 头文件中规定了 Python 所支持的全部线程操作，包括初始化 Python 线程、创建新的 Python 线程、退出 Python 线程、获取当前正在执行的 Python 线程、分配 Python 线程锁空间、获取 Python 线程锁操作、释放 Python 线程锁操作、获取 Python 线程栈深度、设置 Python 线程栈深度、设置 Python 线程阻塞和非阻塞标记、设置 TLS（线程本地存储）API。Python 线程主文件 thread.c 中的大多数实现都是基于 pythread.h 头文件完成的。

最后我们来看其他引入模块——thread_sgi.h、thread_solaris.h、thread_lwp.h、thread_pth.h、thread_pthread.h、thread_cthread.h、thread_nt.h、thread_os2.h、thread_beos.h、thread_plan9.h、thread_atheos.h，这些头文件均是辅助 thread.c 文件实现 Python 线程的头文件。

- thread_solaris.h、thread_os2.h、thread_beos.h、thread_atheos.h 头文件分别针对 Solaris

系统、OS2 系统、BeOS 系统、AtheOS 系统的 Python 线程实现。

- thread_pthread.h 头文件是 Python 语言对 POSIX 线程标准的实现，包括实现对 Python 线程栈内存空间的分配、Python 线程锁标记位的设置、Python 线程的创建等。
- thread_cthread.h 头文件是使用 C 语言实现的 Python 线程基础 API 支持库，定义了与 Python 线程初始化、Python 线程对锁的支持等相关的基础线程接口规范。
- 除了上述头文件，剩下的头文件都是 CPython 针对不同的业务环境对 Python 线程的不同实现。

至此，Python 2.7.18 版本中线程实现核心文件 thread.c 中的头文件就介绍完了。下面我们来看在 Python 3.9.13 版本中线程实现核心文件 thread.c 中的头文件，代码如下所示。

```
#include "Python.h"
#include "pycore_pystate.h"
#include "pycore_structseq.h"

#ifndef _POSIX_THREADS
# ifdef HAVE_PTHREAD_H
#  include <pthread.h>
# endif
#endif

#if defined(_POSIX_THREADS)
#   define PYTHREAD_NAME "pthread"
#   include "thread_pthread.h"
#elif defined(NT_THREADS)
#   define PYTHREAD_NAME "nt"
#   include "thread_nt.h"
#else
#   error "Require native threads. See https://bugs.python.org/issue31370"
#endif
```

从上述代码清单可以清晰地看到，Python 3.9.13 版本中的线程主文件 thread.c 并不像 Python 2.7.18 那样引入很多以 .h 结尾的头文件。对于线程主文件 thread.c 来说，Python 2.7.18 版本与 Python 3.9.13 版本的最大区别是：前者对功能模块部分进行了抽离，同时针对不同的操作系统做了不同的实现，最后通过整合的方式实现 Python 线程；后者将旧版本中实现 Python 线程过程所涉基础变量和基础实现思路进行统一整合，且不会专门针对某个系统构建不同的 Python 线程实现。

```
#include "Python.h"
#include "pycore_pystate.h"
#include "pycore_structseq.h"
```

可以看到，无论 Python 2.7.18 版本还是 Python 3.9.13 版本，都会引入 Python.h 头文件。关于该头文件的作用，已经在前文进行了介绍，这里不再赘述。新引入的 pycore_pystate.h 头文件是专门针对包含 Python 线程状态及线程状态管理在内的 Python 对象状态统一管理实现文件。该头文件不仅规定了Python线程状态的实现和管理方法，还规定了一些有关Python对象的状态管理和实现方法。Python 3.9.13与Python 2.7.18中线程的状态管理和实现方法不同，对于Python线程的状态管理和实现不会拆分成若干个头文件，而是封装到统一的pycore_pystate.h头文件中。这一手段体现了CPython官方未来在Python实现过程中对模块化概念的实践和落地，也说明了未来Python语言升级和迭代方式。

pycore_structseq.h头文件并不是为了实现Python线程而定义的。在官方发布中，该头文件虽然被引入线程主文件thread.c，但是官方给定的定位为other API，并不是Python线程实现中的任何API。关于这个头文件，大家只需要简单了解。

```
#ifndef _POSIX_THREADS
# ifdef HAVE_PTHREAD_H
#  include <pthread.h>
# endif
#endif
```

可以看出，关于POSIX线程标准的实现，在Python 3.9.13版本中并没有太大的差异和改动，还是通过语言定义符来将pthread.h文件引入。

```
#if defined(_POSIX_THREADS)
#   define PYTHREAD_NAME "pthread"
#   include "thread_pthread.h"
#elif defined(NT_THREADS)
#   define PYTHREAD_NAME "nt"
#   include "thread_nt.h"
#else
#   error "Require native threads. See https://bugs.python.org/issue31370"
#endif
```

但是，Python 3.9.13对于thread_pthread.h和thread_nt.h头文件的引入则是换了一种方式：通过固定的条件灵活地判断需要引入thread_pthread.h还是thread_nt.h，而不是像在Python 2.7.18中那样将这两个头文件都直接引入，再根据上述引入条件进行判断。如果_POSIX_THREADS和NT_THREADS都没有被定义，Python会抛出错误，表明没有本地线程可用。

Python 3.9.13在Python 2.7.18版本的基础上对thread_nt.h头文件进行了完善和修正，将Python 2.7.18版本中的一些内容通过升级的方式完善到了该头文件中，代码量从之前的300多行升级到了目前的600多行。这也是在Python 3.9.13版本中Python线程实现变得更加模块化，实现过程变得更加清晰的原因。

Python 3.9.13在CPython旧版本基础之上对thread_pthread.h头文件进行了完善和修正。CPython对POSIX线程标准的实现进行了扩充，引入操作系统线程实现判断模块。这一模块在Python 2.7.18中对不同操作系统线程实现的头文件进行整合，通过统一的对不同操作系统线程实现的判断，加快Python线程的创建速度。

在介绍完Python 2.7.18和Python 3.9.13中线程实现基础之后，我们以如何对Python

线程初始化为例来介绍对 Python 线程实现方式的改进。

在 Python2.7.18 中，Python 线程初始化代码如下。

```
void PyThread_init_thread(void){
#ifdef Py_DEBUG
    char *p = Py_GETENV("PYTHONTHREADDEBUG");
    if (p) {
        if (*p)
            thread_debug = atoi(p);
        else
            thread_debug = 1;
    }
#endif
    if (initialized)
        return;
    initialized = 1;
    dprintf(("PyThread_init_thread called\n"));
    PyThread__init_thread();
}
```

可以看出，在 Python 2.7.18 中，初始化线程的函数名被声明为 PyThread_init_thread，这表明该函数是对 Python 线程进行初始化的方法。PyThread_init_thread 函数不接收任何变量，并且无任何返回值。

在 PyThread_init_thread 函数中，首先对当前的 Python 存活模式进行判断，如果当前 Python 进程的存活模式是 DEBUG，则会通过 Py_GETENV 函数来获取 Python 当前上下文属性中名为 PYTHONTHREADDEBUG 所对应的内存地址，并用一个指向 char 类型的指针 p 来存储，接着会判断变量 p 自身是否为 true——当前 Python 的上下文是否是 PYTHONTHREADDEBUG 环境，如果是，则再次判断指向 char 类型的指针 p 所指向的内存地址是否存在，如果存在，则调用 C 库中的 atoi 函数，将变量 p 的数据转为 int 类型并赋值给 thread_debug 变量，否则就直接将 1 赋值给 thread_debug 变量。接着，如果当前 Python 进程的存活模式不是 DEBUG，则会首先判断 Python 线程的初始化变量 initialized 是否已经进行了初始化，如果已经进行了初始化，则直接返回，否则将数值 1 手动赋值给 initialized 变量，并调用 PyThread__init_thread 函数对 Python 线程进行初始化，以此反复执行上述操作，直到完成 Python 线程初始化。

在 Python 3.9.13 中，Python 线程初始化代码如下。

```
void PyThread_init_thread(void){
    if (initialized)
        return;
    initialized = 1;
    PyThread__init_thread();
}
```

可以看出，在 Python 3.9.13 中移除了对当前 Python 进程存活模式是否是 DEBUG 的判断，直接对 Python 线程的初始化变量 initialized 进行判断，这里还保持了在 Python 2.7.18 中的判断逻辑，故不再赘述。移除对当前 Python 进程存活模式是否是 DEBUG 的判断的根本原因是，CPython 官方觉得这个判断在对 Python 线程初始化时并不会起到任何作用，也就是说当前 Python 进程的存活模式是不是 DEBUG 并不会影响 Python 线程的初始化过程。

## 2.2　线程优先级队列的改进

根据 CPython 官方的设计理念，Python 中并不存在队列这种概念。队列这种概念只是众多 Python 开发者提出的。在 Python 中，我们可以把队列简单地理解为一个列表，这个列表中可能会存放相同类型或不同类型的数据或 Python 对象。结合队列的概念，这个列表中每一个元素都是队列需要执行的任务，列表的总大小就是队列需要执行的任务总数量。当我们将队列中的元素全部修改为 Python 线程对象时，队列可以称为 Python 线程队列。当需要使用 Python 中的额外线程时，我们只需要从 Python 线程队列中取一个 Python 线程对象即可。

每一个线程对象，不管是 Java 线程对象还是 Python 线程对象，都具备优先级这一特性。线程的优先级被封装在线程对象中，以线程对象中一个属性的形式存在。当我们初始化一个 Python 线程之后，其线程对象就已经具备线程优先级的属性，只不过这个线程对象的优先级属性的值是通过 Python 虚拟机进行设置的。Python 线程对象的优先级属性默认是不开启的，当我们需要用到时可手动设置开启。当我们把多个开启优先级属性的 Python 线程对象放入一个队列，该队列就可以被称为线程优先级队列了。

在 Python 2.7.18 中，定义一个线程优先级队列的方式如下所示。

```
import Queue

pQueue = Queue.PriorityQueue()
pQueue.put([1, "123"])
pQueue.put([3, "456"])
pQueue.put([5, "789"])
```

在 Python 3.9.13 中，定义一个线程优先级队列的方式如下所示。

```
import queue

pQueue = queue.PriorityQueue()
pQueue.put([1, "123"])
pQueue.put([3, "456"])
pQueue.put([5, "789"])
```

通过对比可以看出，无论 Python 2 版本还是 Python 3 版本，创建线程优先级队列的方式本质上还是没有很大差别，都需要先引入相应的库，之后从库中获取线程优先级队列。在 Python 2 中，线程优先级队列位于 Queue 库，以 PriorityQueue 类的形式存在；在 Python

3 中，线程优先级队列位于 queue 库，以 PriorityQueue 类的形式存在。线程优先级队列所在的库是一样的，只是在 Python 2 中，Queue 的首字母大写了，而在 Python 3 中全是小写。无论在 Python 2 还是 Python 3 中，线程优先级队列会始终遵循优先级数字越小，执行优先级越高的原则。在上述代码片段中，pQueue 都是线程优先级队列，笔者使用 put 方法将元组中的元素放入线程优先级队列，其中，传入元组中元素的第一个参数表示优先级大小，第二个元素表示传入线程优先级队列的真实元素。传入的优先级数字越小，则 pQueue 就会优先执行该元素。

从微观上来说，Python 3 版本中的线程优先级队列较 Python 2 版本中的线程优先级队列都有哪些改进呢？笔者对 Python 2 和 Python 3（这里以 Python 3.9.13 版本为例）中 PriorityQueue 类的组成结构绘制了思维导图，分别如图 2-5 和图 2-6 所示。

Python 2 中的 PriorityQueue 类

- _init_：类的初始化方法，传递 self 和 maxsize 参数
- empty：判断队列是否为空的方法，只接收 self 一个参数，如果队列为空则返回 True，否则返回 False
- full：判断队列是否已满的方法，只接收 self 一个参数，如果队列已满则返回 True，否则返回 False
- get：获取队列元素的方法，接收 self、block、timeout 三个参数，用于在等待了 timeout 时间后获取队列元素
- get_nowait：获取队列元素的方法，只接收 self 一个参数，用于不需等待就可以获取队列元素
- join：等待执行的方法，只接收 self 一个参数，用于在队列中所有的元素执行完毕后执行后续的操作
- put：向队列中添加元素的方法，接收 self、item、block、timeout 四个参数，用于在等待一段时间之后将元素添加到队列中
- put_nowait：向队列中添加元素的方法，接收 self、item 两个参数，用于不需等待就可以向队列中添加元素
- qsize：返回队列大小的方法
- task_done：发送任务完成信号的方法，只接收 self 一个参数，用于在队列中元素完成任务后向其发送任务完成信号

图 2-5 Python 2 中 PriorityQueue 类的组成结构

通过对比图 2-5、图 2-6 可以发现，Python 3 版本中的 PriorityQueue 类比 Python 2 版本中的 PriorityQueue 类多了 3 个内置方法，并没有在线程优先级队列的底层实现上做出性能改进和优化。

Python 3.9.13 中的 PriorityQueue 类

- _init_：类的初始化方法，传递 self 和 maxsize 参数
- empty：判断队列是否为空的方法，只接收 self 一个参数，如果队列为空则返回 True，否则返回 False
- full：判断队列是否已满的方法，只接收 self 一个参数，如果队列已满则返回 True，否则返回 False
- get：获取队列元素的方法，接收 self、block、timeout 三个参数，用于在等待了 timeout 时间后获取队列元素
- get_nowait：获取队列元素的方法，只接收 self 一个参数，用于不需等待就可以获取队列元素
- join：等待执行的方法，只接收 self 一个参数，用于在队列中所有的元素执行完毕后执行后续的操作
- put：向队列中添加元素的方法，接收 self、item、block、timeout 四个参数，用于在等待一段时间之后将元素添加到队列中
- put_nowait：向队列中添加元素的方法，接收 self、item 两个参数，用于不需等待就可以向队列中添加元素
- qsize：返回队列大小的方法
- task_done：发送任务完成信号的方法，只接收 self 一个参数，用于在队列中元素完成任务后，向完成任务元素所在的队列发送一个任务完成信号
- _class_getitem_：判断队列中元素类型的方法，如果与预期类型相同则返回 True，否则返回 False
- _dict_：返回队列中元素的实例变量字典的方法
- _weakref_：返回队列中属于弱引用元素的列表的方法

图 2-6　Python 3.9.13 中 PriorityQueue 类的组成结构

## 2.3　日志输出模块的性能提升与改进方式

日志输出模块作为 Python 中直接和用户进行交互的模块，在不同的 Python 版本中都发挥着至关重要的作用。我们在 Python 程序开发过程中，或多或少都需要输出程序的执行结果，或者在程序的执行过程中输出不同步骤的结果，以调试程序。不仅在传统的 Python 程序开发中，我们需要将程序的执行结果以日志形式输出，在 Python Web 框架开发、机器学习和人工智能领域，都需要将程序的最终执行结果或阶段性结果以日志的形式输出，从而让开发者了解 Python 服务是否正常运行，及判断执行结果是否符合预期。

CPython 官方在实现 Python 时，将日志输出模块的实现作为核心任务之一，并且在 Python 2.7.18 和 Python 3.9.13 中对日志输出模块进行了升级和改良。

## 2.3.1 传统的日志输出方式与性能分析

在 Python 中，传统的日志输出其实就是将程序的执行结果进行打印，以便让用户了解自己的程序设计。无论 Python 2.7.18 版本还是 Python 3.9.13 版本，我们都知道打印一行日志的最简单的方式就是用 print 语句，如下所示。

```
print("Hello Python")
```

执行上述代码之后，代码命令行中输出“Hello Python”字样。那么，如果使用内置日志输出 print 函数，结果如何呢？

对于程序性能的分析，无非从两个角度考虑：程序执行的时间和程序执行所需要占用的空间，也就是所需要的内存大小。对于日志输出程序的性能分析，我们完全可以采用 Python 编码实现，且这个分析过程比较简单，代码如下所示。

```
def allocateCommondMemory(self, commondDesc, parameterDesc):
        if commondDesc == "print":
            startTime = datetime.datetime.now()
            print("print 指令打印内容 :" + parameterDesc)
            endTime = datetime.datetime.now()
            duringTime = endTime - startTime
            print("print 指令执行完毕所消耗时间 ( 微秒 ):" + str(duringTime.
                microseconds))
            print("print 指令打印内容为 :" + str(parameterDesc) + ", 所占内存空间为 :"
                + str(sys.getsizeof(parameterDesc)) + " 字节 ")
            memoryOfPrint = sys.getsizeof(print())
            memoryOfParameter = sys.getsizeof(parameterDesc)
            print("print 指令执行完成上述任务所占用总内存大小为 :" + str
                (memoryOfParameter + memoryOfPrint))
            print("print 指令本身所占内存空间 :" + str(sys.getsizeof(print())) + " 字节 ");
```

为了获得更加准确的性能测试结果，我们会调用上述代码 10 次，并记录不同调用次数所对应的程序执行时间和内存占用情况，如表 2-1 所示。

表 2-1 传统日志打印程序的执行时间和内存占用情况统计

| 执行次数 | 1 | 2 | 3 | 4 | 5 | 6 | 7 | 8 | 9 | 10 |
|---|---|---|---|---|---|---|---|---|---|---|
| 执行耗时 /μs | 27 | 25 | 23 | 26 | 25 | 30 | 32 | 32 | 24 | 28 |
| 内存占用 /B | 77 | 77 | 77 | 77 | 77 | 77 | 77 | 77 | 77 | 77 |

通过表 2-1 可以得出，随着执行次数的增加，上述程序内存占用并不会发生改变，这是由于我们自始至终都是打印相同的数据，数据本身并没有发生变化，所以数据所占内存的大小也就不会发生变化。而随着打印次数的增加，执行完成上述代码所需要消耗的时间在动态变化，这也足够说明计算机在处理相同代码片段时，由于不同的 CPU 执行时机不

同，耗时不相等。

我们可以使用 sys 库中的 getsizeof 函数查看 Python 内置 print 函数本身所占的内存大小，这里我们直接给出数据（16B）。该数值大小是由 CPython 的实现决定的，并不会因操作系统不同而改变。唯一可以影响上述程序所占内存的因素就是我们使用 print 函数来打印的数据本身的大小，所需打印的数据本身越大，执行程序所需要的内存空间也就越大，所需要消耗的时间也就越长；所需打印的数据本身越小，执行程序所需要的内存空间也就越小，所需要消耗的时间也就越短。

以上述程序片段为例，使用 print 函数来打印“ Hello Python”最短用时 23μs，最长用时 32μs，这表明当我们在使用 print 函数打印一般日志内容时，所消耗的最短时间和最长时间都是在微秒范围内（特别长的内容除外），并不会上升到秒计时单位，所以我们在日常使用 Python 进行程序设计和开发时，可以放心地使用 print 函数，不需要担心由于使用 print 函数而带来额外的性能开销。

## 2.3.2　基于 Logging 模块的日志输出方式

Logging 模块和之前介绍的 print 函数均是 Python 内置的日志输出方式，只不过 Print 函数更为人们所熟知。Logging 模块是在 Print 函数基础之上封装实现的，且 CPython 官方将其解释为根据经典的 Log4J 日志框架实现的，即 Logging 模块是基于 Log4J 日志框架来实现的。Log4J 日志框架在 Python 中使用较少，但是在 Java 中广为流传和使用，特别是在 Java Web 领域，已经有非常多的人在使用。而在 Python Web 领域，人们更多是使用 Python 内置的 Logging 模块来作为系统或项目主要的日志输出框架。

就像分析 print 函数性能一样，我们也来分析一下 Logging 模块的执行时间和所占内存，代码如下所示。

```
def allocateLogMemory(self):
    logStr = "this is a debug level info"
    startTime = datetime.datetime.now()
    logging.debug(logStr)
    endTime = datetime.datetime.now()
    duringTime = endTime - startTime
    print("Logging 打印 Debug 级别日志所需时间为: " + str(duringTime.microseconds) + "
        微秒 ")
    memoryOfLoggingDebug = sys.getsizeof(logging.debug(""))
    print(“Logging 打印 Debug 级别日志本身所需内存为: " + str(memoryOfLoggingDebug) +
        " 字节 ")
    memoryOfLogData = sys.getsizeof(logStr)
    print("Logging 打印日志数据内存大小为: " + str(memoryOfLogData) + " 字节 ")
    print("Logging 打印 Debug 级别日志所需总内存为: " + str(memoryOfLoggingDebug +
        memoryOfLogData) + " 字节 ")
```

同样，我们调用上述代码 10 次，并记录不同调用次数所对应的程序执行时间和内存占用情况，如表 2-2 所示。

表 2-2 基于 Logging 模块的日志打印方式执行时间和内存占用情况统计

| 执行次数 | 1 | 2 | 3 | 4 | 5 | 6 | 7 | 8 | 9 | 10 |
|---|---|---|---|---|---|---|---|---|---|---|
| 执行耗时 /μs | 48 | 35 | 35 | 37 | 35 | 32 | 35 | 56 | 32 | 34 |
| 内存占用 /B | 91 | 91 | 91 | 91 | 91 | 91 | 91 | 91 | 91 | 91 |

通过表 2-2 可以得出，Logging 模块的执行时间和内存占用规律与 print 函数整体类似。随着执行次数的增加，Logging 模块打印一条 Debug 级别的日志，所占内存为 91B。由于打印的日志内容没有发生变化，要打印的日志内容所占内存大小也没有发生变化，也就是无论重复打印多少次，只要我们所打印的日志内容没有发生变化，那么使用 Logging 模块打印一条 Debug 级别的日志所占的内存空间就不会发生改变。

随着执行次数的增加，由于不同 CPU 具体执行代码的时机不同，所以每次执行代码的耗时会不一样，这里和 print 函数的执行性能规律类似。可以看出，使用 Logging 模块来打印一条 Debug 级别的日志，最短需要 32μs，最长需要 56μs，且大概率会花费 32 ～ 35μs。这是由于 CPython 对 Logging 模块持续进行优化，打印日志耗时趋于平稳，时间波动不大。

### 2.3.3 两种方式的对比

通过上述对 print 函数和 Logging 模块的执行耗时和内存占用的分析和比较可以得出，如果使用 Python 做传统开发，我们就可以直接使用 print 函数来打印需要输出的内容；如果使用 Python 做 Web 开发，我们就可以直接使用 Logging 模块来打印需要输出的内容，不建议使用 print 函数，因为在 Web 环境中，需要考虑日志打印的稳定性和性能开销。print 函数虽说开销不大，但是它并不稳定，并没有像 Logging 模块那样得到 CPython 官方的持续优化。这也是 print 函数和 Logging 模块的最大区别。

## 2.4 GIL 的性能提升与改进方式

GIL（Global Interpreter Lock，全局解释锁）不只存在于 Python 中，还存在于其他语言，例如 Ruby 语言。CPython 在实现 Python 时引入了 GIL 概念，并在 Python 2.X 版本中广泛使用，而在 Python 3.X 版本中更新和改进。本节主要介绍 GIL 在 Python 2 和 Python 3 版本（这里所说的 Python 2 和 Python 3 版本指的均是本书中所约定的版本，在下文中如果没有特殊说明，则均采用本书约定版本）中的不同表现形式和不同性能体现，以及在 Python 3 版本中的性能提升与改进方式。

### 2.4.1 GIL 实现线程安全与性能分析

对于 GIL 来说，它实际上并不涉及线程安全，或者说，线程安全并不会在 GIL 中体现，因为 GIL 在多线程环境下无时无刻不是线程安全的。

在 Python 中，对于单线程来说，程序从开始执行直到执行完毕，并不会有其他线程来竞争执行的时机和执行的资源，所以，Python 中的单线程程序执行永远是安全的。而对于 Python 中的多线程程序，由于程序在执行过程中会发生多个线程抢占资源的情况，因此多线程在执行时会发生不是每个线程都执行过一遍程序的情况，导致程序执行结果错误，不能得到预期结果。但是，由于 Python 中引入了 GIL，这一现象不会发生，因为在多线程环境下，GIL 的引入使得在同一时刻只有一个线程可以执行，其他线程只能等这一线程执行完毕才能执行，以此往复，直到所有 Python 线程都执行完毕为止。这种方式保证了 Python 在多线程环境下的安全。

我们以一段简单的 Python 程序为例，来测试一下在 GIL 加持的环境下实现线程安全所需要的性能开销，如下所示。

```
def readFile():
    print(" 线程: " + str(threading.current_thread().name) + " 开始执行 ")
    start = time.time()
    with open('gilText.txt', 'r') as f:
        data = f.read()
        print(data)
    end = time.time()
    print(end - start)

t1 = Thread(target=readFile)
t2 = Thread(target=readFile)

t1.start()
t2.start()
```

上述代码中，笔者使用一个简单的文件读取程序，来测试在 GIL 环境中多线程调用所需要的时间和内存开销。测试记录如表 2-3 所示。

表 2-3 GIL 环境下多线程调用所需要的时间与内存开销统计

| 使用线程数 | 2 | 4 | 6 | 8 | 10 |
|---|---|---|---|---|---|
| 执行耗时 /μs | 13 | 23 | 33 | 43 | 53 |
| 所占内存 /B | 16 | 16 | 16 | 16 | 16 |

由于 Python 语言脚本化的编写方式，我们只能通过手动创建多个线程的方式来模拟上述代码段的过程，直到模拟到 10 个线程结束。从表 2-3 中可以看出，由于程序本身并不会发生任何改动，所以每一个线程执行该段程序所占用的内存空间都是固定的，即 16B。每增加一个可用的 Python 线程，就会增加一次调用该程序所消耗的时间，所以这个时间的消耗一定是叠加的。通过对不同数量线程所调用该段程序所消耗的时间进行计算，我们可以推导出一个大致的规律：增加的线程数量较原始线程数量始终差值为 2，那么增加后的线程执行上述代码的时间消耗总是比原始线程执行上述代码片段的时间消耗多 10μs 左右。

出现上述规律的主要原因就是多线程在执行代码时受到了 Python 中 GIL 的影响。GIL

保证了在同一时刻只允许一个 Python 线程获取锁并最终执行程序，如果先前获取到锁的线程还没有执行完成程序，那么后续线程就会一直等待，直到先前获取到锁的线程执行完毕并释放锁之后，才会获取到锁并执行程序。这个过程会重复执行，直到所有 Python 线程均执行完毕。如果没有 GIL 的影响，Python 线程在调用程序时，不会按照我们开启 Python 线程的顺序去执行，更不会出现上述时间消耗的规律，因为 Python 线程会毫无顺序地调用 Python 程序，且时间消耗也不会那么稳定，有时消耗的时间长，有时消耗的时间短。

### 2.4.2 Concurrent 模块的引入

通过前文我们知道，在开启 Python 多线程时，在同一时刻 GIL 只允许一个线程来执行程序，其他线程只能等待正在执行程序的线程执行完之后才能执行。这就是同步执行任务的表现。通过默认方式来开启 Python 多线程去执行程序的方法，本质上是同步执行任务，并不是异步执行，这样反而增加了程序执行的时间开销，这在某些业务场景下并不适用。那么，除了 threading 库之外，Python 还提供了哪些方式来实现程序的异步执行？答案是 Concurrent 模块。

Python 的 Concurrent 模块提供了很多可以异步执行程序的实现方案，当需要异步执行程序时，我们可以使用 Concurrent 模块提供的方法或函数，这样就可以绕过 Python 中 GIL 的影响，大幅提高多线程执行程序的效率，缩短执行程序的时间消耗。

在 Concurrent 模块中，常用的是 futures 模块，即 concurrent.futures 模块中的相关函数。concurrent.futures 模块中常用的函数如下。

- concurrent.futures.Executor：这是一个虚拟基类，提供了异步执行的方法。
- submit（function, argument）：调度函数（可调用的对象），将 argument 作为参数传入。
- map(function, argument)：将 argument 作为参数传入，以异步的方式去执行相关任务。
- shutdown（Wait=True）：发出让执行者释放所有资源的信号的函数。
- concurrent.futures.Future：Future 对象是 submit 函数到 executor 的实例，即 submit 函数异步执行完任务之后的回调函数返回结果。

在 concurrent.futures 模块中，我们经常使用的是基于 Executor 基类实现的两个子类——ThreadPoolExecutor 和 ProcessPoolExecutor，前者实现了 Python 中线程池的概念，后者实现了 Python 中进程池的概念。这两个实现类在我们编写多线程异步任务时经常被使用。下面通过一个简单的例子来说明如何使用 ThreadPoolExecutor 和 ProcessPoolExecutor。

```
import concurrent.futures
import time
number_list = [1, 2, 3, 4, 5, 6, 7, 8, 9, 10]

def evaluate_item(x):
    result_item = count(x)
    return result_item
```

```
def  count(number) :
    for i in range(0, 10000000):
        i=i+1
    return i * number

start_time = time.time()
    with concurrent.futures.ThreadPoolExecutor(max_workers=5) as executor:
        futures = [executor.submit(evaluate_item, item) for item in number_list]
        for future in concurrent.futures.as_completed(futures):
            print(future.result())
    print ("Thread pool execution in " + str(time.time() - start_time), "seconds")
```

上述程序的执行结果如下：

```
10000000
30000000
40000000
20000000
50000000
70000000
90000000
100000000
80000000
60000000
Thread pool execution in 7.633088827133179 seconds
```

上述例子通过一个循环的加法和乘法操作，来增加 CPU 执行这段程序的耗时，并将这一耗时的程序交给 ThreadPoolExecutor 线程池执行。与 Java 语言不同，在 Python 中 ThreadPoolExecutor 类只接收一个参数，那就是 max_workers，表示允许 ThreadPoolExecutor 线程池管理器开启的最大线程数量。在本例中，该参数的值为 5，表示在同一时刻，允许 ThreadPoolExecutor 类最多开启 5 个线程去执行程序。我们可以看到采用线程池的方式来异步执行上述程序所消耗的时间约为 7.63s。如果不使用 ThreadPoolExecutor 线程池来执行上述程序，而是使用常规的方式去执行，代码如下。

```
start_time = time.time()
    for item in number_list:
        print(evaluate_item(item))
    print("Sequential execution in " + str(time.time() - start_time), "seconds")
```

上述程序的执行结果如下：

```
10000000
20000000
30000000
40000000
50000000
60000000
70000000
80000000
```

```
90000000
100000000
Sequential execution in 8.936585903167725 seconds
```

我们可以清楚地看到，采用传统方式执行上述程序的耗时约为 8.94s。通过对比两个执行结果我们可以清楚地看到，采用线程池的方式比采用传统方式执行速度更快，耗时更短。出现这一现象的根本原因就是采用线程池的方式可以规避 GIL 的一部分影响，直接让 CPU 去执行，所以，当我们需要编写 Python 多线程执行程序时，可优先考虑使用 concurrent.futures 中的函数，因为这样执行效率更高，耗时更短。

### 2.4.3 替换 GIL 实现线程安全与性能分析

截至本书完稿时，CPython 官方并没有明确给出百分百可行的替换 Python 中 GIL 的方法，替换 GIL 实现线程安全的方法活跃在 Python 社区，但其不具备在真实的生成环境中大批量使用的条件。所以，本节内容只是为了让广大读者对替换 GIL 实现线程安全的方法有所了解，如果有读者想要将其用在生成环境中，应该结合实际项目的具体业务场景综合考虑之后再确定。

在 Python 中，目前主流的替换 GIL 的方法是使用 Nogil 解释器来替换原有的 Python 解释器。Nogil 解释器从根本上去除了 Python 中的 GIL，支持直接使用 CPU 去执行程序。

使用 Nogil 解释器，首先需要安装 Python 的虚拟环境容器 PyEnv，具体安装 PyEnv 的方法这里不再展开，大家可自行查阅相关资料。在安装完成 PyEnv 之后，我们就可以安装 Nogil 解释器了，相关实现代码如下所示。

```
pyenv install nogil-3.9.10
```

执行完上述命令之后，系统即可自动下载并安装 Nogil 解释器，等待安装完成即可。

在 Nogil 解释器中，GIL 默认是关闭的，我们可以通过如下代码来检查 GIL 是否开启：

```
import sys;

print(sys.flags.nogil)
```

执行上述代码片段中的 sys.flags.nogil 代码，并使用 print 函数打印结果，如果打印结果为 False，则表示当前 Python 环境中的 GIL 是开启的；如果打印结果为 True，则表示当前 Python 环境中的 GIL 是关闭的。我们可以使用 PYTHONGIL=1 环境变量参数来修改 Nogil 解释器中 GIL 的开启状态。如果想开启 GIL，我们可以使用以下命令。

```
PYTHONGIL=1 python3
```

上述代码在启动 Python 3 的解释器的同时，向 Python 3 的解释器（即 Nogil 解释器）声明一个环境变量参数——PYTHONGIL，PYTHONGIL 的值是 1。执行完上述命令之后，即可在当前 Python 环境中开启 GIL。如果当前 Python 环境中的 GIL 是开启的，我们也可以通过上述方式将 GIL 关闭，以适应不同环境所需。

那么，我们使用 Nogil 这个不具备 GIL 的解释器来执行多线程程序，性能会怎样呢？让我们继续以上述示例为例，测试一下使用 Nogil 解释器来多线程执行相同代码时所消耗的时间，代码如下所示。

```
import concurrent.futures
import time
number_list = [1, 2, 3, 4, 5, 6, 7, 8, 9, 10]

def evaluate_item(x):
    result_item = count(x)
     return result_item

def  count(number) :
    for i in range(0, 10000000):
        i=i+1
    return i * number

start_time = time.time()
    with concurrent.futures.ThreadPoolExecutor(max_workers=5) as executor:
        futures = [executor.submit(evaluate_item, item) for item in number_list]
        for future in concurrent.futures.as_completed(futures):
            print(future.result())
    print ("Thread pool execution in " + str(time.time() - start_time), "seconds")
```

出于方便考虑，这里还是采用了上述 ThreadPoolExecutor 线程池的方式进行测试，只不过所使用的 Python 解释器换成了完全去除 GIL 的 Nogil 解释器，具体的执行结果如图 2-7 所示。

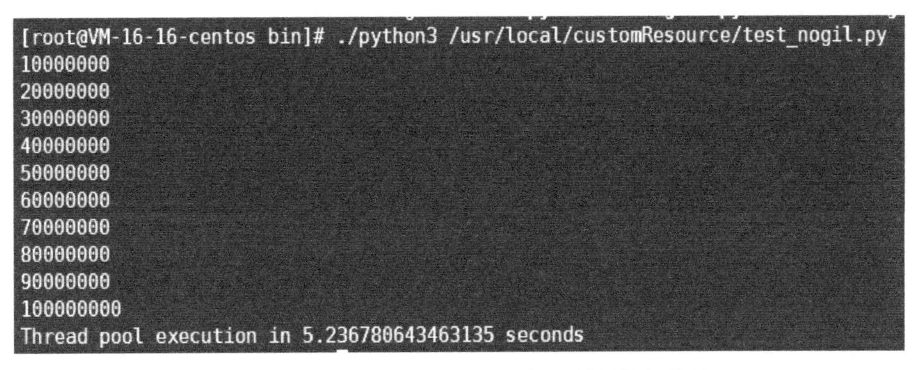


图 2-7　换成去除 GIL 的 Nogil 解释器的执行结果

通过图 2-7 所示的测试结果我们可以清楚地看到，使用 Nogil 解释器执行相同的 ThreadPoolExecutor 线程池代码，要比使用 Python 解释器花费更少的时间。使用 Nogil 解释器只花费了约 5.24s，而使用 Python 解释器花费了约 7.63s，可见 GIL 对程序执行的影响还是比较大的。

除了使用 Nogil 解释器来替换 Python 解释器，还有一个方法也可以实现替换 GIL，只不过还没有人完全实现，只是提出了一些相应的概念，且采用这个方法的人少之又少，以至于很多人都在质疑其可行性、准确性和安全性，笔者这里只是简单介绍，如果读者想深入了解，可以自行查阅相关资料。该方法是编写 C 或 C++ 语言的拓展文件，然后将该拓展文件放入 CPython 官方的源码，并最终整合成仅属于自己的 Python 语言。在这个 C 或 C++ 语言拓展文件中，核心的内容是通过 PyObject 对象来获取当前 Python 语言的上下文环境和配置参数，在获取到的配置参数中，含有一个 GIL 标志的参数。我们可以直接通过手动干预的方式来改变这个参数的值，或者直接禁用这个参数。在修改了这个标志参数之后，我们还需要将修改结果同步到获取到的 Python 语言的上下文环境中，这样才能达到禁用 GIL 的目的。不过，关于这个含有 GIL 标志的参数，CPython 官方并没有做出详细的介绍，这就使得个人开发者在编写 C 或 C++ 拓展文件时无法下手，不知道哪一个参数和 GIL 有关，而且即使找到了这一参数，在将这个参数修改之后，还需要重新编译 CPython 源码，以使得修改在整个 Python 语言的上下文环境中生效，这会花费不少的时间和人力。

上述两种方式是替换 Python 中 GIL 的两大思路和方向，这里笔者建议广大读者朋友采用第一种 Nogil 解释器替换的方式，因为相对于第二种方式来说，这种方式花费的时间最短、所要求开发者的知识储备最少、见效最快。

# 高并发篇

Chapter 3 第 3 章

# Python 高并发与高性能实现的基本原理

本章将为读者介绍 Python 高并发与高性能的基本原理，包括 Python 高并发是如何实现的、Python 高性能是如何实现的。

本章首先从并发编程的挑战开始，逐步介绍高并发给我们带来的挑战、Python 高并发实现的基本原理、Python 高性能实现的基本原理、Python 高并发与高性能之间的关系，以及 Python 对象的创建过程和基本状态，最后结合当下主流的 Python 虚拟机——CPython 来浅谈一下 Python 对象中的内存回收机制。

## 3.1 并发编程的挑战

随着并发概念的引入，越来越多的语言开始设计并实现基于并发概念的程序执行机制，无论 Python 语言还是 Java 语言，都具备对并发概念的实现。无论哪种语言中的并发机制，都会提升程序的执行效率，为程序执行提供支持。在 Python 语言中引入并发机制，无疑是一件好事，但是也会带来一些挑战。

我们都知道 Python 中有 GIL，任何多线程程序的执行都需要经过 GIL 的过滤，而每一次经过 GIL 的过滤，都会增加 CPU 解析 Python 线程的内存消耗和时间消耗。这里暂且抛开 GIL 的影响，两个或两个以上的 Python 线程同时执行程序时，会首先在 Python 虚拟机中开辟相应的内存，以存放 Python 线程数据和 Python 程序数据，之后会通知操作系统，让操作系统再通知寄存器，接着通过寄存器来通知 CPU。CPU 和寄存器都处理完一个 Python 线程之后，通知操作系统来更新位于内存中 Python 线程数据和 Python 程序数据，包括基本数据和状态数据。至此，这个 Python 线程处理流程才算结束。

上述流程中的寄存器和 CPU 都会频繁地进行线程上下文切换，即操作系统在管理线程时是通过线程上下文切换的形式来分别执行或终止执行一个线程，而每一次线程上下文切换都会有一定的时间开销和内存开销，即线程上下文切换本身就是消耗性能的一种体现。

回过头来，我们再结合 GIL 来完成上述过程。同样，当两个或两个以上的 Python 线程需要内存分配和操作系统调度时会首先通知 Python 虚拟机为 Python 线程添加 GIL 标志，或等待 Python 虚拟机在临界区边缘拦截 Python 线程，直到 Python 线程获取到锁之后，才会继续向 Python 虚拟机申请内存，之后才会通知操作系统、CPU 以及寄存器来进行线程上下文切换。在这种情况下，Python 虚拟机处理 GIL 时就已经申请了大量内存，并且占用了大量 Python 线程处理程序的时间，再加上后面的操作系统、CPU 以及寄存器对 Python 线程上下文切换所占用的内存和花费的时间，无疑会加长 Python 虚拟机执行 Python 线程的总时间。这会大大降低 Python 虚拟机处理 Python 线程的效率。这是 CPython 官方在设计 Python 并发支持模块时优先考虑和解决的问题，也是实现 Python 并发支持最大的挑战。

在 CPython 官方实现 Python 并发支持时，其实还有一个挑战需要去应对，那就是死锁。死锁现象指的是多个线程在竞争同一个临界区中的资源时，由于一个线程在获取资源后无法及时释放保护这个资源的锁而导致后续竞争同一个临界区中的资源的线程无限期等待。

死锁现象会在一段时间内突然加剧 Python 程序的内存消耗和 CPU 使用率。如果在发生死锁现象之后我们没有察觉到，或者任由死锁现象一直存在，那么 Python 程序或项目所在的服务器内存会被瞬间占满，CPU 使用率也会在瞬间飙升。在这种情况下，Python 程序或项目的执行速度就会变慢，直至服务器宕机或强制关机。

对于 Python 来说，GIL 的引入使得 Python 开发者不会刻意关注 Python 多线程环境中的死锁，因为无论几个 Python 线程去竞争同一个临界区的资源，当线程执行到 Python 虚拟机时，Python 虚拟机都会对所有 Python 线程进行拦截，然后随机选择一个 Python 线程，使其获取临界区的资源锁，然后再和操作系统共同调度 Python 线程，直到所有的 Python 线程执行完毕。在这一过程中，GIL 选取 Python 线程直接影响了获取临界区资源锁的时间，但为后续的 Python 线程有顺序地获取锁提供了基础保障，基本不会出现死锁现象。

对于 Python 来说，实现并发编程需要克服两大挑战：一个是 Python 线程上下文切换；另一个是 Python 多线程在竞争临界区资源时所发生的死锁现象。如果这两个挑战无法克服，那么 Python 中就不会有并发编程的支持。

## 3.2　高性能编程的挑战

和上述并发编程的挑战不同，高性能编程同时给 Python 开发者和 CPython 官方带来了不同的挑战。对于 CPython 官方而言，它在设计并实现 Python 语言时应该从更细致的角度去思考问题，CPython 官方确实也是这么做的，对每一个语言特性模块都做了尽可能详细的测试。从基础使用场景到复杂的业务场景，CPython 官方所实现的 Python 语言特性模块都有良好的表现。

对于 Python 开发者来说，他们为了编写出高性能的 Python 程序，在编写每一行代码时都应该考虑清楚执行过程和潜在的风险点。这里的潜在风险点指的是执行该 Python 代码的时间开销和内存开销，以及在执行该 Python 代码时可能会额外产生的时间开销和内存开销。比如我们需要使用 Python 开发一个重复执行的业务功能，这个功能可能是一个循环的求和过程，也可能是一个业务的反复执行，此时需要用到 Python 中的循环语法 for，于是我们编写了基于 for 循环语法结构的 Python 程序。然而在执行该 Python 程序时，由于我们的疏忽没有处理好业务边界问题，程序出现了死循环，这就大大增加了程序执行的性能开销，甚至会使环境崩溃。这是 Python 开发者在设计和实现业务功能时不应该出现的错误。当然，Python 开发者要想编写出高性能的 Python 程序，还需要知道一点，那就是刻意考虑程序细节，目的是尽可能多地规避那些原本可以直接优化的功能点。比如设计一个导入、导出 Excel 表格的功能接口，且有一定的时间消耗要求，但是没有明确的内存消耗要求，只是说要保证合理的内存消耗，我们应该如何使用 Python 来设计并实现呢？

首先对需要实现的功能点进行初步分析，目标是使用 Python 开发一个具有导入、导出 Excel 表格文档的功能接口，给我们的要求是在规定时间内完成，且要保证合理的内存消耗。

其次对需要实现的功能点进行详细分析。由于 Python 语言具备丰富的库文件和第三方框架，所以我们可以使用 Python 对 Excel 表格进行操作的第三方库，通过调用相应的库函数直接实现对 Excel 表格的写入和写出。但是 Excel 表格中的数据需要我们自行处理，因为这一部分没有第三方库来帮助实现，而且表格中的数据处理是需要根据具体的业务需求来进行的。分析到这一步，实现该功能的思路就形成了。有很多 Python 开发者在分析到这一步时就直接开始写代码了，以我的经验来看，凡是直接上手写代码的开发者在一段时间之后都会回过头来对这一部分单独进行优化，这就是笔者所说的尽可能多地规避那些原本可以直接优化的功能点。出现这种问题的原因就是开发者没有进行笔者所说的下一步分析。

最后结合我们做的功能实现详细分析对代码性能做进一步的分析。我们知道了实现 Excel 表格写入、写出可以使用第三方库，但是不知道所需要使用的第三方库中的具体函数所带来的内存开销和时间开销。这里需要开发者对具体的函数进行基本的性能测试，只有这样才能得出具体函数的内存开销和时间开销。如果得出的结果没有满足业务要求，我们就需要进一步测试到底是哪里拖慢了程序执行速度，哪里占用了更多的内存，思考可以使用 Python 语言中的什么特性模块来弥补等。

只有经过这样的功能设计流程，才能够设计出高性能 Python 程序。

## 3.3 Python 高并发实现的基本原理

在本节中，笔者会为读者介绍 Python 是如何实现高并发的，包括 Python 高并发实现的基本思路和保障措施。总体来说，Python 高并发实现共使用了 3 个层面的技术理念，分别是 Python 线程安全性的实现、Python 线程同步的实现、Python 原子性的实现。下面笔者会一一进行阐述。

### 3.3.1　Python 线程安全性的实现

Python 线程安全性指的是在 Python 环境中，多个线程可以并发或并行地执行 Python 开发者分配的任务，并且任务执行完毕后的结果总是正确的。在多线程执行 Python 任务时，但凡有一次任务没有得到预期的结果，就不能说明我们所设计的 Python 多线程程序是安全的。

CPython 官方在实现 Python 线程安全时，将 GIL 进行了封装，并且将其实现过程封装到 Python 的内核实现层面，具体的实现源代码文件名称为 pycore_gil.h，即 CPython 官方将 GIL 的实现过程封装成 C 语言的头文件。pycore_gil.h 文件中的源代码如下。

```
#ifndef Py_INTERNAL_GIL_H
#define Py_INTERNAL_GIL_H
#ifdef __cplusplus
extern "C" {
#endif

#ifndef Py_BUILD_CORE
#  error "this header requires Py_BUILD_CORE define"
#endif

#include "pycore_atomic.h"    /* _Py_atomic_address */
#include "pycore_condvar.h"   /* PyCOND_T */

#ifndef Py_HAVE_CONDVAR
#  error You need either a POSIX-compatible or a Windows system!
#endif

/* 若每间隔一次 interval 至少强制切换一次线程 */
#undef FORCE_SWITCHING
#define FORCE_SWITCHING

struct _gil_runtime_state {
    /* 单位是微秒（Python API 使用秒）*/
    unsigned long interval;
    /* 持有 GIL 或最后一个 PyThreadState，用于明确放弃 GIL 后是否有其他人处理程序 */
    _Py_atomic_address last_holder;
    /* 是否已获取 GIL（如果未初始化，则为 -1）。这是原子性的，因为它可以在 ceval.c 中不带任何锁
       的情况下被读取 */
    _Py_atomic_int locked;
    /* 自开始以来 GIL 的数量 */
    unsigned long switch_number;
    /* 此条件变量允许一个或多个线程等待，直到释放 GIL。另外，互斥锁会保护相关变量 */
```

```
    PyCOND_T cond;
    PyMUTEX_T mutex;
#ifdef FORCE_SWITCHING
    /* 此条件变量会帮助 GIL 释放线程，等待线程被调度并获取 GIL */
    PyCOND_T switch_cond;
    PyMUTEX_T switch_mutex;
#endif
};

#ifdef __cplusplus
}
#endif
#endif
```

首先来看 pycore_gil.h 头文件中的定义，Py_INTERNAL_GIL_H 是 GIL 的内核实现定义。在本文件中通过取反的方式进行引入，即先判断 Py_INTERNAL_GIL_H 没有引入该文件，如果这一判断结果为真，则引入 Py_INTERNAL_GIL_H；如果这一判断结果为假，则不再重复引入 Py_INTERNAL_GIL_H。__cplusplus 是在 C 语言文件中定义 C++ 拓展程序的语法形式，由以下代码段组成：

```
#ifdef __cplusplus
extern "C" {
#endif
// C++ 拓展程序编写区域
#ifdef __cplusplus
}
#endif
```

pycore_gil.h 头文件中还有几个地方需要注意。首先来看 Py_BUILD_CORE，Py_BUILD_CORE 是 Python 解释器识别 Python 内核文件的标识。如果 Python 内核文件中没有该标识，编译 Python 程序时就会提示“this header requires Py_BUILD_CORE define”错误，即只有文件中添加了 Py_BUILD_CORE 标识，才能被 Python 解释器识别为内核文件，并在内核编译期进行编译。pycore_atomic.h 是 Python 实现原子性的内核头文件。该文件可以实现 Python 程序全局的原子性，也可以实现具体 Python 操作的原子性。FORCE_SWITCHING 表示线程及线程上下文的切换方式。该切换方式有两种：一种是操作系统 CPU 内核自动管理和切换线程及线程上下文，该方式也是 CPython 官方实现线程及线程上下文切换的默认方式；另一种是手动强制切换，我们可以在运行 Python 程序时，通过向 Python 解释器配置 FORCE_SWITCHING 参数来改变 Python 线程及线程上下文的切换方式为手动强制切换。

接着来看名为 _gil_runtime_state 的结构体定义，它是 GIL 的核心实现和调用的封装。_gil_runtime_state 结构体分别由无符号 long 类型的变量 interval、_Py_atomic_address 类型的变量 last_holder、_Py_atomic_int 类型的变量 locked、无符号 long 类型的变量 switch_ number、PyCOND_T 类型的变量 cond、PyMUTEX_T 类型的变量 mutex，以及对 FORCE_SWITCHING 状态的判断组成。该结构体规定了 GIL 的运行流程和管理措施。变量 interval 表示 GIL 的执行时间，单位为 μs，且不能是负数。在 GIL 被触发时，变量 interval 随即开始工作，直到 GIL 执行完毕。这个时间间隔就是 GIL 的执行时间，开发者可以通过该变量获取 GIL 执行程序所消耗的时间。变量 last_holder 表示最后持有 GIL 的标记地址，开发者可以通过该变量来查看最后持有 GIL 的 Python 程序。变量 locked 表示 Python 程序是否被 GIL 修饰，如果没有被修饰，说明 Python 程序没有获取到 GIL，locked 变量值为 -1，否则不为 -1，而是一个大于 0 的值。同样，该变量是原子性变量，开发者可以通过该变量的值来判断 Python 程序有没有获取 GIL。变量 switch_number 表示 GIL 的切换次数，即锁被获取和锁被释放之间的切换次数。该变量不能是负数，只能是大于 0 的正整数。开发者可以通过该变量的值来查看 Python 程序中 GIL 的切换次数，从而判断 Python 线程是否正常运转。变量 cond 表示条件的意思，可以理解为影响线程安全性的条件。该变量支持设置允许一个或多个线程等待，直到获取到 GIL 的线程释放锁了之后，逐个解除等待。开发者可以通过查看该变量是否有数据来判断线程是否处于等待状态，如果有数据，表明线程仍然处于等待状态。变量 mutex 表示 Python 中互斥锁的实现标记位。Python 通过引入该变量来保证在同一时刻只能允许一个线程获取 GIL，并且对获取 GIL 的线程进行互斥保护。

最后来看 _gil_runtime_state 结构体的最后部分，代码如下所示。

```
#ifdef FORCE_SWITCHING
        PyCOND_T switch_cond;
    PyMUTEX_T switch_mutex;
#endif
```

上述代码段表示如果开发者启用了线程和线程上下文手动强制切换方式，那么 GIL 在运行时就会同步开启手动 Python 线程的切换和手动 Python 互斥锁的切换，Python 解释器不会再自动管理 Python 线程的切换和 Python 互斥锁的切换；如果开发者没有启用手动强制切换方式，GIL 在运行时并不会将手动 Python 线程的切换和手动 Python 互斥锁的切换进行应用。

通过上述 _gil_runtime_state 结构体的定义，我们实现了 GIL 的整体管理。在编写 Python 程序时，开发者并不需要了解 Python GIL 的内部运转过程，只需要清楚在默认情况下 Python 线程被 GIL 保护着。

通过分析上述 GIL 实现的结构体 _gil_runtime_state 可知，Python 在实现线程安全时，首先为每个访问临界区的 Python 线程统一添加 GIL，然后通过变量 interval 和变量 last_holder 的相互配合，来确定每一个线程的执行时间和最大执行时间边界值，如果发现某个线程的执行时间太长，则会自动终止该线程的运行，并通过变量 locked 来改变多线程的状态。在多线程执行过程中，Python 通过变量 cond 和变量 mutex 来规定每个线程的执行时机和线程状态切换时机，最后通过变量 switch_number 在后台静默记录每个线程对应的切换次数，以备不时之需。

### 3.3.2 Python线程同步的实现

严格来说，在Python中，我们并不需要专门去实现线程同步，因为在Python中编写多线程程序时，无论是否手动给Python多线程程序加锁，在多线程程序运行时，都会被GIL所影响，使原本的线程不同步转变为安全的线程同步，不需要开发者额外手动进行处理。在本节中，笔者不会对Python中具体的线程同步实现原理进行介绍，而是对CPython官方实现Python线程同步以保证Python线程安全的整体概念和实现思路进行补充介绍。

Python线程同步指的是在多线程环境中执行任意一段Python代码（这段代码可以是一个方法，也可以是一个类，还可以是一个接口等），均能返回期望的结果。对于Python多线程环境下的资源竞争过程，笔者画了一张示意图，如图3-1所示。

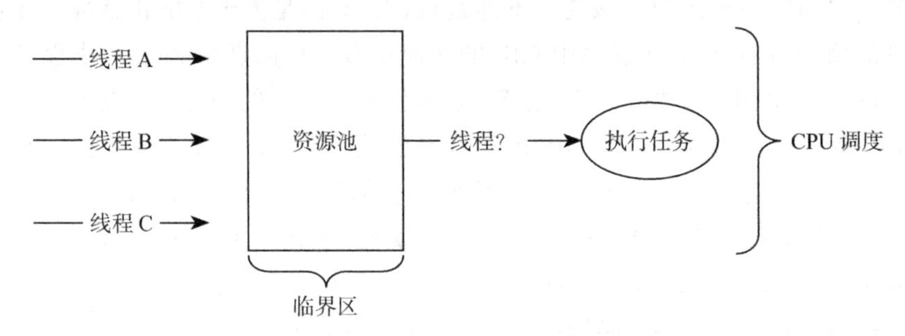


图3-1 Python多线程环境下的资源竞争示意图

假设在Python环境中同时存在线程A、线程B、线程C，且都需要执行同一个任务，假设这个任务的名称为T，这三个线程需要同时执行任务T，以达到多线程执行任务的目的。对于CPU来说，任一线程想要执行具体的任务，都需要CPU进行统一调度；对于线程来说，需要首先获取执行任务所需要的资源，才能开始执行。在没有线程同步概念下，线程A、线程B、线程C在获取临界区中的资源时就会随机获取，甚至会出现都获取不到资源的情况，所以在图3-1的输出部分，笔者使用"线程?"的形式来描述在没有线程同步概念下，任务能不能被执行以及是否按照我们所设计的时序来执行都是不确定的。那么，在线程同步概念下，上述任务执行过程将会是什么样的呢？笔者也画了一张图，如图3-2所示。

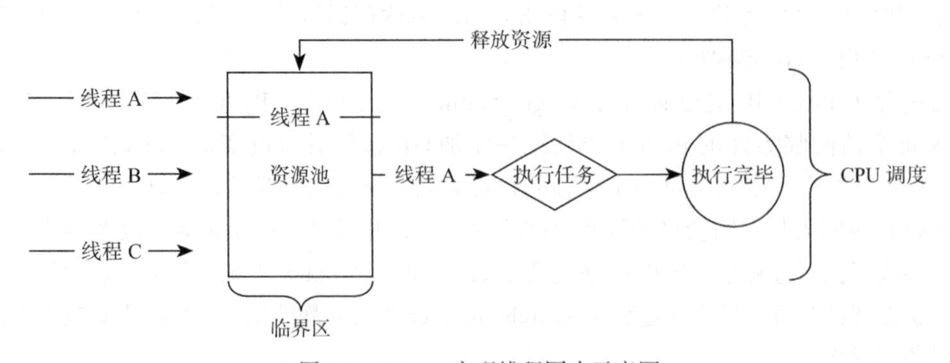


图3-2 Python实现线程同步示意图

在线程同步概念下，线程A、线程B、线程C访问临界区中资源的方式不变，只不过在任意时刻只能有一个线程可以获取到临界区中的资源。这里以线程A为例，线程A在获取临界区中的资源之后，就会以标记位的方式将临界区中的相关资源进行占有性标记。在标记成功后，线程B、线程C都不能获取该资源。接着，线程A使用该资源继续执行任务，直到任务执行完毕，线程A才会释放资源。在线程A释放资源后，线程B或者线程C才能获取该资源，并执行后续任务。如此反复执行上述过程，直到所有的线程都获取该资源，并且任务均被执行完毕为止。

这是CPython官方在实现线程同步时使用的主要思路，并且将线程同步和线程安全放在一起实现，所以，读者在阅读本小节内容时，可以结合3.3.1节一起看。

### 3.3.3　Python 原子性的实现

Python原子性的实现整体分为Python变量原子性的实现和Python操作原子性的实现。

我们知道，在Python中并没有显式的变量类型，声明Python变量时都是直接使用赋值的形式，示例如下：

```
a = 1
```

以上述代码为例，Python解释器会将该代码自动进行编译。在上述代码编译期内，Python虚拟机或Python解释器会自动识别等号右侧的数据，根据等号右侧数据的组成形式，对变量a的类型进行设置。变量a的类型一旦被设置，在同一代码编译期内就不会发生改变，直到代码的一个编译期结束，新的代码编译期开始，才有可能发生改变。当然，发生改变的时机主要还是在于等号右侧数据的组成形式，读者可以通过Python内置的type函数来检查Python虚拟机或Python解释器对变量a类型的设置，如图3-3所示。

图3-3　查看变量a的类型

这里以int类型变量为例，分析Python中的基本变量类型是不是原子性的，以及Python中基本变量类型的原子性是如何实现的。通过跟踪CPython中int类型的源码可以得出，Python中int类型的实现拓展自C语言中的long类型，并不是直接使用C语言中的int类型来作为Python语言中的int类型。CPython在实现int类型时，会首先规定int类型的数据范围，接着会向操作系统申请可用的内存空间，在申请完内存空间之后，就会将变量对应的数据存放到内存中。如果这个变量没有再被使用，Python的垃圾回收机制就会在合适的时机回收内存。对于int类型来说，Python并不会直接将回收的内存释放给操作系统，而是将不用的内存以list形式进行拓展，拓展的内存空间大小就是变量a所占用的空间大小。Python 的 int 类型变量的整个处理过程均在一个栈帧中进行，即栈帧会随着变量的创建而创建（主线程中），随着变量的遗弃而销毁，整个过程都处于一个密闭栈帧空间，所以 int 类型基本变量的创建过程具备原子性，也就是说 Python 中 int 基本变量类型是原子性的。以此类推，Python 中的其他基本变量类型，如 float、string 等都具备原子性。

我们再来看一下原子性操作的实现，还是以一个简单的例子来说明，代码如下所示。

```
a += 1
```

我们都知道，代码 a += 1 在编译时会变成 a = a + 1 字样，那么在 Python 编译器或 Python 虚拟机中的表现形式又是什么样的呢？读者可以运行上述代码并查看字节码文件。查看字节码文件的命令如下。

```
python3 -m dis PythonDemo.py
```

python3 -m dis 为查看 Python 字节码文件的组合命令，需要按照这种固定的顺序和组合方式才能获取到 Python 字节码文件。该命令后面的 PythonDemo.py 则是查看的 Python 字节码文件的完整路径，支持绝对路径和相对路径两种形式。上述命令运行结果截图如图 3-4 所示。

```
[root@VM-16-16-centos MemoryAnalyzeExternByMySelf]# python3 -m dis PythonDemo.py
  1           0 LOAD_CONST               0 (1)
              2 STORE_NAME               0 (a)

  2           4 LOAD_NAME                0 (a)
              6 LOAD_CONST               0 (1)
              8 INPLACE_ADD
             10 STORE_NAME               0 (a)
             12 LOAD_CONST               1 (None)
             14 RETURN_VALUE
```

图 3-4　a+=1 操作的 Python 字节码文件截图

以上字节码文件截图中，我们主要分析第 2 部分。在第 2 部分中，Python 解释器或 Python 虚拟机依次运行了两个 LOAD 命令，分别将变量 a 和变量 a 的值 1 加载到内存中，接着使用 INPLACE_ADD 命令对变量 a 进行累加，最后使用 STORE_NAME 命令将累加后的结果存入内存，使用 LOAD_CONST 命令将变量 a 读出，使用 RETURN_VALUE 命令将变量 a 的值返回到控制台。这是 Python 默认的 a+=1 处理过程，该操作是否具备原子性？

我们都知道 Python 字节码最终会被 Python 解释器或 Python 虚拟机执行，而该执行操作所在的容器是 CPU 本身。CPU 在执行 Python 字节码时会对字节码的执行顺序进行优化，这一优化本身是对操作系统性能和 CPU 性能的优化，即如果 CPU 觉得先执行字节码 A，再执行字节码 C，最后执行字节码 B 是最高效、最节省开销的，那么 Python 字节码的执行顺序就是字节码 A →字节码 C →字节码 B。但是，上述程序的正常执行顺序是先执行 LOAD 字节码，再执行 INPLACE_ADD 字节码，最后执行 STORE 和 LOAD 字节码，经过 CPU 的执行顺序优化之后，就会变成先执行 LOAD 字节码，再执行 STORE 和 LOAD 字节码，最后执行 INPLACE_ADD 字节码。这样，上述程序的执行结果就不正确。基于这样的背景，在多线程环境下，线程执行代码的次序也是不准确的，也就不能保证上述操作的原子性。

所以，对于类似上述这种常见的 Python 操作来说，Python 本身并没有保证这些操作的原子性，那应该如何保证上述操作的原子性呢？对于保证这些操作原子性的解决措施，Python 官方并没有计划内置到 Python 实现中，而是交给 Python 开发者自行实现，所以，最简单、直接的方法就是对上述操作进行加锁处理，代码如下所示。

```
import dis
import threading

m_lock = threading.Lock()

with m_lock:
    a = 1
    a += 1
```

上述代码所对应的字节码如图 3-5 所示。

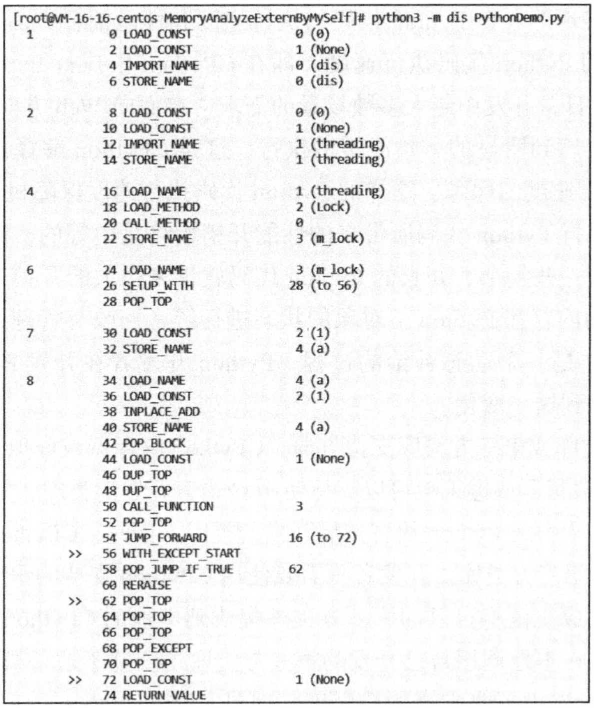

```
[root@VM-16-16-centos MemoryAnalyzeExternByMySelf]# python3 -m dis PythonDemo.py
  1           0 LOAD_CONST               0 (0)
              2 LOAD_CONST               1 (None)
              4 IMPORT_NAME              0 (dis)
              6 STORE_NAME               0 (dis)

  2           8 LOAD_CONST               0 (0)
             10 LOAD_CONST               1 (None)
             12 IMPORT_NAME              1 (threading)
             14 STORE_NAME               1 (threading)

  4          16 LOAD_NAME                1 (threading)
             18 LOAD_METHOD              2 (Lock)
             20 CALL_METHOD              0
             22 STORE_NAME               3 (m_lock)

  6          24 LOAD_NAME                3 (m_lock)
             26 SETUP_WITH              28 (to 56)
             28 POP_TOP

  7          30 LOAD_CONST               2 (1)
             32 STORE_NAME               4 (a)

  8          34 LOAD_NAME                4 (a)
             36 LOAD_CONST               2 (1)
             38 INPLACE_ADD
             40 STORE_NAME               4 (a)
             42 POP_BLOCK
             44 LOAD_CONST               1 (None)
             46 DUP_TOP
             48 DUP_TOP
             50 CALL_FUNCTION            3
             52 POP_TOP
             54 JUMP_FORWARD            16 (to 72)
        >>   56 WITH_EXCEPT_START
             58 POP_JUMP_IF_TRUE        62
             60 RERAISE
        >>   62 POP_TOP
             64 POP_TOP
             66 POP_TOP
             68 POP_EXCEPT
             70 POP_TOP
        >>   72 LOAD_CONST               1 (None)
             74 RETURN_VALUE
```

图 3-5　PythonDemo.py 文件字节码内容

从图 3-5 可以看到，在引入 Lock 模块之后生成的字节码内容差别还是很大的，只不过 CPython 在字节码层面并没有严格区分 Lock 模块的影响，但是引入 Lock 模块保证了 a += 1 代码执行的原子性。感兴趣的读者可以深入分析字节码的含义，这里不再详细分析。

## 3.4 Python 高性能实现的基本原理

在本节中，笔者将介绍 Python 高性能的实现。总体来说，Python 代码的高性能执行离不开 CPython 虚拟机的支持。当然，除了主流的 CPython 虚拟机外，其他版本的 Python 虚拟机对 CPython 中可进行深度优化的特定地方进行了 Python 代码执行优化，以满足不同开发者对不同 Python 应用场景的高性能支持。

### 3.4.1 浅谈 CPython 虚拟机

CPython 是使用 C 语言实现的 Python 解释器，一般被称为基于 C 语言标准实现的 Python 解释器，也被称为 Python 虚拟机（Python Virtual Machine，PVM），是 Python 官方的解释器或虚拟机。CPython 解释器或虚拟机是目前使用最为广泛的 Python 解释器或虚拟机。任何想了解 Python 底层实现的开发者都需要系统学习 CPython 的源码。在 CPython 解释器或虚拟机中，包含 Python 语言中各种变量类型的实现、各个流程控制语句的实现、各个 Python API 的实现，以及 Python 代码执行过程的规定、Python 垃圾回收机制的实现、Python 面向对象的实现等。在 Python 代码的执行速度和性能消耗方面，CPython 解释器或虚拟机保证了基本的 Python 代码执行速度，即在 CPython 中执行 Python 代码的速度不是最快的，但是能满足日常开发中绝大多数场景的需求，在面向 Web 方向的 Python Web 类系统被用户使用时不会感到明显的卡顿或缓慢执行，这是 CPython 解释器或虚拟机所能做到的对 Python 代码执行速度的保障。这样的 Python 代码执行速度保障机制，使得在 CPython 解释器或虚拟机中执行 Python 代码所带来的性能开销始终是中等的，即 CPython 解释器或虚拟机不会因为执行一些复杂、冗长的 Python 代码就带来很大的开销，而是动态地对执行 Python 代码所消耗的内存和 Python 中对象的状态进行统一回收与管理，从而满足不同代码的性能消耗要求。这是一个动态补给的过程，Python 开发者在开发 Python 项目或 Python Web 项目时并不会感到这一变化。

在 Python 官方类库或第三方类库支持方面，CPython 解释器或虚拟机可以说是提供了完备的机制。CPython 解释器或虚拟机可以支持使用 C 语言开发的类库、使用 Python 语言开发的类库，以及使用 C 语言或 Python 语言拓展开发的类库。同时，CPython 解释器或虚拟机还支持开发者自定义的第三方类库。开发者只需要使用 CPython 支持的语言开发完成自己的第三方类库，再根据集成规范将自己的第三方类库集成到本地的 CPython 解释器或虚拟机中。这样，开发者就可以在本地调用自己开发的第三方类库了。基于这一机制，CPython 官方为广大的 Python 开发者提供了非常高的自由度，但是，结合 Python 语言特性来看，CPython 官方发布的自定义第三方类库的集成规范，对开发者的技术水平提出了很高要求。

### 3.4.2 基于 CPython 的 Python 代码执行过程分析

在上一小节中，笔者对 CPython 解释器或虚拟机进行了简单的介绍，目的是让读者对 CPython 解释器或虚拟机有基本的了解。下面介绍基于 CPython 的 Python 代码执行过程。只有明白了执行过程，开发者才能开发出更符合 CPython 解释器或虚拟机语言规范的 Python 代码，才能对 Python 代码在 CPython 中的执行进行优化。笔者会使用从宏观到微观的分析方法，来对 Python 代码在 CPython 解释器或虚拟机中的执行过程进行分析。

众所周知，开发者所编写的 Python 代码一定是以文件形式存在的，无论开发者写的是普通的原生 Python 代码还是 Python Web 项目，或者是爬虫程序、机器学习程序、人工智能程序，都必须以文件的形式存在，而这些文件被称为 Python 源代码文件。CPython 在处理 Python 代码时，就是以 Python 源代码文件的形式来进行第一层的处理。一个简易的 Python 源代码文件处理示意图如图 3-6 所示。

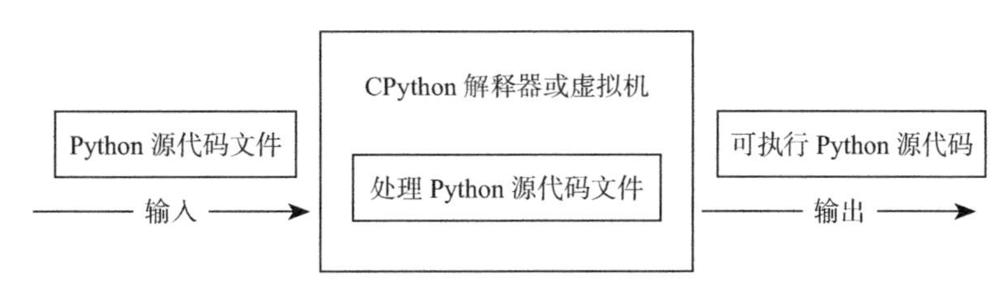


图 3-6　Python 源代码文件处理示意图

当我们运行编写好的 Python 源代码文件时，CPython 解释器或虚拟机会捕获并处理 Python 源代码文件，然后输出可执行的 Python 源代码。那么，CPython 解释器或虚拟机又是如何处理 Python 源代码文件的呢？在基础篇中，笔者已经介绍过 Python 代码的宏观执行过程，为了讨论方便，这里再给出示意图，如图 3-7 所示。

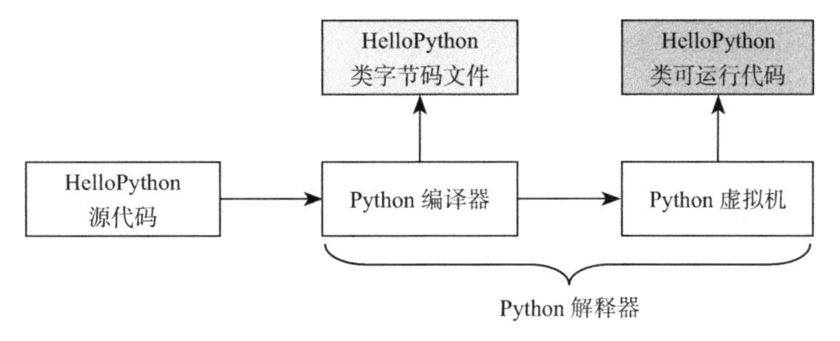


图 3-7　Python 代码的宏观执行过程

下面以 HelloPython 源代码文件为例，从宏观角度介绍 Python 源代码文件的处理过程：CPython 解释器或虚拟机首先判断 HelloPython 文件是不是一个 Python 语言类型的文件，这一判断依据是 HelloPython 对应的 pyc 的魔数，如果 HelloPython 文件是 Python 语言类型的文件，CPython 解释器或虚拟机就会继续解析 HelloPython 文件。在解析过程中，CPython 解释器或虚拟机会对 HelloPython 文件中的 Python 代码逐行进行解析，只不过解析的内容不再是 Python 代码，而是由 CPython 解释器或虚拟机编译而来的 HelloPython 文件字节码。下面分析一下 HelloPython 文件中 Python 字节码的执行过程，从而提炼出

Python 代码在 CPython 解释器或虚拟机中的整体执行流程。

HelloPython 源代码文件如下。

```
import sys

a = 1
b = 2.5
c = [{"a", "b", "c"}]

def hello():
    print(a + b)
    print(c)


hello()
```

从代码第一行开始，通过 import 关键字引入 Python 内置的 sys 系统内置库，接着分别定义 3 个不同类型的变量 a、b、c，并且都进行了变量赋值，之后通过 def 关键字定义一个名为 hello 的 Python 方法，在 hello 方法内部进行了简单的打印操作，最后在 HelloPython 文件的最后部分通过 hello() 调用了上述 hello 方法。

HelloPython 源代码文件经过编译后的字节码内容如图 3-8 所示。

```
  1           0 LOAD_CONST               0 (0)
              2 LOAD_CONST               1 (None)
              4 IMPORT_NAME              0 (sys)
              6 STORE_NAME               0 (sys)

  3           8 LOAD_CONST               2 (1)
             10 STORE_NAME               1 (a)

  4          12 LOAD_CONST               3 (2.5)
             14 STORE_NAME               2 (b)

  5          16 BUILD_SET                0
             18 LOAD_CONST               4 (frozenset({'c', 'b', 'a'}))
             20 SET_UPDATE               1
             22 BUILD_LIST               1
             24 STORE_NAME               3 (c)

  7          26 LOAD_CONST               5 (<code object hello at 0x7f30098eaea0, file "HelloPython.py", line 7>)
             28 LOAD_CONST               6 ('hello')
             30 MAKE_FUNCTION            0
             32 STORE_NAME               4 (hello)

 12          34 LOAD_NAME                4 (hello)
             36 CALL_FUNCTION            0
             38 POP_TOP
             40 LOAD_CONST               1 (None)
             42 RETURN_VALUE

Disassembly of <code object hello at 0x7f30098eaea0, file "HelloPython.py", line 7>:
  8           0 LOAD_GLOBAL              0 (print)
              2 LOAD_GLOBAL              1 (a)
              4 LOAD_GLOBAL              2 (b)
              6 BINARY_ADD
              8 CALL_FUNCTION            1
             10 POP_TOP

  9          12 LOAD_GLOBAL              0 (print)
             14 LOAD_GLOBAL              3 (c)
             16 CALL_FUNCTION            1
             18 POP_TOP
             20 LOAD_CONST               0 (None)
             22 RETURN_VALUE
```

图 3-8　HelloPython 源代码文件编译后的字节码内容

根据字节码的组成，我们可以看出：

1）首先处理 import 关键字，使用 IMPORT_NAME 字节码指令将 import 关键字后面的名称加载进 CPython 解释器或虚拟机，并为其分配内存空间，且标记 sys 模块在 CPython 解释器或虚拟机中的数字索引。

2）接着使用 LOAD_CONST 字节码指令将不同类型的变量加载进 CPython 解释器或虚拟机，并为其分配内存空间，且标记不同类型的变量在 CPython 解释器或虚拟机中的数字索引。这里需要强调一下，CPython 解释器或虚拟机会根据识别出来的变量的类型来使用对应的字节码指令，以将不同类型的变量进行加载。上述代码中的变量 c 是一个集合类型，所以 CPython 解释器或虚拟机使用了 BUILD_SET 和 SET_UPDATE 指令来加载变量 c。

3）在处理完 import 关键字和 Python 程序中的变量之后，CPython 解释器或虚拟机才会处理 Python 程序中的方法。CPython 解释器或虚拟机使用 LOAD_CONST 字节码指令读取 hello 方法的十六进制内存地址并对该地址进行转义，同时使用 MAKE_FUNCTION 字节码指令将转义后的数据标记为这是一个 Python 方法，需要额外分配相应的内存空间；然后使用 CALL_FUNCTION 字节码指令处理 hello 方法的返回值。这里的 hello 方法没有任何返回值，所以 CPython 解释器或虚拟机将 hello 方法的返回值直接设置为默认的 0，否则将会对 hello 方法的返回值进行数字索引标记，并最终通过 RETURN_VALUE 字节码指令返回。

4）在调用 hello 方法时，CPython 解释器或虚拟机会对调用的过程进行拆解，通过 LOAD_GLOBAL 字节码指令对 print 函数进行加载，并且将变量 a、b、c 全部以全局变量的形式进行加载。在具体操作时，CPython 解释器或虚拟机会根据操作的不同使用不同的字节码指令执行：对于 hello 方法中的加法来说，使用 BINARY_ADD 字节码指令。在处理 hello 方法调用以及 def 关键字定义的 hello 方法时，CPython 解释器或虚拟机所分配的内存空间都是相同的。在上述程序中，该内存空间的十六进制地址表示为 0x7f30098eaea0。

5）重复上述过程，直到处理完所有的 Python 代码为止。一个 Python 文件被捕获到 CPython 解释器或虚拟机时，操作系统会为其分配内存空间。该内存空间并不是一成不变的，而是基于后续对 Python 代码的解析进行动态的扩容或缩容。对于 Python 源文件中 Python 程序所占用的内存空间而言，其不单单有操作系统进行管理，还有 Python 的垃圾回收机制进行管理，一般是操作系统和 Python 的垃圾回收机制以互相配合的方式适配 CPU 对系统内存调度的管理需求。

通过对上述 HelloPython 源代码文件的深入分析，我们可以大致提炼出 Python 代码在 CPython 解释器或虚拟机中的执行过程。

1）随着程序的运行，CPython 解释器或虚拟机会自动捕获需要运行的 Python 源代码文件。在捕获到 Python 源代码文件之后，首先对 Python 源代码文件进行解析校验，校验该文件是否符合 Python 官方定义的规范。校验的主要依据是 Python 代码的头文件数据。Python 代码的头文件数据中包含 Python 的唯一魔数和 Python 的语言版本等基础内核信息。当这些信息全部符合 Python 官方定义的规范时，CPython 解释器或虚拟机才会对 Python 源代码文件中的 Python 代码进行解析。如果这些信息有一个不符合 Python 官方定义的规范，CPython 解释器或虚拟机就会立即停止解析。

2）CPython 解释器或虚拟机会将整个 Python 源代码文件中的 Python 代码自顶向下地逐行执行，如果存在 import 关键字，则会首先对其进行加载，接着是加载 Python 变量，最后是加载 Python 方法、调用执行 Python 方法。在这个过程中，每解析一行 Python 代码，CPython 解释器或虚拟机为其分配对应的内存空间，并为其添加数字索引标记。数字索引标记在 CPython 解释器或虚拟机中唯一，不会被其他 Python 程序解析行干扰。

3）在对 Python 程序解析的过程中，如遇 Python 方法，CPython 解释器或虚拟机会同时分配该方法所占用的内存空间，以及调用该方法所占用的内存空间，这两个内存空间的大小相同、内存地址相同且均用十六进制形式表示。等到所有的 Python 程序解析完毕，操作系统的内存中就会固定一个内存空间。该内存空间存放的数据对应 Python 源代码文件中的数据。该内存空间随着 Python 源代码文件的运行而创建，随着 Python 源代码文件的运行终止而被销毁。操作系统和 Python 的垃圾回收机制通过相互配合的方式对该内存空间进行动态扩容或缩容，以适配 CPU 对系统内存调度的管理需求。

### 3.4.3 基于 Cython 的 Python 代码执行性能优化原理

在本小节中，笔者会为读者介绍什么是 Cython，以及 Cython 的代码执行性能优化原理。由于篇幅所限，笔者只介绍 Cython 对 Python 代码执行进行性能优化的核心思路和核心措施。

刚听到 Cython 时，很多开发者会将 Cython 和 CPython 混淆，认为 Cython 就是 CPython。从浅层次上来说，Cython 和 CPython 确实是一种东西，理由是 Cython 和 CPython 都可以直接使用 Python 代码进行编写，即两者都可以处理 Python 代码。但严格意义上来说并不准确，因为 Cython 和 CPython 之间只有这一点是联系紧密的，在其他方面可以说并没有直接关系。Cython 是一款基于 C 语言语法、使用 Pyrex 语言进行开发的 Python 代码编译器。Pyrex 语言是专门为编写 Python 拓展而研发的，结合了 C 语言和 Python 语言的语法规范。开发者可以直接使用 Pyrex 语言，基于 Cython 的 Python 编译器编写合适的 Python 语言拓展模块，以满足不同业务场景对 Python 语言的拓展需求。我们都知道，CPython 是使用 C 语言实现的 Python 语言标准，是一款官方的 Python 解释器或虚拟机。对 Python 程序的编译只是 CPython 解释器或虚拟机的一部分，换句话说，CPython 解释器或虚拟机中并没有专门针对 Python 程序进行编译的编译器，而是将编译作为功能的一部分进行同步解释操作。Cython 则是一款独立于 CPython 解释器或虚拟机的专门用于编译 Python 程序的编译器。Cython 更多地被开发者称为 Python 程序编译器，而不是 Python 解释器或虚拟机。

Cython 编译器更多被用于编译 Python 语言拓展模块，还被用于一些对运行 Python 程序要求速度更快和内存占用更少的生产环境的服务器，比如笔者之前的工作中，公司为了节省成本，缩减了研发部分的服务器配额，对有的服务器配置也进行了相应缩减，如果按照之前的程序部署方案，服务器所提供的内存只能满足部署方案一半的支撑，于是我们将 CPython 解释器或虚拟机换成了 Cython 编译器，并对之前的系统代码进行了迁移和同步移植，之后 Python 代码就可以在缩减了配置的服务器上运行了。

那么，Cython 是通过哪些措施来保证 Python 代码的高效运行呢？

首先，Cython 是 Python 程序的编译器，并不是像 CPython 那样作为解释器或虚拟机，在处理 Python 代码时会直接对 Python 代码进行编译，而不会像 CPython 解释器或虚拟机那样先解释判断，再进行编译。在这个过程中，Cython 编译器比 CPython 解释器或虚拟机少一个环节。假定开发者编写的 Python 代码非常复杂且比较长，同时使用 Cython 编译器和 CPython 解释器或虚拟机进行处理，可能就会出现在 CPython 虚拟机或解释器刚开始编译 Python 代码，Cython 编译器就已经编译完毕的情况。

其次，Cython 在对 Python 代码进行处理时，并不会将 Python 源代码文件编译成 Python 语言类型的字节码文件，而是将 Python 的源代码文件直接编译成 pyx 文件，开发者可以自行尝试解析 pyx 文件。pyx 文件是结合 C 语言和 Python 语言语法而生成的二进制文件，而计算机可以直接识别和读取二进制文件。所以，由 Cython 编译生成的 pyx 文件较 CPython 解释器或虚拟机编译生成的 pyc 文件更加节省内存，因为 pyx 文件直接在内存中存储二进制码，而 pyc 文件在内存中存储的是 Python 字节码。由于计算机可以直接识别二进制码，不需要其他的转换工作，所以 pyx 文件要比 pyc 文件运行速度至少快 2 ～ 4 倍，因为在运行过程中，计算机省去了将 Python 字节码转换成二进制码的时间消耗。

最后，虽然使用 Cython 可以大幅提高 Python 代码的执行速度和减小执行 Python 代码的内存消耗，但是使用 Cython 编译器需要开发者同时具备 C 语言和 Python 语言的编程技能，因为在很大程度上我们更多是使用 C 语言编程思路在 Cython 中处理 Python 代码，这就对开发者提出了更高的要求。

### 3.4.4　基于 Pypy 的 Python 代码执行性能优化原理

通过对 CPython 解释器或虚拟机处理 Python 代码的执行过程进行分析可以得出，CPython 解释器或虚拟机在处理 Python 代码时，只能从 Python 源代码文件开始运行时进行处理，而不能在 Python 源代码文件运行期间进行处理，即 Python 源代码文件正在运行，但此时修改了 Python 源代码文件中的代码内容，CPython 解释器或虚拟机并不会及时对修改了的内容进行编译，只能重新运行该 Python 源代码文件，这样对 Python 代码的修改才能生效。这种处理机制使得开发者在每次修改 Python 代码后都需要手动重新执行，并不能做到类似于热部署。针对该现状，Python 生态社区决定开发一款具有即时编译的 Python 编译器，以满足更高性能的需要，于是 Pypy 即时编译器就诞生了。

Pypy 是一款可以即时编译 Python 代码的编译器，并不是像 CPython 那样的解释器或虚拟机。研发 Pypy 的目的只有一个，那就是即时执行 Python 代码，从而更准确地管理 Python 代码执行所占的内存和所花的时间。Pypy 编译器内部存在一个即时编译器，可以确保 Python 代码被即时编译，即 Pypy 会定时重新编译已经存在于即时编译器中的 Python 代码，并且会重复编译多次，以确定 Python 代码有没有被使用、有无增删、是否已经停止运行。Pypy 编译器识别到某些 Python 代码已经不再被使用，就会对这些 Python 代码进行回收，以释放所占用的内存空间。关于 Pypy 中的垃圾回收机制，笔者在后续会进行介绍。Pypy 即时编译器识别到 Python 源代码文件中的 Python 代码有了增删改动，则会自动重新编译这些 Python 代码，以使这些 Python 代码的改动立即生效。Pypy 即时编译器识别到 Python 代码已经停止运行，就会立即停止编译工作和重复编译工作，直到 Python 源代码文件再次被执行才唤醒。对于某一具体的 Python 源代码文件，Pypy 编译器会重复上述过程，直到执行完所有的 Python 代码。

Pypy 即时编译和重复编译的特性，可以使正在运行的 Python 项目代码得到优化，具体表现在对于同一使用 Python 实现的功能，经过 Pypy 即时编译器的重复编译，可以省略一些不必要的 Python 代码，并忽略掉和功能无关、无用的代码，从而达到节省 Python 项目所用内存空间、提升 Python 代码运行速度的目的。

但是，使用 Pypy 编译器来提高 Python 代码性能需要牺牲一定的兼容性，这是由于 CPython 解释器或虚拟机是基于 Python 标准实现，而在这个标准实现中并不存在即时编译器这一概念，所以，Pypy 即时编译器并不能很好地规避这一点的影响，导致有些基于 CPython 的函数库或第三方库无法在 Pypy 即时编译器中进行编译和识别。如果有不支持的 Python 函数库或第三方库存在于需要即时编译的 Python 源代码文件中，Pypy 即时编译器并不会报错或终止运行，而是会为这些不支持的 Python 函数库或第三方库申请一个固定的内存，并将这些不支持的 Python 函数库或第三方库进行存储。

综上所述，我们在使用 Pypy 即时编译器时一定要清楚地知道，Python 源代码文件中是否存在 Pypy 无法进行编译的基于 CPython 的函数库或第三方库，如果存在，就要考虑是否可以用其他库进行替换，或者是否可以不使用这些库，从而省去不必要的内存开销。

## 3.5 高并发与高性能之间的关系

从严格意义上来说，高并发与高性能之间并没有很强的依赖关系，即想要实现一个高并发系统就必须要系统先具备高性能条件，想要实现一个高性能系统就必须要系统先具备高并发条件，这种依赖关系是不存在的。

我们可以这样理解：对于一个普通的使用 Python 语言开发的 Python Web 信息化系统，该系统并不会要求太多的人使用，但是要求被人使用时，响应时间最长不能超过 1s。对于这样的系统条件来说，开发者可以从两个方向进行考虑：一个方向是对系统的每个功能做代码级处理，由于不需要考虑高并发的支持，因此只需要对系统功能代码做流畅性优化和业务逻辑优化；另一个方向是对系统所在的服务器进行处理，可以对系统所在的服务器进行扩容，比如系统所在服务器是 6GB 运行内存，可以扩容到 8GB 或 12GB，还可以调整系统所在服务器的 CPU，比如系统所在服务器的 CPU 是普通的 Intel 系列，可以调整为至强 CPU 系列，这些调整都可以满足该系统项目的要求，并不需要实现高并发。

在对 Python 项目的软件架构进行设计和实现时，我们经常听到高并发、高性能这样的术语。其实，与这两个术语经常出现的还有“高可用”，这三个术语被人们称为 Python 项目软件架构设计中的“三高”，那么它们之间到底有什么关系呢？

我们来看高并发与高性能之间的关系。无论高并发还是高性能，在对 Python 项目软件架构进行设计时，都强调一个“高”字。对于上述笔者所说的普通 Python Web 项目来说，还达不到高性能标准，只能说通过对代码及所在服务器进行升级处理之后具备了一定的性能基础，但是还不具备在高压环境下运行的条件。高并发指的是对于任意 Python 项目来说，在 QPS 大于或等于 1000 的业务环境下，Python 项目可以流畅运行。对高并发系统的性能进行优化和升级，才可实现高性能。对系统高性能实现的判断条件，一是支持高并发，二是在复杂的业务环境下的短响应时间和高系统运行流畅度。只有这两个条件同时满足，才能说我们所开发的系统是高性能系统。在高并发、响应时间、系统运行流畅之间，高并发是系统高性能实现的基础保障，而更短的响应时间和更高的系统运行流畅度则是系统高性能的直接表现形式。一个系统如果没有实现高并发，就没有办法实现更短的响应时间和更高的运行流畅度。同样，一个系统如果没有高并发需求，却实现了更短的响应时间和更高的运行流畅度，可以说是具备一定性能的系统，但是不能说是具备高性能的系统。

在明白了什么是高并发与高性能，以及高并发与高性能之间的关系之后，我们再来看什么是高可用，以及它们之间的关系。高可用对系统所依赖的服务器和运行环境提出更高的要求。举个例子，一个 Python Web 系统要同时在不同地域运行，且要保持接近即时的通信，比如一个 Python Web 系统由于业务需要，共部署了 3 个节点：一个节点部署到了北京，一个节点部署到了海南，一个节点部署到了西藏，单从系统部署的地理位置来说，3 个节点之间的距离太远，网络传输时间相对较长，很难做到接近即时的通信，但是通过一定的技术手段还是可以做到的，只不过太过复杂。高可用对服务器的运行环境又提出了哪些要求呢？首先是服务器运行的大系统环境，就是我们平常所说的 Linux 系统或者 Windows 系统，对大系统环境，开发者需要选择稳定的版本，在稳定的版本中如果有较新的版本，则选择较新版本中的稳定版本，切忌选择不稳定的最新版本。在大系统环境下选好版本之后，开发者需要针对系统最少部署两个节点，以保证当一个节点宕机时，另一个节点还可以正常运行，从而保证服务持续可用。

高并发与高性能、高可用之间的关系是，对于任意一个 Python Web 系统，无论有没有高并发要求，只要部署的节点超过两个，且在各节点间使用技术手段实现了接近即时的通信，就可以说该系统是高可用的，但是不能说该系统是高性能的，只有实现了高并发支持，并对系统中的功能做了响应时间的优化和系统运行流畅度的优化，才能说该系统是高性能的。

# 3.6 Python中对象的创建与状态管理

我们都知道，Python是一门面向对象的编程语言，实现了基本的面向对象三原则：封装、继承、多态。本节将介绍Python中的对象在CPython解释器或虚拟机中是如何创建的，Python中的对象都有哪些状态，以及CPython解释器或虚拟机是如何对Python中的对象状态进行管理的。

## 3.6.1 从源码角度剖析Python对象的创建过程

我们先来回顾一下在Python中如何创建对象，代码如下所示。

```
import sys

class MyPyClazz:


    def hi(self):
        print(123)



mpc = MyPyClazz();
mpc.hi()
```

首先使用class关键字声明一个名为MyPyClazz的Python类，然后使用mpc = MyPyClazz()的方式创建一个MyPyClazz类的Python对象，该Python对象的名称就是mpc。当调用mpc = MyPyClazz()时，CPython解释器或虚拟机又是如何工作的呢？下面让我们一探究竟。

在任何面向对象的高级编程语言中，要想得到一个对象，就必须先创建这个对象所对应类型的类，之后在这个类中利用语法规则获取类所对应类型的对象。按照这个思路，我们分析一下Python对象的创建过程，首先分析Python中类的创建过程，也就是上述例子中MyPyClazz类是如何创建的。

我们可以使用Python中的type关键字来查看MyPyClazz类的类型，代码如下所示。

```
class MyPyClazz:


mpc = MyPyClazz();

print(type(MyPyClazz))
```

输出结果如下：

```
<class 'type'>
```

我们知道，Python 中不仅有最基础的类，还有 type 类型的类以及被称为元类的类。元类表示 Python 中类的类型，即 Python 中的类可分为普通的 type 类和元类两种类型。在上述例子中，笔者并没有通过 metaclass 关键字来声明 MyPyClazz 类的类型，所以 MyPyClazz 类的类型就被 CPython 解释器或虚拟机默认为 type 类型。这一过程我们可以在如下代码中看到：

```
PyObject *
PyObject_Call(PyObject *callable, PyObject *args, PyObject *kwargs)
{
    PyThreadState *tstate = _PyThreadState_GET();
    return _PyObject_Call(tstate, callable, args, kwargs);
}
```

PyObject_Call 函数返回一个指向 PyObject 类型的指针，即 PyObject_Call 函数返回一个 PyObject 对象地址。在 PyObject_Call 函数中，第一个参数就是我们声明的 MyPyClazz 类，第二个参数和第三个参数则是额外的补充参数，一般来讲没有明确的实际意义，这里无须考虑。PyObject_Call 函数根据其第一个参数的类型抽取这个参数类型的 tp_call 属性，从而判断 MyPyClazz 类的类型是 type 还是元类。在上述示例中，该函数返回的数据中有 MyPyClazz 类的类型。接着，调用如下代码，从而将 MyPyClazz 类的数据进行拼接并返回。

```
static PyObject *
type_call(PyTypeObject *type, PyObject *args, PyObject *kwds)
{
    PyObject *obj;

    if (type->to_new == NULL) {
        PyErr_Format(PyExc_TypeError,
                     "cannot create '%.100s' instances",
                     type->tp_name);
        return NULL;
    }

    obj = type->tp_new(type, args, kwds);
    if (obj != NULL) {
            if (type == &PyType_Type &&
            PyTuple_Check(args) && PyTuple_GET_SIZE(args) == 1 &&
            (kwds == NULL ||
                (PyDict_Check(kwds) && PyDict_Size(kwds) == 0)))
            return obj;
            if (!PyType_IsSubtype(Py_TYPE(obj), type))
            return obj;
        type = Py_TYPE(obj);
        if (type->tp_init != NULL &&
            type->tp_init(obj, args, kwds) < 0) {
            Py_DECREF(obj);
```

```
            obj = NULL;
        }
    }
    return obj;
}
```

在 type_call 函数中，首先会根据 MyPyClazz 类的类型进行初始化，如果该类的类名没有被传递，那么返回“cannot create'%.100s'instances”异常错误信息，否则，通过这个类的类型调用 tp_new 函数，以创建这个类的内存空间和 Python 对象布局。接着，如果创建的内存空间和 Python 对象布局不为空，进一步对 args 和 kwds 两个额外的参数进行判断，如果这两个参数中有一个不为空，将参数拼接到创建类的内存空间和 Python 对象布局过程。最后，对 MyPyClazz 类是否经过初始化进行判断，如果没有指定 MyPyClazz 类的初始化机制，CPython 就会直接使用默认的初始化机制进行初始化，并返回 MyPyClazz 类的内存空间和 Python 对象布局。开发者对对象进行实例化操作后，可以使用这个 MyPyClazz 类。

那么，MyPyClazz 类对应的对象又是如何进行初始化的呢？我们来看一下上述代码中的 type_new 函数，代码如下所示。

```
static PyObject *
type_new(PyTypeObject *metatype, PyObject *args, PyObject *kwds)
{
    PyObject *name, *bases, *dict;

    PyArg_ParseTupleAndKeywords(args, kwds, "SO!O!:type", kwlist,
        &name,
        &PyTuple_Type, &bases,
        &PyDict_Type, &dict);


    type = (PyTypeObject *)metatype->tp_alloc(metatype, nslots);

    type->tp_name = PyString_AS_STRING(name);
    type->tp_bases = bases;
    type->tp_dict = dict = PyDict_Copy(dict);
    PyType_Ready(type);

    return (PyObject *)type;
}
```

在 type_new 函数中，PyArg_ParseTupleAndKeywords 函数用于获取 MyPyClazz 类的元数据信息，紧接着使用 tp_alloc 函数从上到下依次为 MyPyClazz 类对应的对象分配内存空间，然后对 MyPyClazz 类的类名信息、基类信息、属性信息及其他信息进行填充，并最终返回填充好的数据。开发者一旦对 MyPyClazz 类进行了实例化，就会得到这些填充好的实例对象数据。

从上述分析过程可以看出，CPython 解释器或虚拟机在创建 Python 对象时将整体步骤拆分为两步：通过 PyObject_Call 函数判断需要创建 Python 类的类型，然后根据判断出来的 Python 类的类型，调用 type_call 函数来完成对 Python 类内存布局和 Python 对象头的内存布局申请工作，从而创建对应的 Python 类；根据创建的 Python 类的内存空间和 Python 对象布局，调用 tp_alloc 函数申请 Python 对象的内存空间、填充 Python 对象的元数据信息、属性信息、额外配置信息，从而生成 Python 类对应类型的 Python 对象实例。

至此，Python 对象的核心创建过程分析完毕。

### 3.6.2　Python 对象的状态

在厘清 Python 对象的创建过程之后，接下来我们了解一下 Python 对象的状态。从宏观角度来说，Python 对象是没有任何状态的，即开发者在日常 Python 开发中不需要关注 Python 对象的状态，只在需要对 Python 对象进行优化处理时才进行了解，因为 Python 对象的状态来源于 Python 中的垃圾回收机制。几乎任何面向对象的高级编程语言都实现了垃圾回收机制，以回收无用的变量、对象等所占用的内存空间。那么，Python 对象到底有哪几种状态呢？

根据 CPython 官方对 Python 中垃圾回收机制的实现思路、实现方式，以及所采用的垃圾回收算法，我们可以推断出 Python 对象具有可达状态、不可达状态、死亡状态 3 种。每一种状态对应着不同的垃圾回收阶段。关于 Python 中的垃圾回收机制，笔者会在 3.7 节进行介绍。

1）可达状态的对象：一般指正常的 Python 对象，即开发者所创建的类的实例对象。一般来说，开发者所创建的类的实例对象的默认状态是可达状态，即在任何时刻访问该实例对象，都是可以直接访问到的，而且在访问到该实例对象之后，在访问该实例对象中的数据时不会出现无权限访问的现象。具备可达状态的对象是永远可以在 CPython 解释器或虚拟机中存活下去的对象，除非该对象被人为抛弃。

2）不可达状态的对象：一般指没有被引用的、无用的、与程序运行无关的 Python 对象。Python 对象从可达状态转为不可达状态的场景一般有如下几个。

- 开发者创建的 Python 对象不再被需要，也就不再被引用。
- 在创建 Python 对象时，由于开发者自身问题对同一个对象重复进行实例化，而 CPython 解释器或虚拟机只能使用一个对象，另一个对象就会变为不可达状态。
- 在实例化一个 Python 对象之后，该对象一直没有被其他程序所引用。

具备不可达状态的对象在经历一轮垃圾回收之后，可能就会由不可达状态转为死亡状态，并被永久清除。

3）死亡状态的对象：一般指完全不用的 Python 对象，即已经被 Python 中的垃圾回收算法进行了标记，并且准备在下一轮垃圾回收中回收掉的 Python 对象。Python 对象从不可达状态转为死亡状态的场景一般有如下几个。

- 经历垃圾回收机制回收之后被标记为可清除的对象。

- 连续占用较大内存空间，且存在小于 1 的引用数值的对象。

任意 Python 对象在被实例化之后，默认具备可达状态。随着时间的推移和 Python 程序的运行，Python 中的垃圾回收机制会统一根据实际情况对 Python 对象进行管理，并不断进行垃圾回收处理，旨在动态实现对 Python 对象所占内存的分配和状态的管理。

## 3.7 浅谈 Python 对象的内存回收机制

在 3.6 节中我们知道了 Python 对象的状态来源于 Python 中的垃圾回收机制，那么 Python 中都有哪些垃圾回收机制呢？这里强调一下，Python 对象的内存回收机制指的是 CPython 计时器或虚拟机中的垃圾回收机制，二者是同一个概念。

截止到笔者编写本书之时，纵观整个 CPython 解释器或虚拟机，CPython 使用了 3 种不同的垃圾回收算法，分别是引用计数算法、标记清除算法、分代回收算法。Java 语言不仅实现了这三种算法，还实现了比较高级的动态区块垃圾回收算法，这是 Python 语言所不具备的。Python 并不会因为对象所处状态的不同而选择不同的垃圾回收算法；Java 会根据对象所处的不同状态，分别采用不同的垃圾回收算法，这是 Python 语言和 Java 语言在垃圾回收机制中最大的差别，也是总有人喜欢将 Python 中的垃圾回收机制与 Java 中的垃圾回收机制做比较的原因。

那么，引用计数算法、标记清除算法、分代回收算法又是如何作用于 CPython 的呢？

### 1. 引用计数算法

引用计数算法是一种经典的垃圾回收算法，实现起来相对简单，也更易于后期维护。引用计数算法会维护一个引用计数器，这个计数器会作用于 Python 中的每一个变量、对象、容器等，当 Python 中的变量被使用、Python 对象被引用、容器被初始化时，都会将该计数器的值加 1，且累加的数值没有上限；相反，当 Python 中的变量在定义之后没有被使用或从被使用状态转为不被使用状态、Python 对象不再被引用、容器没有被初始化或在初始化之后一直没有被使用时，每经过一轮垃圾回收机制处理，相应的引用计数器的值就会减 1，直到减为 0 为止。我们可以通过以下代码来查看引用计数器的数值：

```
import sys

a = 1
print(sys.getrefcount(a))
```

运行上述代码，打印出变量 a 的引用计数值：

```
[root@VM-16-16-centos MemoryAnalyzeExternByMySelf]# python3 PyobjDemo.py 107
```

变量 a 的引用计数器的输出值为 107，但是由于我们调用了一次变量 a，该计数值增加了 1，所以减去 1 之后才是变量 a 本身的引用计数值。

如果 CPython 在进行垃圾回收时发现引用计数数值为 0 的变量、对象或容器，就会立即进行清除，不会保留这些变量、对象或容器所占用的内存空间。引用计数算法在 Python 源码中的定义如下。

```
typedef struct_object {
    int ob_refcnt;
    struct_typeobject *ob_type;
} PyObject;
```

在上述结构体中，我们重点看 ob_refcnt 变量。ob_refcnt 变量就是上述所说的引用计数器，而这个引用计数器完全遵循上述运作机制。引用计数算法虽然简单易懂，但是有一个非常致命的问题——循环引用。当两个对象之间相互引用时，引用计数器的值就会一直增加，这会直接导致引用计数不准确，从而直接影响 CPython 解释器或虚拟机对 Python 对象是否需要回收的判断，或无法做出判断。由于循环引用问题的存在，Python 官方决定引入标记清除算法。

### 2. 标记清除算法

标记清除算法是 Python 官方为了解决循环引用问题而引入的一种垃圾回收算法。正如它的名字那样，标记清除算法首先会对 Python 中的对象进行一次统一的标记，这一标记过程会判断 Python 对象是否还在使用，即 Python 对象是否还在被引用，如果该对象还在被引用，也就是处于可达状态，那么 CPython 解释器或虚拟机就会将该对象标记为可达状态；如果 Python 对象处于不可达或死亡状态，CPython 解释器或虚拟机就会将该对象标记为不可达状态或死亡状态。重复这个标记过程，直到标记完所有的 Python 对象为止。在标记过程结束之后，CPython 解释器或虚拟机会根据标记的内容进行清除工作，即清除那些被标记为不可达状态或死亡状态的对象。

标记清除算法在进行垃圾回收时有严格的执行顺序，即先执行标记操作，等到标记完成之后，才继续执行清除操作，不会发生顺序颠倒的情况。标记清除算法在进行垃圾回收时，会暂停整个应用程序，等待标记清除结束后才会恢复应用程序的运行，这会大大延长项目的运行时间，所以 CPython 官方才会将该算法专门用于处理那些容易产生循环引用的容器对象。

### 3. 分代回收算法

分代回收算法是 Python 官方为了减少标记清除算法造成的应用卡顿问题而引入的一种垃圾回收算法。分代回收算法的宗旨是以空间换时间，缩短应用卡顿时间、提高垃圾回收效率。分代回收算法基于这样一个统计事实：对于程序，存在一定比例的生存周期较短的内存块，而剩下的内存块的生存周期比较长，甚至从程序开始一直持续到程序结束。生存期较短对象的比例通常在 80% ～ 90% 之间，简单点说这种思想就是：对象存在时间越长，越可能不是垃圾，应该越少去回收。这样在执行标记清除算法时可以有效减少遍历的对象，从而提高垃圾回收速度。

基于分代回收算法，Python 官方实现了 3 种不同的代，分别是 0（zero）代、1（one）代、2（two）代，Python 中的新生对象默认被分到 0（zero）代，如果 Python 对象在第一次垃圾回收中存活了下来，那么该对象就会被放入 1（one）代，以此类推，直到对象被放入 2（two）代为止。每一个代别的增加，都会减少 Python 中垃圾回收的扫描次数，相应地，代别越高的 Python 对象越不容易被扫描，也就越不容易被回收。

分代回收算法的代别查看代码如下：

```
import gc

gc.get_threshold()
```

运行上述代码会输出以下结果。

```
[root@VM-16-16-centos MemoryAnalyzeExternByMySelf]# python3 PyObjDemo.py(700,10,10)
```

（700,10,10）结果分别对应以下函数：

```
gc.set_threshold(threshold0[, threshold1[, threshold2]])
```

分代回收算法会记录从上次收集以来新分配的对象数量与释放的对象数量，当两者之差超过 threshold0 值时，垃圾回收机制就会启动，初始只有 0（zero）代对象被检查。如果自 1（one）代对象最近一次被检查以来，0（zero）代对象被检查超过 threshold1 次，那么对 1（one）代对象的检查将被触发。同样，如果自 2（two）代对象最近一次被检查以来，1（one）代对象被检查超过 threshold2 次，那么对 2（two）代对象的检查将被触发。

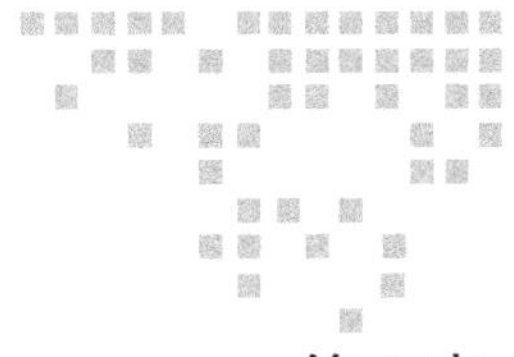

第 4 章 Chapter 4

# Threading 模块详解

我们在前面已经或多或少接触到了 Threading 模块，例如 Python 线程的创建和使用等，但是并没有系统地学习。本章对 Threading 模块进行系统性介绍，包括 Python 线程的创建、使用、销毁，以及 Threading 模块核心功能实现原理。

## 4.1 Threading 模块与高并发

Threading 模块是自 Python 3 版本引入的单线程控制模块，封装了几乎所有对 Python 线程进行操作的可见 API。CPython 官方将该模块的引入解释为让 Python 开发人员更加方便、高效地操作、管理 Python 线程，以及实现 Python 线程中相关特性的官方库。从 CPython 的官方解释中可以看出，Threading 模块在 Python 线程操作方面的重要性。

Threading 模块由对 Python 线程进行操作和管理的方法和类组成，整体是基于 Java 线程并发模块设计的。CPython 官方在对该模块进行实现时，吸取了 Java 线程并发模块的实现思路和方法，通过 C 语言和 Python 语言相结合的方式对 Threading 模块进行了实现。Threading 模块中几乎所有方法和类的实现都是源于 Java 线程并发模块中方法和类的设计理念和实现思路。所以，大家对 Java 线程并发模块有深入了解之后，再来理解 Python 中 Threading 模块中的方法和类就会容易很多。当然，即使大家对 Java 线程并发模块没有了解，也是可以直接学习 Python 中的 Threading 模块的，只不过需要多付出一点时间而已。

Threading 模块中的方法组成如图 4-1 所示。

从图 4-1 中可知，Threading 模块提供的原生方法共 10 种。

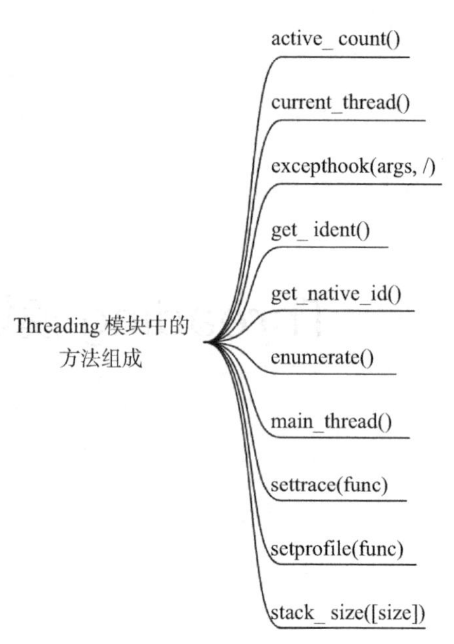


图 4-1 Threading 模块中的方法组成概览

- active_count() 方法：返回当前环境中存活的线程对象的数量，返回的存活的线程对象的数量和 enumerate() 列表的长度相等，且当前环境中存活的线程对象数量与 enumerate() 列表的长度会始终保持相等。
- current_thread() 方法：返回当前环境中 CPython 解释器或虚拟机正在操作的 Python 线程对象，如果这个 Python 线程对象不是由 Threading 模块创建的，那么调用该方法会返回一个虚拟的 Python 线程对象，这个虚拟的 Python 线程对象没有实际的业务数据实体，只是为了充当返回值。
- excepthook(args, /) 方法：处理由调用 Thread.run() 方法而产生的未被捕获或处理的 Python 异常。该方法接收一个 args 参数，该参数包含异常类型（exc_type，不能为 None）、异常值（exc_value，可以为 None）、异常回溯信息（exc_traceback，可以为 None）、造成该异常的 Thread 对象（Thread Object，可以为 None）等几个属性。该方法在处理由 Thread.run() 方法引发的未捕获或未处理的异常时，如果异常 (exc_type) 是 SystemExit 类型，该异常会被静默忽略，即在后台被自动忽略；否则，该异常会被 sys.stderr() 方法打印到控制台。如果该方法本身发生了异常，CPython 解释器或虚拟机就会调用 sys.excepthook() 方法来处理。使用自定义钩子存储异常值 (exc_value) 可以创建引用循环，当不再需要异常时，显式清除以中断引用循环。如果将线程设置为正在完成的对象，使用自定义钩子存储线程可以使其复活，所以应该避免在自定义钩子完成后存储线程，以避免复活对象。
- get_ident() 方法：返回当前线程的标识符数值，该数值是一个非零整数，作为一种缓存对象存在，例如用于索引线程特定数据。当一个线程退出并创建另一个线程时，退出线程标识符可能会被回收。

- get_native_id() 方法：返回由 CPU 内核分配的当前线程的原生 ID，这是一个非负整数。该值可用于在系统范围内唯一标识某一具体的线程，直到线程执行终止，被操作系统回收。
- enumerate() 方法：活跃的所有线程对象的列表。该列表包含调用 current_thread() 方法的返回值，不包含已终止线程和尚未启动线程数量，但是会始终包含 Python 主线程数量，哪怕这个数值为 1。
- main_thread() 方法：返回主线程对象。在正常情况下，Python 中的主线程是启动 CPython 解释器或虚拟机的线程。
- settrace(func) 方法：为由 Threading 模块启动的所有线程设置跟踪功能，func 参数接收方法类型，支持自定义线程追踪功能一旦设置成功，即可追踪线程在生命周期内的行为，以便对线程进行统计与监控。
- setprofile(func) 方法：为由 Threading 模块启动的所有线程设置配置文件功能，func 参数接收方法类型，支持自定义。
- stack_size([size]) 方法：返回由 Threading 模块创建新线程时所使用的堆栈大小。该方法接收一个 size 参数，该参数用于指定后续由 Threading 模块在创建线程时所需要使用的堆栈大小，一般会被设置为 0 或当前环境所用 CPU 的内核数量。如果该方法的 size 参数值设置得不合理，系统会抛出 ValueError 异常错误信息。如果当前活动所处的环境不支持通过该方法的 size 参数来修改后续由 Threading 模块在创建线程时所需要使用的堆栈大小，系统会抛出 RuntimeError 异常错误信息。

Threading 模块中唯一存在的常量为 threading.TIMEOUT_MAX，该常量用于获取当前线程最大的阻塞时间。如果一个线程的最大阻塞时间超过该常量所规定的最大阻塞时间，CPython 解释器或虚拟机就会抛出 OverflowError 异常错误信息。

在介绍完 Threading 模块中所有的方法后，我们再来看一下 Threading 模块中所有的类。Threading 模块中的类组成如图 4-2 所示。

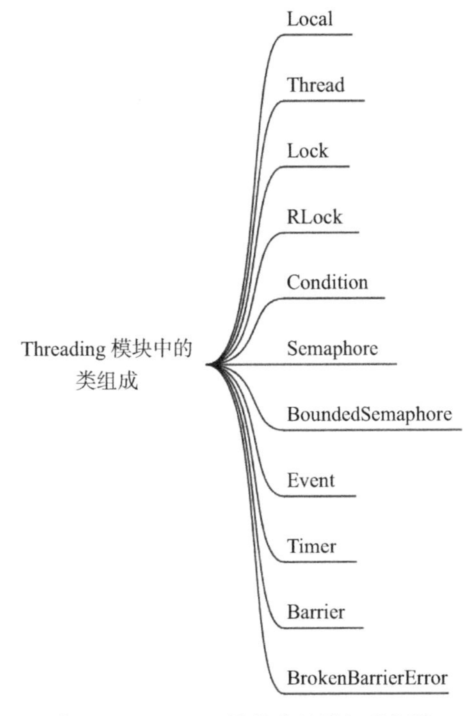


图 4-2　Threading 模块中的类组成概览

Threading 模块中的原生类说明如下。

- Local 类：表示线程局部变量类，类似于 Java 语言中的 ThreadLocal 类，用于存放线程本地变量（即存放于该类中的变量）。在对这些变量赋值或取值时，系统需要从封装的 Local 类的实例对象中操作。
- Thread 类：表示线程基础支撑类，是创建 Python 线程的基类。Python 中的任何线程，只要是使用 Threading 模块创建的，都必须使用 Thread 类进行创建。Thread 类包含 Python 线程中几乎所有的元数据信息，包含但不限于 Python 线程名称、大小、存活状态、是否为主线程、锁标记等信息，是开发者可以直接操作的 Python 线程最小的单元。开发者可以继承 Thread 类，实现自定义的 Python 线程。经过 Thread 类创建的 Python 线程将会被 Threading 模块中的所有方法管控，也会被 CPython 解释器或虚拟机也会优先处理。不是经过 Thread 类创建的 Python 线程，不会被 CPython 解释器或虚拟机优先处理，而是等到所有经 Threading 模块创建的 Python 线程处理完。
- Lock 类：表示线程锁对象的类，是为 Python 线程添加锁的锁元数据对象类，管理着 Python 中所有线程的锁信息。这些锁的实现都能被 CPython 解释器或虚拟机识别。Lock 类是 Python 线程中所有可持有的锁的基类。Python 线程中几乎所有的可持有的锁都继承自 Lock 类，并根据不同的锁类型，对继承的子类进行拓展和改进。
- RLock 类：表示可重入锁的类。RLock 类封装了可重入锁的基础数据和设置锁、取消锁、查看锁的基础方法，以供开发者在 Python 中使用可重入锁。当一个 Python 线程持有可重入锁后，在第一次获得锁之后，如果后续需要获得的锁的类型和第一次获得的锁的类型相同，该线程在第一次获取锁并执行完任务之后就不会将该锁释放，而是在下一次需要获得该锁时，直接持有该锁，省去了释放锁再获取锁的操作，节省了再获取锁的时间，这也是可重入锁设计的初衷。
- Condition 类：表示条件对象的基类，可以作为锁中的条件参数传入 Python 线程的锁内，使锁具备一定的条件约束，从而在一定范围内限制锁的使用范围。
- Semaphore 类：表示信号量对象的基类。Semaphore 这一概念是计算机科学史上最古老的线程同步原语之一，由荷兰计算机科学家 Edsger W. Dijkstra 发明。Semaphore 类在内部维护着一个信号量计数器，该计数器的值永远不会小于 0，在线程主动调用一次时，该计数器的值加 1，如果线程在获取了信号量并执行完任务之后，该计数器的值减 1，直到减为 0 为止。如果一个 Python 线程在执行任务时所获取的信号量的值为 0，就表明已经有其他 Python 线程先于该线程获取该信号量，那么此时正准备获取信号量的 Python 线程就只能等待，直到先前获取信号量的线程释放才能获取，再执行程序。等到所有的 Python 线程均获取过信号量，就表示所有的 Python 线程都完成了各自的工作，Semaphore 也就停止了计数，值也就恢复到默认的 1。Semaphore 类中有两个常用的方法：一个是 acquire() 方法，一个是 release() 方法，前者用于获取当前信号量计数器的值，后者用于释放当前信号量计数器的值，这两个方法相互配合使用，共同起到了制约 Python 线程顺序执行和保证 Python 线程同步的目的。即使 CPython 官方将 GIL 去除之后，开发者使用 Semaphore 类照样能设计出安全的 Python 多线程并发程序。

- BoundedSemaphore 类：表示有界信号量对象的基类。该类规定了如何定义 Semaphore，以及如何使用 Semaphore 来实现 Python 线程同步。在使用 Semaphore 时，随着 Python 线程的增多，对应的信号量计数器的值也随之增加，没有上限，这在处理 Python 多线程调用和通信时就会显得太过复杂，因为要时刻关注信号量计数器值的累加和递减。BoundedSemaphore 类为这种场景提供了一种边界措施，支持向该类的构造方法中传递一个参数。该参数表示 Semaphore 的最大允许值，即使用 BoundedSemaphore 类来定义信号量计数器的值永远不会超过该参数所规定的数值，这也就限制了 Semaphore 的持续累加，降低了处理 Python 线程同步和通信的复杂度，提升了开发效率。
- Event 类：表示事件对象的基类。该类实现了 Python 线程间的通信，且是 Python 线程间最简单的通信机制之一。一个被设置了 Event 类对象的 Python 线程会向另一个线程发出事件信号，如果另一个线程接收到了该信号，就会根据该信号的内容来执行相应的 Python 程序，如果另一个线程没有接收到该信号，就会等待，即线程就会处于阻塞状态，直到另一个线程接收到该信号为止。
- Timer 类：表示定时器对象的基类。正如该类的名字一样，Timer 本身是一个可以接收 Python 函数的定时器对象。该计时器将在一定时间间隔后运行带有参数 args 和关键字参数 kwargs 的方法。如果 args 是默认值，将使用一个空列表；如果 kwargs 是默认值，将使用空字典。在设计 Python 多线程程序时，我们可以将 Python 线程和定时器对象结合使用，实现在规定时间间隔后唤醒某一具体的 Python 线程。启用定时器对象可以使用该类中的 start() 方法；停止定时器对象可以使用该类中的 cancel() 方法。
- Barrier 类：表示屏障对象的基类。Barrier 类对一组 Python 线程做了统一约束，即 Barrier 类会等待一组或多组 Python 线程均执行完特定任务后，才能来到由 Barrier 类设定的统一屏障前，在所有的 Python 线程都调用了该类的 wait() 方法之后，才能继续执行后面的 Python 程序。Barrier 类通过这种集中约束的手段实现了对 Python 线程同步的原语，实现了多组 Python 线程的同步。
- BrokenBarrierError 类：表示 Barrier 对象基类的异常错误类。该类继承自 RuntimeError 类，是 RuntimeError 类的子类。当 Barrier 对象被重置或破坏时，CPython 解释器或虚拟机就会抛出 BrokenBarrierError 异常错误信息。

## 4.2 Threading 模块中常用方法和类的实现原理解析

在对 Threading 模块中的方法和类有了系统了解之后，我们还需要对 Threading 模块中的常用方法和类的实现原理进行了解，这样在使用这些方法和类时才能得心应手，游刃有余。笔者会对 Threading 模块中常用方法和类的实现原理进行简单剖析，首先来看 Threading 模块中常用方法的实现原理。

对于 active_count() 方法，我们来看该方法的实现源码：

```
def active_count():

    with _active_limbo_lock:
        return len(_active) + len(_limbo)

   activeCount = active_count
```

可以看到，active_count() 方法使用 with 语句块来执行 _active_limbo_lock，并直接返回两个变量长度的拼接结果，且 _active 变量和 _limbo 变量都由 len() 方法获取长度，即 _active 变量和 _limbo 变量的长度之和就是当前环境中存活的 Python 线程数量。在执行完 active_count() 方法后，CPython 解释器或虚拟机将该方法的处理结果赋值给 activeCount 这个全局变量，从而为后续方法提供数据支撑。

对于 current_thread() 方法，我们来看该方法的实现源码：

```
def current_thread():

    try:
        return _active[get_ident()]
    except KeyError:
        return _DummyThread()

currentThread = current_thread
```

可以看到，current_thread() 方法并没有使用 with 语句块，反而使用传统的 try finally 语句块，这可能是由于使用 with 语句块时，并不能获取对应的资源入口和资源出口，不能对该部分内容自动进行处理和资源管理。在 current_thread() 方法内部，CPython 解释器或虚拟机调用了 _active 变量中使用 get_ident() 索引所返回的活跃线程对象。get_ident() 索引会返回当前环境中的线程地址索引，通过传递给 _active 变量，从中获取当前环境中的 Python 线程对象。在使用 _active 变量获取当前 Python 线程对象时，有可能由于 Python 环境的波动，无法获取 Python 线程对象，或在获取当前 Python 线程对象时，在当前环境中没有任何存活的 Python 线程，这两种情况都会使 current_thread() 方法捕获到 KeyError 异常，并返回 _DummyThread() 无效的线程对象信息。在执行完 current_thread() 方法后，CPython 解释器或虚拟机将该方法的处理结果赋值给 currentThread 这个全局变量，从而为后续的相应方法提供数据支撑。

对于 main_thread() 方法，我们来看该方法的实现源码：

```
def main_thread():
```

```
    return _main_thread
```

可以看到，main_thread() 方法内部并没有太多的逻辑需要处理，而是直接返回了 _main_thread 变量。_main_thread 变量作为 Threading 模块的全局变量，在 Threading 模块构造初期，就已经通过 get_indent() 索引和 current 变量进行了初始化赋值，只要 CPython 解释器或虚拟机启动，就会被同步赋值，永远不会为空。通过 get_indent() 索引和 current 变量进行初始化赋值的代码如下所示：

```
global _main_thread

try:
        current = _active[get_ident()]
 except KeyError:
        current = _MainThread()

 _main_thread = current
```

可以看出，对于 current 变量的赋值，CPython 解释器或虚拟机也是使用了相同的处理逻辑：从 _active 变量中通过 get_indent() 属性来获取当前活动的 Python 线程，并使用 try_finally 块对该部分逻辑进行处理。可以看出，get_indent() 属性和 _active 变量基本贯穿整个 Threading 模块。

最后来看一下 Threading 模块中常用类的实现原理，这些常用类有 Thread 类、RLock 类，以及 Semaphore 类。

对于 Thread 类，首先来看该类的构造方法：

```
def __init__(self, group=None, target=None, name=None,
            args=(), kwargs=None, *, daemon=None):
    assert group is None, "group argument must be None for now"
    if kwargs is None:
        kwargs = {}
    self._target = target
    self._name = str(name or _newname())
    self._args = args
    self._kwargs = kwargs
    if daemon is not None:
        self._daemonic = daemon
    else:
        self._daemonic = current_thread().daemon
    self._ident = None
    if _HAVE_THREAD_NATIVE_ID:
        self._native_id = None
    self._tstate_lock = None
    self._started = Event()
    self._is_stopped = False
    self._initialized = True
    # Copy of sys.stderr used by self._invoke_excepthook()
```

```
    self._stderr = _sys.stderr
    self._invoke_excepthook = _make_invoke_excepthook()
    # For debugging and _after_fork()
    _dangling.add(self)
```

Thread类的构造方法中的第一个参数self为自身的对象；group参数为线程组的名称，默认为None；target变量为线程需要执行的Python函数，默认为None；name变量为线程的自定义名称，默认为None；args参数为target参数对应执行Python方法的形参，默认为空的元组；kwargs参数为target参数对应执行Python方法的关键形参，默认为None；daemon参数为Python线程对象是否开启线程守护的开关，默认为None。在调用Thread类时，该类中的构造方法会被优先执行。该构造方法中，首先对这些基础变量初始化，之后对_indent、_native_id、_tstate_lock、_started、_is_stopped、_initialized、_stderr、_invoke_excepthook这些内置的Python线程变量进行设置，这些配置参数规定了线程对象的基础元数据和最初的状态。在线程对象的基础元数据和最初的状态中，_indent、_native_id、_tstate_lock这些内置的变量都被设置为None，表示在一开始并没有任何数据；_started变量被赋值为一个空的Event事件对象，表示在一开始并没有任何事件需要处理；_is_stopped变量被赋值为False，表示Python线程对象还没有开始运行；_initialized变量被赋值为True，表示Python线程被首次进行初始化；_stderr变量被赋值为_sys.stderr，表示Threading模块中对于Python线程的错误日志打印方式沿用系统中stderr错误打印方法进行打印；_invoke_excepthook变量被赋值为make_invoke_excepthook()，表示Python线程对象的异常捕获钩子方法采用make_invoke_excepthook()。

我们再来看一个Thread类中常用的方法——run方法，其实现源码如下所示：

```
def run(self):

    try:
        if self._target:
            self._target(*self._args, **self._kwargs)
    finally:
        del self._target, self._args, self._kwargs
```

Thread类中run方法整体采用对target方法的处理实现。run方法在被调用时，会判断self._target方法是否存在，如果该方法存在，就直接调用target方法，并将target方法的参数指针和关键参数的地址指针进行传递，如果target方法的参数为空或关键参数为空，那么在处理target方法时就会以空的元组和None类型进行代替处理。run方法本身并不会向外抛出任务异常错误信息。在执行完target方法之后，run方法调用了finally语句，以释放target方法所占用的Python线程资源。

对于RLock类，首先来看该类的构造方法：

```
def __init__(self):
    self._block = _allocate_lock()
```

```
    self._owner = None
    self._count = 0
```

RLock 类的构造方法比较简单，只对 3 个内置变量进行了初始化，分别是 _block、_owner、_count。对 _block 内置变量赋值为 _allocate_lock()，表示 _block 变量被分配的内置锁所影响，不会被其他阻塞因素影响；对 _owner 内置变量赋值为 None，表示可重入锁一旦被定义，就会在 CPython 解释器或虚拟机全局生效，不会由于一个锁的关闭而停止工作；对 _count 内置变量赋值为 0，表示可重入锁在被初次使用时，被重入的次数为 0，变量的值会随着可重入锁被调用的次数增加而累加，每重复获取锁一次，值相应加 1。

RLock 类中 acquire() 方法的实现源码如下所示：

```
def acquire(self, blocking=True, timeout=-1):

    me = get_ident()
    if self._owner == me:
        self._count += 1
        return 1
    rc = self._block.acquire(blocking, timeout)
    if rc:
        self._owner = me
        self._count = 1
    return rc
```

acquire() 方法用于获取 RLock 类所持有的可重入锁，支持传入两个参数：第一个参数表示可重入锁是否允许线程阻塞，如果允许阻塞，Python 线程在获取锁时就会先行阻塞，之后才能获取该锁；如果不允许阻塞，Python 线程在调用 RLock 时就会直接获取该锁。第二个参数表示 Python 线程阻塞引起的超时时间，默认为 -1，表示没有阻塞引起的超时时间，即 Python 线程不需要等待就可直接获取锁。在调用 acquire() 方法来获取可重入锁时，如果没有获取到，CPython 解释器或虚拟机并不会抛出任何异常错误信息，这就要求开发者在使用该方法时一定要慎重，确保该方法可以获取到锁，否则会一直执行，不会释放 CPU 所分配的时间片，影响其他代码执行。在 acquire() 方法实现中，首先通过 get_ident() 方法获取当前环境中的锁原语，如果该原语是可重入锁本身，_count 变量本身累加 1，并将 1 返回；如果该锁原语不是可重入锁本身，从 _block 阻塞块中获取 rc 对象，如果 rc 对象存在，就将 _owner 变量设置为可重入锁本身，并将 _count 变量的值设置为 1，并最终返回 rc 对象。

RLock 类中 release() 方法的实现源码如下所示：

```
def release(self):

    if self._owner != get_ident():
        raise RuntimeError("cannot release un-acquired lock")
    self._count = count = self._count - 1
    if not count:
```

```
        self._owner = None
        self._block.release()
```

release() 方法与 acquire() 方法相对应，用于释放由 acquire() 方法所获得的可重入锁。在该方法实现中，如果调用该方法的 Python 线程不是该锁的拥有者，系统会抛出 RuntimeError 异常错误信息 - cannot release un-acquired lock，以提示开发者该锁不能被释放；否则，先将可重入锁的计数内置变量 _count 的值减 1，表示该锁已经被释放一次，最后调用 _block 阻塞快的 release() 方法来将该锁成功释放，由于在释放锁后没有任何返回数据，所以需要开发者去判断该锁到底有没有成功释放，这可以通过调用查看锁的方法进行查看。

对于 Semaphore 类，首先来看该类的构造方法，代码如下所示：

```
def __init__(self, value=1):
    if value < 0:
        raise ValueError("semaphore initial value must be >= 0")
    self._cond = Condition(Lock())
    self._value = value
```

Semaphore 类的构造方法也相对简单。Semaphore 类的构造方法在实现时首先需要对传入的 value 参数进行判断，也就是信号量计数器初始值，如果该计数初始值小于 0，抛出 ValueError- semaphore initial value must be >= 0，以提示开发者设置了错误的信号量计数初始值，否则，将锁对象注入 Condition 对象，并最终将赋值好的 Condition 对象赋值给 _cond 内置变量，最后同步该信号量计数值到内置的 _value 变量，交由 Threading 模块统一管理。

Semaphore 类中 acquire () 方法的实现源码如下所示：

```
def acquire(self, blocking=True, timeout=None):

    if not blocking and timeout is not None:
        raise ValueError("can't specify timeout for non-blocking acquire")
    rc = False
    endtime = None
    with self._cond:
        while self._value == 0:
            if not blocking:
                break
            if timeout is not None:
                if endtime is None:
                    endtime = _time() + timeout
                else:
                    timeout = endtime - _time()
                    if timeout <= 0:
                        break
                self._cond.wait(timeout)
            else:
```

```
                self._value -= 1
                rc = True
        return rc
```

Semaphore 类中的 acquire () 方法用于获取信号量计数器的值。该方法在实现时首先会对 blocking 和 timeout 参数进行合规校验，如果传入的 blocking 参数值为 False 并且 timeout 参数值为非空，那么该方法就会抛出异常错误信息 - can't specify timeout for non-blocking acquire，接着根据 self._cond 条件对象来处理阻塞 blocking 块和条件对象需要等待的时间，该等待时间由传入的 timeout 进行约束。如果传入的 blocking 参数值为 True 并且 timeout 参数值为非空，那么该方法在实现时会直接设置 self._value 的值减 1，rc 变量的值为 True，并最终返回 rc 变量。在这个过程中，由于该方法将 self._value 的值减 1，信号量计数器的值也同步减 1。

Semaphore 类中 release () 方法的实现源码如下所示：

```
def release(self, n=1):

    if n < 1:
        raise ValueError('n must be one or more')
    with self._cond:
        self._value += n
        for i in range(n):
            self._cond.notify()
```

Semaphore 类中的 release() 方法与 acquire() 方法相对应。release() 方法用于释放 Semaphore 类中信号量计数器的值。该方法在实现时首先对传入的信号量计数器的值进行检测，如果该值小于 1，则抛出 ValueError 异常错误信息 -n must be one or more，即传入的信号量计数器的值 *n* 必须为 1 或比 1 大的任意正整数。接着使用 with 语句块来处理内置的 _cond 条件对象，将信号量计数器本身的值自身累加 *n* 个数量级，并且遍历传入的信号量计数器的值，使用条件对象的 notify() 方法，循环向条件对象发送通知信息，告知条件对象当前信号量计数器的值已经进行了累加，累加结果为内置对象 _value 的大小。该方法在实现时并没有任何返回数据，需要开发者在验证信号量是否成功被释放时，调用 acquire() 方法通过返回的结果进行比对。

## 4.3　Python 线程的创建与使用

Python 线程的创建其实有几种途径，本章主要介绍与 Threading 模块相关的创建 Python 线程的方法。使用 Threading 模块来创建 Python 线程共有两种方法，这里详细介绍这两种创建 Python 线程的方法和步骤。

第一种方法：使用 Thread 类进行创建，代码如下所示：

```
import threading
```

```
def tHello():
    print("hello Threading")

mThread = threading.Thread(target=tHello)
mThread.start()
```

在使用 Thread 类来创建 Python 线程时，应该首先通过 import 关键字引入 Threading 模块，然后使用 Threading 模块中的 Thread 方法来创建 Python 线程。Thread 方法中的 target 参数就是创建出来的 Python 线程需要执行的对应方法的名称。在上述代码中，mHello() 方法是创建出来的 Python 线程需要执行的对应方法。Thread 方法会返回一个线程对象，这里使用 mThread 变量来接收。等到 Python 线程创建完成后，使用 start() 方法即可开启该 Python 线程，从而开始使用 Python 多线程模块。调用 start() 方法时，系统会直接执行 mHello() 方法，执行结果如下所示：

```
[root@VM-16-16-centos MemoryAnalyzeExternByMysqlf]# python3 PythonDemo.py
Hello Threading
```

第二种方法：通过继承 Thread 类来创建 Python 线程，代码如下所示：

```
class subThread(threading.Thread):

    def __init__(self):
        super().__init__()

    def run(self):
        print('thread %s is running.' % (threading.current_thread().name))
        print('thread %s end.' % (threading.current_thread().name))


print('thread %s is running.' % (threading.current_thread().name))

mThread = subThread()
mThread.start()
```

该方法要求开发者先定义一个类，并继承 Threading 模块中的 Thread 类。上述示例中，首先子类被定义为 subThread，然后继承了 threading.Thread 类，即 subThread 类是 threading.Thread 类的子类，接着重写 __init__() 方法和 run() 方法。在 __init__() 方法中，直接使用 super 关键字调用父类的构造方法，如果需要其他的业务数据初始化，需要在 super 关键字前编写程序，这样才能生效。重写的 run() 方法才是通过继承 Thread 类创建 Python 线程所需要执行的任务。在上述代码示例中，通过打印的方式来监测当前 Python 环境中存活的所有 Python 线程，并将 Python 线程名称进行打印，打印结果如下所示：

```
[root@VM-16-16-centos MemoryAnalyzeExternByMysqlf]# python3 PythonDemo.py
thread MainThread is running.
thread Thread-1 is running.
thread Thread-1 end.
```

值得注意的是，使用该方法创建的 Python 线程在 run() 方法执行结束后，创建的 Python 线程也就随之消失了。

以上是 Threading 模块提供的创建 Python 线程的两种方法，当然还有其他方法，比如使用内置线程池来创建 Python 线程、使用内置进程池来创建 Python 线程，不过这几种方式并不是很实用，所以笔者在这里就不再介绍了，感兴趣的读者可以查阅相关资料进行了解。

上述创建 Python 线程的两种方法各有使用场景，如果我们的业务场景灵活度要求不是很高，那么可以使用第一种方法，即通过 target 参数来指定 Python 线程需要执行的方法，但是这种方法不能在代码层面异步执行，需等到 CPython 解释器或虚拟机解析到需要执行的方法时才能执行，并且会影响后续代码的执行。第二种方法由于继承自 Thread 类并且重写了 run() 方法，所以比第一种方法灵活度高，我们完全可以将需要多线程执行的业务代码放到子类中执行，而且这种方式并不会影响后续代码的执行，因为是异步执行的，只不过 run() 方法执行结束后，创建出的 Python 线程也就消失了。

开发者可以根据自己的业务需求和实际的开发场景来合理选择创建方式，尽量使用异步线程的方式进行并发处理，因为这样是最高效的。

## 4.4 Python 线程的销毁

Python 线程的销毁从本质上来说并不需要开发者通过手动控制的方式实现，而是交由 CPython 解释器或虚拟机管理即可。出于对 Python 线程的系统性、完整性和健康性管理，CPython 官方并不建议开发者手动销毁 Python 线程，因为在对 Python 线程进行销毁时，需要先等待 Python 线程执行完所有的任务，释放锁占用的资源，通过操作系统中的时间片将该部分资源交给 CPU 进行统一调度之后，Python 线程才算是完全被销毁。但是绝大多数 Python 开发者并不清楚这些 Python 线程销毁的步骤，强制销毁 Python 线程可能会对 CPython 解释器或虚拟机造成严重的负面影响，比如，造成锁资源没有被充分释放，导致后续等待获取锁的 Python 线程无法获取，进而导致 Python 线程死锁现象发生，如果这种强制销毁 Python 线程太多，最终会耗尽 CPython 解释器或虚拟机的资源，最终导致 Python 程序无法再继续执行，这就不是明智之举了。

但是，如果有手动销毁 Python 线程的需求或者业务场景，我们该怎么办？出于安全考虑，笔者在这里只介绍一种手动销毁 Python 线程的方法。该方法总共分两步：获取需要销毁的 Python 线程的唯一 Id，使用 ctypes 所提供的管理 Python 线程生命周期的 PyThreadState_SetAsyncExc() 方法来销毁在第一步中获取到的 Python 线程（根据第一步获取到的 Python 线程唯一 Id 标识进行对应 Python 线程的销毁），详细代码如下所示：

```
def exp_raise(tid, exctype):

    tid = ctypes.c_long(tid)
```

```
    if not inspect.isclass(exctype):
        exctype = type(exctype)
    res = ctypes.pythonapi.PyThreadState_SetAsyncExc(tid, ctypes.py_
        object(exctype))
    if res == 0:
        raise ValueError("无效的线程 ID")
    elif res != 1:
        ctypes.pythonapi.PyThreadState_SetAsyncExc(tid, None)
        raise SystemError("加载线程管理器失败")

def stop_thread(thread):
    exp_raise(thread.ident, SystemExit)

def get_thread():
    pid = os.getpid()
    while True:
        ts = threading.enumerate()
        print '------- Running threads On Pid: %d -------' % pid
        for t in ts:
            print t.name, t.ident, t.is_alive()
            if t.name == 'Thread-test2':
                print ("I am go dying! Please take care of yourself and drink
                    more hot water!")
                stop_thread(t)
        time.sleep(1)
```

销毁 Python 线程的整体逻辑比较简单，这里就不再详细介绍了，切记最好不要手动强制销毁 Python 线程，因为可能会出现让你意想不到的问题。

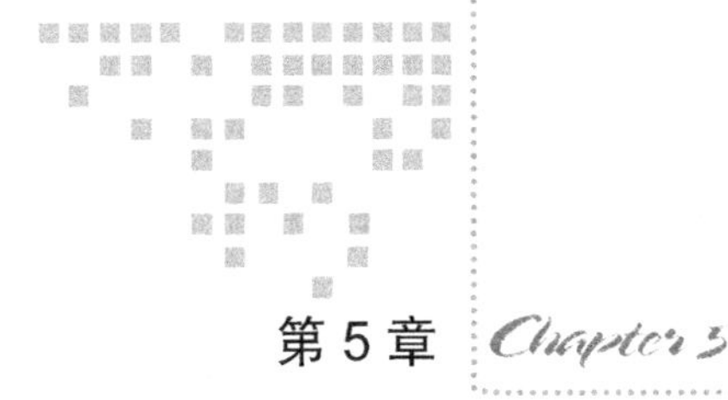

第 5 章 Chapter 5

# Python 协程的实现

Python 协程是继 Python 多线程之后，又一种 Python 多线程并发手段，又被称为一种新式的 Python 并发机制。Python 协程可以在更大程度上发挥计算机多核 CPU 的威力和功效，整体提升 Python 并发线程数量，提高 Python 多线程执行效率。

在本章中，笔者会向读者介绍 Python 协程的基本概念，Python 协程实现的核心原理。Python 中应用协程的步骤等。

## 5.1 Python 协程的基本概念

当前最新的 Python 版本中并没有提供对协程实现的支持，即 Python 原生并没有实现协程这一概念，而是将协程通过官方库的形式进行了实现。协程一般指辅助线程来执行任务的微小线程单位，也被称为微线程。但是，协程本质上并不是一个 Python 线程，可以理解为是存在于 Python 线程中执行任务的最小单位，每个单位上都被线程分配了不同的 Python 程序任务，所有的单位共同执行任务，且所执行的任务步调都是一致的，目的是帮助 Python 线程完成相应的程序任务。用计算机专业术语来说，协程是在非抢占式地多任务场景下，生成子程序的计算机程序组件，允许不同入口点在不同位置暂停或开始执行程序。

从协程概念可知，要想实现协程，需要至少执行两种机制：

- 第一种是要实现在 Python 代码执行过程中可以暂停代码的执行，并通知相关单位继续执行该暂停代码；
- 第二种是要实现在相关单位执行完成 Python 代码后，可以将对应 Python 代码的返回值返回给 CPython 解释器或虚拟机，可以让 Python 代码继续得到执行，并且正常返回相关代码的执行结果，而不是代码执行完后，其执行结果无法捕获。

在CPython中，通过yield关键字可以实现第一种机制，但并不是完全实现，只是说使用yield关键字在执行特定Python代码时，可以暂停代码执行。在代码暂停执行时间，CPython解释器或虚拟机完全可以在一个Python线程中创建出多个可执行任务的单位，并通过人为干预手段，为每个单位分配具体需要执行的任务。通过yield from关键字可以实现第二种机制，yield from关键字可以从自带的迭代中返回任何Python支持的类型数据。

对于上述实现过程，笔者这里使用代码示例进一步阐述，第一种机制实现的伪代码如下所示：

```
def yield_first (ranges):
    max_counts = 1000000
    while ranges < max_counts:
        yield ranges
        ranges += 1
```

上述代码只是模拟实现协程第一种机制的相关代码，不是百分百和Python中实现协程一样。

假设我们需要一个累加器（又被称为迭代器），于是定义了yield_first()方法，并在该方法内部定义了最大的累加数量max_counts，然后用while关键字来对ranges变量进行累加，并且使用yield关键字来修饰ranges变量，最后在yield修饰完成后对ranges变量执行加1的操作。如果上述代码没有使用yield关键字，CPython解释器或虚拟机就会随着上述代码的执行而逐渐对ranges变量所占用的内存空间进行分配，且没有明确的内存上限。如果定义的max_counts为无限大，ranges变量所占用的内存空间就会无限大，这显然是不合理的。

随着yield关键字对ranges变量的修饰，CPython解释器或虚拟机对ranges变量的内存空间的分配过程得到一定暂停，并不会一直为ranges变量分配内存空间，而是阶段性地、共享性地、重复性地扫描之前为ranges变量所分配的内存空间。当遇到之前已经累加好的变量时，yield会返回整个迭代器，并不会为这个重复的累加结果开辟新的内存空间。在生成器生成数值和返回数值中会出现一定的代码执行停顿，即如果我们设计使用yield关键字来返回相应的数据，CPython解释器或虚拟机在执行到该代码行时，被yield关键字修饰的Python代码并不会立即执行，而是进行相应的停顿之后才继续执行。在这个停顿中，开发者可以通过特定的Python API来操作Python线程中的任务单位，这种操作方式被称为协程实现操作之一，也是Python中实现协程第一种机制的整体思路。

仅在代码执行停顿中通过对Python线程中的任务单位进行操作还是不够的，我们还需要通过其他技术手段来获取任务单位执行Python代码的结果，并根据结果执行特定的业务操作，这样才能实现完整的代码闭环和业务闭环。

实现协程的第二种机制的伪代码如下：

```
def yield_first (ranges):
    max_counts = 1000000
    while ranges < max_counts:
        yield ranges
        ranges += 1
   yield from yield_first(100000)
```

通过上述代码可以看出，这里在调用 yield_first() 方法时引入了 yield from 关键字，这样开发者可以获取在这个迭代器中每一个任务单位代码执行完毕后的返回结果，并且可以通过 Python 中的增强 for 循环遍历获取确定的代码返回结果，从而根据这一结果对后续代码进行处理。

至此，Python 协程实现的核心流程就已经介绍完毕，并不是说 Python 协程实现的整体流程就是如此，感兴趣的读者可以对 Python 协程的完整实现进行内核级源码的考究。

## 5.2　EventLoop 的运作原理与实现

Python 中并没有直接支持 EventLoop 的原生库或第三方库，开发者只能通过其他辅助的原生库或第三方库来实现 EventLoop。但是无论使用哪种原生库或第三方库，Python 实现 EventLoop 的原理都差不多，而且不会在近几年发生重大变动，除非 CPython 官方将 EventLoop 的实现封装到 Python 原生库中。

在本节中，笔者会向读者介绍 EventLoop 的概念，即 Python 实现 EventLoop 原理的解析。

### 5.2.1　EventLoop 的运作原理

EventLoop 这一概念最初在 JavaScript 脚本编程语言中提出，作为 JavaScript 脚本语言的核心驱动，目的是更好地协调 JavaScript 脚本语言中进程与线程之间的关联关系和协作方式。

EventLoop 发展至今，早已不是固化在 JavaScript 脚本语言中的概念定义，已成为各大主流语言实现协程的基本原则和基本概念。下面我们看一下 EventLoop 的运作原理。EventLoop 即事件循环或事件轮询机制，通过特定的技术手段，可以实现在单线程环境中运行多个任务，且单线程不会以阻塞的形式运行，而是以异步执行任务的形式运行。EventLoop 规定了单线程异步执行多个任务的方式，内部维护着一个事件循环管理器，任何需要异步执行的任务都需要被压入该事件循环器。

在事件被压入该事件循环管理器后，事件循环管理器会将该任务拆分成任务本体和任务回调两部分。任务本体交由 EventLoop 的工作线程去处理。在任务本体部分执行完后，任务回调部分以回调函数的方式经 EventLoop 事件循环管理器返回给任务调用者。

至此，一个完整的 EventLoop 事件流转过程就介绍完毕了。当一个 Python 线程被用来处理多个任务时，EventLoop 会将这些需要执行的任务全部压入事件循环管理器，然后将这些任务进行拆分，并最终通过工作线程和事件循环器共同处理任务和任务执行结果，直至将任务执行结果返回给任务的调用者为止。

### 5.2.2 Python 中 EventLoop 的实现

通常来说，在 Python 中实现 EventLoop 往往是通过面向对象的方式，即开发者必须首先创建一个用于存放 EventLoop 事件对象的 Python 类，代码示例如下所示：

```
class CustomEventLoop:

    def __init__(self):
        self.listen_events_ary = []
        self.callbacks = {}
        self.timeout = None

    def register_event(self, event, callback):
        self.listen_events_ary.append(event)
        self.callbacks[event] = callback

def process_events(self, events):
        for event in events:
            self.callbacks[event](event)

    def unregister_event(self, event):
        self.listen_events_ary.remove(evenrt)
        del self.callbacks[event]

    def start_listen_loop(self):
        while True:
            events_happend = poll_events(listen_events_ary, timeout)
            self.process_events(events_happend)

loop = CustomEventLoop()
loop.register_event(tmepEventObj, callback)
loop.start_listen_loop()
```

在上述代码中，笔者定义了一个名为 CustomEventLoop 的类，用来存放 EventLoop 事件对象等关键数据和方法。在 CustomEventLoop 类中，首先通过 __init__ 方法对该类进行初始化。初始化方法中声明了 3 个变量：listen_events_ary、callbacks、timeout，分别表示事件监听对象数组、事件回调结果对象、事件执行的超时时间，初始值分别表示空的事件监听对象数组、空的事件回调结果对象、空的事件执行超时时间。该事件执行超时时间的单位默认为 ms，开发者也可以通过实际的传入参数修改。(注：这三个变量组成了 EventLoop 事件循环管理器)。

在对 EventLoop 相关变量定义完成后，笔者还定义了如下 4 个方法。

- register_event() 方法：接收 3 个参数，第一个参数 self 表示当前类的对象，第二个参数 event 表示事件对象，第三个参数 callback 表示事件对象返回的回调函数或者回调结果。整个 register_event() 方法的作用是将需要被 EventLoop 管理的单线程任务以 EventLoop 事件对象的形式注册进 EventLoop 时间循环管理器。任何一个 Python 任务都需要通过 register_event() 方法进行注册，之后 EventLoop 才能对其进行管理。
- process_events() 方法：接收两个参数，第一个参数 self 表示当前类的对象；第二个参数 events 表示需要处理的事件对象，可以是一个也可以是多个。整个 process_events() 方法的作用是将传入的 Event 事件对象进行逐个处理，处理方式是调用事件对象本身的 callback 函数进行回调处理。不管该事件对象是否存在回调结果或回调函数，process_events() 方法都会对其进行返回。
- unregister_event() 方法：接收两个参数，第一个参数 self 表示当前类的对象，第二个参数 event 表示事件对象。整个 unregister_event() 方法的作用是注销掉已经注册到 EventLoop 事件循环管理器中的事件对象。注销的方式是对事件对象进行注销时，移除已经存在于 listen_events_ary 列表中对应的事件对象和该事件对象对应的回调函数或回调结果。事件对象在被成功移除后，在同一个 EventLoop 事件循环管理器中就不会看到该事件对象，除非其被重新注入 EventLoop 事件循环管理器。
- start_listen_loop() 方法：只接收 self 参数。整个 start_listen_loop() 方法的作用是开启事件监听处理机制，即 EventLoop 事件循环管理器的开关方法。在调用 start_listen_loop() 方法之后，该方法会一直生效执行，直到 listen_events_ary 列表中所有的事件对象均被 poll_events() 方法处理，并且每一个事件对象的回调也得到处理为止。

在 CustomEventLoop 类的末尾，笔者使用 loop 变量来存储对该类的实例化对象，然后定义了一个名为 tmepEventObj 的临时事件对象，并指明该对象的回调函数为 callback，之后调用 register_event() 方法对该临时事件对象进行注册，最后调用 start_listen_loop() 方法开启对该临时事件对象的循环监听处理。当该临时事件对象和回调都执行完毕后，笔者定义的 CustomEventLoop 类也就同步停止运行，EventLoop 循环事件管理器也就停止了对该临时事件对象的管理，整个 EventLoop 循环事件管理器的运行也就停止了。

回过头来，Python 中 EventLoop 的实现大体可以总结为 3 个步骤。

第一步：定义 EventLoop 类的骨架，并定义基础三变量（相应变量已经在前文，这里不再赘述），明确基础三变量的类型和格式，以及初始化值，但不可随意指定。

第二步：实现 EventLoop 事件循环管理器的管理，即上文提到的 register_event() 方法、process_events() 方法、unregister_event() 方法、start_listen_loop() 方法的实现，在这个实现过程中，需要明确每个方法的作用，以及每个方法需要接收的参数和参数值范围（这需要根据第一步中的 3 个基础变量进行指定）。

第三步：对 EventLoop 进行实例化存储，以及根据实际需要调用 EventLoop 事件循环管理器，并确定事件循环管理器的开始时机和结束时机。在 EventLoop 事件循环管理器运行结束之后，我们定义的所有交由 EventLoop 事件循环管理器循环执行和监听的事件都已经被处理完毕。

## 5.3 深入理解 Asyncio 库

Asyncio 库是 Python 3.X 版本中特有的一个官方库（即 CPython 官方实现的标准库，并不是其他第三方库）。我们都知道，Python 中是有 GIL 的，GIL 还可以导致我们编写的 Python 高并发程序不能得到真正地高并发运行，CPU 也不能发挥多核处理优势。鉴于此，CPython 官方决定实现一种标准，这种标准可以避开 GIL 的影响，但是不用移除 GIL，所以，Asyncio 库诞生了。Asyncio 库被设计的初衷只是实现在 Python 中真正做到异步执行任务，而不是伪异步执行任务。在 Asyncio 库实现过程中，CPython 官方发现可以就此实现协程，真正意义上让 Python 具备对协程功能。于是，CPython 官方自对外发布第一个版本 Asyncio 库之后，一直持续封装 Python 中协程的经典实现过程，并在 Python 3.X 最新版本中得到了充分实现和支持。

Asyncio 库提供了很多关于异步任务和协程的实现类和实现方法，笔者这里对 Asyncio 库所提供的包内容做了总结，包括 __main__、base_events、constants、coroutines、format_helpers、staggered、base_futures、exceptions、queues、runners、streams、base_subprocess、log、locks、proactor_events、trsock、base_tasks、protocols、threads、selector_events、subprocess、sslproto、transports、unix_events、tasks、windows_utils、windows_events、events、futures。

根据表 5-1 可知，Asyncio 库提供了 29 种包，抛去内置的 __main__ 模块，则是 28 种。base_events、base_futures、base_subprocess、base_tasks 这几个包分别是实现事件对象的基类、实现未来处理事件的基类、实现子进程支持的基类、实现任务处理的基类。这四个基类是 Asyncio 库的根基。可以说，Asyncio 库中每一个功能特性的实现都离不开这四个基类。在这四个基类中，events 类是 base_events 基类的实现，用来约束 Asyncio 库中所有的事件对象，提供操作事件的 API 和管理方法；futures 类是 base_futures 基类的实现，用来实现对任务异步执行结果的接收和判断；subprocess 类是 base_subprocess 基类的实现，用来实现子进程，协助实现进程间通信和协程，是 Python 进程间通信的直接实现；tasks 类是 base_tasks 基类的实现，用于规定 Asyncio 库中任务的执行流程和任务的元数据支持，是 Asyncio 库中所有任务的基础实现类（Asyncio 库中的任何任务都从该类中诞生，并默认使用该类进行管理）。

除去上述四大基类和四大基类的实现，Asyncio 库中还有几个实现特定特性的类库。Coroutines 类库是 Asyncio 库中对协程的直接实现，也是 Python 中真正意义上实现协程的类库。只要开发者需要在 Python 中使用协程，他就必须使用 Asyncio 库中的 Coroutines 类库。Queues 类库是 Asyncio 类库中对于异步任务完成所需的队列的直接实现，该类库中包含实现异步任务所需的队列调度算法、队列流转流程、队列生命周期管理等。在 Asyncio 库中实现 Python 任务异步执行就必须使用队列。Locks 类库支持对 Python Threading 模块中的 Semaphore、Condition、Events、Lock 类进行优化和升级，并且引入了异步任务概念和定时事件循环执行机制的支持。Log 类库是 Asyncio 库中的日志支持类库。Threads 类库是 Asyncio 库中使用线程执行 Python 任务的高水平实现，该类库中只有一个 to_thread 方法，该方法的返回值是一个 Python 协程对象，在该 Python 协程对象中包含任务的执行结果，如果在返回时任务没有执行，那么该 Python 协程对象中就会包含一个等待接收返回结果的线程，直到任务的返回结果返回之后，该线程才被销毁。to_thread 方法是实现 Python 协程的核心方法，任何异步任务的执行都要调用该方法。Runners 类库是 Asyncio 库中异步任务的直接执行者和管理者。Asyncio 类库中所有的异步任务要想执行，必须调用 Runners 类库中的 run() 方法，示例如下：

```
async def main():
    await asyncio.sleep(1)
    print('hello')

asyncio.run(main())
```

在上述代码中，笔者定义了一个异步方法（或者叫作异步函数），名称为 main()，且用 async 进行了修饰，因为只有被 async 关键字修饰的 Python 方法或函数才是异步的，才能被异步执行。main() 方法内部存在一个简单的逻辑，即等待一秒之后打印出 hello。在调用 main() 方法时，笔者使用了 asyncio.run() 方法。asyncio.run() 方法接收两个参数，第一个参数表示需要异步执行的任务的名称，第二个参数表示异步任务的运行模式（是以 Debug 模式运行，还是以正常 Python 程序模式运行，可通过传入 debug=None 进行设置）。

在对四大基类及其实现，以及其他重要的核心类库有了一定了解之后，我们重点来看一下 Coroutines 类库。Coroutines 类库中只提供了 3 个方法：第一个方法是 coroutine(func)，用于标记一个方法或对象是否可异步执行，如果被标记的方法或对象已经被销毁，或者已经不存在于 CPython 解释器或虚拟机中，那么该方法会记录这一错误信息并经 Logs 类库存储和打印。第二个方法是 iscoroutine(obj) 方法，用于判断传入的 obj 对象是否是一个 Python 协程对象，如果该对象是一个 Python 协程对象，那么该方法会返回 True，否则返回 False。第三个方法是 iscoroutinefunction(func)，作用和第二个方法类似，用于判断传入的 func 方法是否是一个被标记的 Python 协程方法，如果该方法是一个被标记的协程方法，那么 func 方法返回 True，否则返回 False。

我们来看一下这三个方法实现的源码，第一个方法 coroutine(func) 实现的源码如下：

```
def coroutine(func):

    warnings.warn('"@coroutine" decorator is deprecated since Python 3.8, use
```

```
            "async def" instead',
                      DeprecationWarning,
                      stacklevel=2)
    if inspect.iscoroutinefunction(func):
        return func

    if inspect.isgeneratorfunction(func):
        coro = func
    else:
        @functools.wraps(func)
        def coro(*args, **kw):
            res = func(*args, **kw)
            if (base_futures.isfuture(res) or inspect.isgenerator(res) or
                    isinstance(res, CoroWrapper)):
                res = yield from res
            else:
                try:
                    await_meth = res.__await__
                except AttributeError:
                    pass
                else:
                    if isinstance(res, collections.abc.Awaitable):
                        res = yield from await_meth()
            return res

    coro = types.coroutine(coro)
    if not _DEBUG:
        wrapper = coro
    else:
        @functools.wraps(func)
        def wrapper(*args, **kwds):
            w = CoroWrapper(coro(*args, **kwds), func=func)
            if w._source_traceback:
                del w._source_traceback[-1]
            w.__name__ = getattr(func, '__name__', None)
            w.__qualname__ = getattr(func, '__qualname__', None)
            return w

    wrapper._is_coroutine = _is_coroutine
    return wrapper
```

第一个方法的实现源码比较长，但是整体来说实现逻辑还算清晰。在该方法中，首先对 @coroutine 注解进行校验，如果当前 Python 版本小于 3.8，那么就会触发警告提示，接着调用第三个方法来判断传入的方法是否是被标记的协程方法：如果传入的方法是被标记的协程方法，那么就将传入的方法直接返回，不做其他处理；如果传入的方法不是被标记的协程方法，那么使用 @functools.wraps 注解对传入的方法进行组装，并在组装过程中对传入的方法的返回结果、实例数据、迭代数据进行判断，如果传入的方法包含这三者中的一个，则将 yield from res 语句追加到传入的方法的资源 res 中，否则就进入等待状态，通过 isinstance() 方法向 res 中追加 yield from await_meth() 语句，最后将处理好的 res 进行返回。在对传入的方法是否标记协程处理完毕后，系统会对协程的调用模式进行判断：如果调用协程的模式是 Debug，则继续处理 coro 协程对象，将 Debug 数据和参数通过 Python 内置变量进行注入和返回，并最终返回处理好的条件 wrapper。Python 会根据这一 wrapper 去调度 Python 协程机制去处理任务，至此，coroutine(func) 方法的实现就介绍完毕了。

第二个方法 iscoroutine(obj) 实现的源码如下：

```
def iscoroutine(obj):
    if type(obj) in _iscoroutine_typecache:
        return True

    if isinstance(obj, _COROUTINE_TYPES):
        if len(_iscoroutine_typecache) < 100:
            _iscoroutine_typecache.add(type(obj))
        return True
    else:
        return False
```

iscoroutine(obj) 方法在判断 obj 对象时，会首先判断 obj 对象的类型是否在 _iscoroutine_typecache 类型缓存中存在，如果该类型存在于 _iscoroutine_typecache 类型缓存中，则证明 obj 对象是一个协程对象，直接返回 True 即可，不需要再次对具体的协程对象类型进行判断。如果 obj 对象的类型不存在于 _iscoroutine_typecache 类型缓存中，则会继续进行第二层判断，即判断 obj 对象的实例类型是否是内置的 _COROUTINE_TYPES 类型，如果该对象的类型不存在于 _iscoroutine_typecache 类型缓存中，并且该对象的实例类型也不是内置的 _COROUTINE_TYPES 类型，则证明 obj 对象不是一个协程对象，直接返回 False 即可。如果 obj 对象的实例类型是内置的 _COROUTINE_TYPES 类型，则需要进一步判断 _iscoroutine_typecache 类型缓存中类型的数量是否小于 100，如果不小于 100，则直接返回 True，否则，将 obj 对象的类型通过 add() 方法添加到 _iscoroutine_typecache 类型缓存中，重复上述过程，直到得到判断结果为止。至此，iscoroutine(obj) 方法的实现就介绍完毕了。

第三个方法 iscoroutinefunction(func) 实现的源码如下：

```
def iscoroutinefunction(func):

    return (inspect.iscoroutinefunction(func) or
        getattr(func, '_is_coroutine', None) is _is_coroutine)
```

iscoroutinefunction(func) 方法在判断 func 时采用简单粗暴的方式，即直接返回 inspect.iscoroutinefunction(func) 函数的返回结果、func 函数的内置属性、_is_coroutine 的判断结果。返回的上述判断结果中，有一个结果为 True 则直接返回，即 iscoroutinefunction(func) 方法在判断 func 是否是协程方法时，只要满足返回的结果为 True，则认为 func 方法是被协程标记的。至此，iscoroutinefunction(func) 方法的实现就介绍完毕了。

## 5.4 使用 EventLoop 和 Asyncio 库实现 Python 协程

我们已经对 EventLoop 的运作原理及其实现有了一定了解，对 Asyncio 库有了深入了解，二者搭配起来可以实现 Python 协程。当然，它们也可单独实现 Python 协程，下面笔者会直接给出实现协程的示例代码，读者可以根据需要进行变种。

一个简单的协程示例如下：

```
import asyncio

async def main():
    print('hello')
    await asyncio.sleep(1)
    print('world')

asyncio.run(main())
```

上述代码会打印“hello”，等待 1s 后再打印“world”。

我们再来看上述示例的变种：

```
import asyncio
import time

async def say_after(delay, what):
    await asyncio.sleep(delay)
    print(what)

async def main():
    print(f"started at {time.strftime('%X')}")

    await say_after(1, 'hello')
    await say_after(2, 'world')

    print(f"finished at {time.strftime('%X')}")

asyncio.run(main())
```

上述代码会在等待 1s 后打印“hello”，然后等待 2s 后打印“world”，输出结果如下：

```
started at 17:13:52
hello
world
finished at 17:13:55
```

再来看一下并发运行任务的多个协程，代码如下：

```
async def main():
    task1 = asyncio.create_task(
        say_after(1, 'hello'))
```

```
    task2 = asyncio.create_task(
        say_after(2, 'world'))

    print(f"started at {time.strftime('%X')}")

    await task1
    await task2

    print(f"finished at {time.strftime('%X')}")
```

上述代码中，首先通过调用 create_task() 方法创建两个 say_after 协程，以执行不同的任务，并且任务都通过 await 关键字进行调度，在任务执行完毕后，将两个协程执行的结果进行打印，输出结果如下：

```
started at 17:14:32
hello
world
finished at 17:14:34
```

通过观察两个变种示例代码的输出结果可知，通过 create_task() 方法创建协程来并发执行任务的方式要比通过传统方式创建协程来执行任务快 1s 左右。

Chapter 6 第6章

# Python 中的线程通信

在前面章节中我们已经对 Python 中的线程有了一定的了解，知道了如何使用不同方法来创建 Python 线程，但是并不了解 Python 线程间的通信。任何一门高级的面向对象且支持线程机制的编程语言中都不能只存在单独的线程，势必需求线程间通信。对于 Python 语言来说，亦是如此，那么 Python 语言是如何实现线程间通信呢?

在本章中，笔者会从 Python 线程阻塞现象入手，逐步介绍 Python 线程间的竞争机制、Python 线程顺序执行，以及 Python 线程间通信实现等内容，并在最后部分，结合 Python 中死锁现象及其解决措施进行补充介绍，旨在帮助读者深入理解 Python 线程通信机制及其实现步骤，以便对 Python 线程中发生的死锁现象从容应对。

## 6.1 Python 线程阻塞现象及原因分析

在介绍 Python 线程通信机制之前，我们需要先了解一下 Python 线程阻塞现象、Python 线程竞争，以及 Python 线程顺序执行。Python 线程阻塞其实在大多数环境中表现得不是很明显，但是有时发生。

Python 线程阻塞现象一般发生在两个及以上 Python 线程环境中，具体表现为 Python 线程获取临界区的资源时，会出现等待现象，即所有的 Python 线程都在排队等待获取临界区的资源。

关于 Python 线程阻塞发生的时机，笔者这里复用一下前文介绍的图片进行推理，如图 6-1 所示。

假设现在存在 3 个 Python 线程，分别是线程 A、线程 B、线程 C，这三个 Python 线程都需要获取位于临界区资源池中的资源，从而执行 Python 任务。整个 Python 线程获取临界区资源池中资源的过程被 CPU 统一调度管理。假设线程 A 经过 CPU 调度成功获取到临界区资源池中的资源，正在执行 Python 任务，那么此时的线程 B 和线程 C 就不能获取到临界区资源池中的资源，因为资源已经被线程 A 获取并占用，那么此时的线程 B 和线程 C 就只能等待，等待线程 A 释放占用的资源后，线程 B 和线程 C 中的一个线程才能获取到线程 A 释放的资源，继续执行后续的 Python 任务。这个等待的过程就是线程 B 和线程 C 发生阻塞的过程。

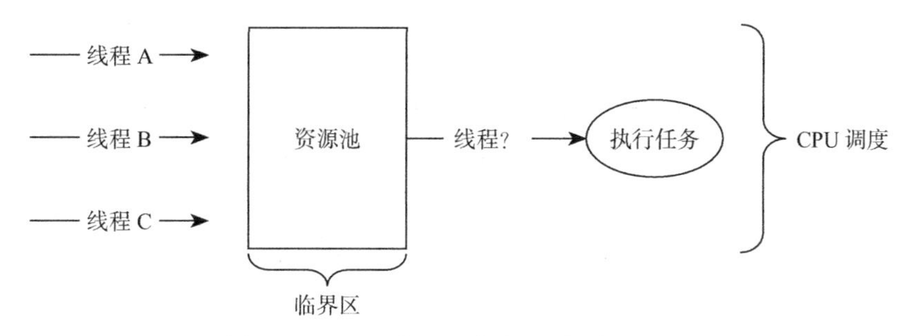


图 6-1 Python 线程阻塞发生时机推理过程

那么，为什么在同一时刻，只能有一个 Python 线程可以获取到临界区中的资源？我们可以从两个角度进行考虑。一个角度是操作系统，无论 Windows 操作系统还是 Linux 操作系统，其都具备内核，而在操作系统整体实现上来说，Windows 操作系统和 Linux 操作系统的整体实现机制、实现规范、实现流程将近 80% 相同，特别是在 CPU 线程调度、CPU 系统总线控制、CPU 多级缓存、任务统一调度管理方面。这使得无论 Windows 操作系统还是 Linux 操作系统，在处理线程问题上得到的结果几乎是一致的。

回过头来，无论 Windows 操作系统还是 Linux 操作系统，在处理线程时会首先处理操作系统中的进程，即在获取到进程 ID 后才会开始对该进程中的所有线程进行处理。默认情况下，如果 CPU 是单核，那么所有的进程和线程都将会在这一个内核中进行处理，这就好比我们在学校食堂打饭时，如果学校食堂的打饭窗口有且仅有一个，那么所有的学生、老师都只能从这一个食堂窗口打饭，排在打饭队列前面的学生、老师会先打到饭，排在打饭队列后面的学生、老师就只能等待排在前面的学生、老师打完饭之后才能打到饭。同样地，当一个进程中有超过两个线程时，操作系统就会对其进行随机排序（不具备线程优先级队列的情况下），排在前面的线程就会优先获取到临界区中的资源，排在后面的线程就只能等待排在前面的线程在获取完资源之后，才能获取到相应的资源。如果 CPU 是多核，这就好比学校食堂窗口开放了两个及以上，此时学生、老师在打饭时就不用全部排在一个窗口，但是当所有开放的食堂窗口可容纳的排队人数达到最大时，即使有多个食堂窗口，学生、老师也只能排队进行打饭。同样地，多个线程在争取临界区中的资源时可以随机排队，通过不同的线程队列来获取临界区中的资源，但是当不同的线程队列所容纳的线程数量达到最大时，所有的线程也就只能等待获取临界区中的资源。另一个考虑角度是 Python 语言本身。Python语言在实现Python线程时，采用的是PTHREAD协议。PTHREAD协议是一种基于操作系统进行线程实现的规范，本质上是使用C语言进行实现。Python语言在实现Python线程时，将PTHREAD协议以C语言源码文件的形式进行引入，并在此基础上进行了拓展。拓展手段包括直接对PTHREAD实现源码进行优化和改进，以及使用基于C语言的拓展模块对PTHREAD协议进行拓展。纵观PTHREAD实现源码文件中的内容，我们可以看出CPython官方并没有对其底层实现进行优化或改进，只是对一些PTHREAD协议开放的API进行了适当扩充，所以Python线程在操作系统中的调度规则取决于操作系统本身是如何调度的。我们都知道在Python中是存在GIL，任意一个Python线程在被CPython管理时，都会被GIL捕获。GIL决定了在同一时刻只能有一个Python线程获取到资源锁，而操作系统决定了只有获取到资源锁的Python线程才能访问临界区中的资源，所以，一旦我们编写的Python程序中存在多个Python线程，那么在被GIL捕获时必将发生等待，即必将发生阻塞，这就是Python中发生线程阻塞的另一个原因。

## 6.2 为什么会出现Python线程竞争

线程竞争问题其实不仅仅出现在Python语言中，在其他面向对象的高级编程语言中也有出现，无论在哪一种编程语言中出现，其根本原因只有一个，那就是开发者开发了多线程高并发程序。

Python线程竞争又被称为Python线程竞态条件，与6.1节所介绍的Python线程阻塞有直接关系，可以说是Python线程竞争直接引起了Python线程阻塞，那么为什么会出现Python线程间竞争呢?

我们都知道，Python程序在运行时都是由CPython解释器或虚拟机进行统一管理和调度的，而CPython解释器或虚拟机底层则是由操作系统和CPU进行系统级别的管理。这个管理范围包括对CPython解释器或虚拟机所有的资源项进行管理，例如编译器、解释器、Python垃圾回收器等。操作系统和CPU在对CPython解释器或虚拟机管理时，也需要为CPython解释器或虚拟机分配系统内存和系统缓存。当一块固定的内存被操作系统和CPU分配给CPython解释器或虚拟机所占用时，该块内存在固定时间内就不能再被分配给其他进程，也就是说，对于操作系统和CPU来说，其中的一块资源被占用后，在固定时间内就不能再被分配给其他进程使用，其他进程也就不能申请占用这块资源，这也就说明了操作系统和CPU资源是有限存在的。在固定时间内，同一个操作系统和CPU资源只能被一个进程使用。

对于Python线程也是如此，因为操作系统和CPU（这里直接跳过CPython解释器或虚拟机对Python线程的处理）在对Python线程进行管理时，会首先为Python线程分配系统内存、系统缓存、系统时间片、系统线程任务调度内存空间，并通知寄存器进行指令存储、通知解释器准备对Python线程进行解释、通知系统时间片准备对Python线程的上下文切换进行管理，这些都是直接耗费系统和 CPU 资源的操作，但是又不得不对其进行资源分配。一旦操作系统和 CPU 对这些操作进行了资源分配，那么这些资源所占用的内存空间就不能在程序运行期间改变（Python 垃圾回收器除外），哪怕是 Python 程序需要额外的内存空间也不行。

按照这一管理思想，让我们聚焦到 Python 线程上。如果我们创建了一个 Python 线程，即除去 Python 主线程之外，只存在一个额外的 Python 线程，这时 CPython 解释器或虚拟机为其所分配的内存空间相较于操作系统和 CPU 为 CPython 解释器或虚拟机所分配的内存空间来说相对较小，甚至可以忽略不计。此时，这个单一的 Python 线程可以直接获取资源，没有其他的 Python 线程竞争。如果我们创建了多个 Python 线程，此时存在于 CPython 解释器或虚拟机中的 Python 线程不再是唯一，那么操作系统和 CPU 在对这些 Python 线程所占用的资源进行管理时，就不再像单一 Python 线程那样，让 Python 线程直接获取到资源，而是会对所有的 Python 线程进行随机标记和排序（开启线程优先级队列的情况除外），之后按照这个随机的顺序为 Python 线程分配固定的内存空间，因为无论一个还是多个 Python 线程，对于操作系统和 CPU 来说，其所占用的内存空间都是固定的，所以操作系统和 CPU 才会限制 Python 线程获取资源。为了更好地理解这种管理思想，笔者画了一张草图供读者理解，如图 6-2 所示。

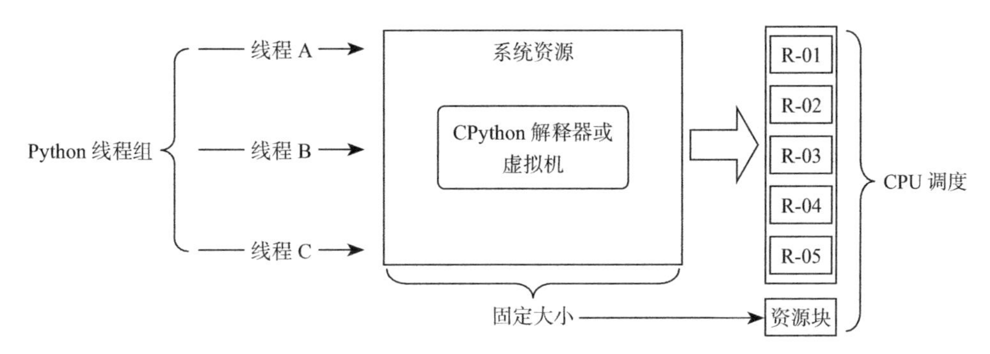


图 6-2　CPython 解释器或虚拟机调度线程资源示意图

我们将所有的 Python 线程当作一个 Python 线程组，即在一个 Python 线程组中存在多个 Python 线程。CPython 解释器或虚拟机在运行时会直接通过操作系统和 CPU 为 Python 线程组申请内存空间。接着，操作系统和 CPU 会为其分配资源，且这种资源会以资源块的形式存在于操作系统中，并且每一个资源块所对应的资源内容是固定的。在图 6-2 中，操作系统和 CPU 一共为 CPython 解释器或虚拟机分配了 5 个（从 R-01 到 R-05）资源块，而且资源块中的内容都已固定，假设 Python 线程组所占的资源块是 R-01，或 R-01 到 R-03 这三个，那么剩余的资源块就会被分配给 CPython 解释器或虚拟机中的其他部分（已经在上述内容中提及，这里不再赘述）。当多个 Python 线程需要执行同一个 Python 任务时，由于分配给多个线程的资源块是固定的，那么在同一时刻至多有一个 Python 线程获取到该资源块，其他线程就只能阻塞。在 Python 线程获取到资源块之前，多个 Python 线程会争相获取对应的资源块中的资源，这个争相获取的过程和 CPU 调度以及 Python 线程的优先级有直接关系。在竞争结束后，Python 线程获取到对应的资源块中的资源，才能继续执行后续的任务。Python 多线程竞争资源块中资源的过程就是 Python 线程竞争的过程。

## 6.3 如何保证 Python 线程顺序执行

我们已经知道 Python 线程间会出现竞争问题，那么有没有方法可以解决呢？答案是有的，那就是通过技术手段来确保 Python 线程在执行 Python 任务时按顺序执行。

Python 为我们提供了多种保障 Python 线程顺序执行的技术手段，让我们先来看一种简单的实现方法，即使用 Threading 模块中的相关 AP。Python 线程顺序执行的简单方案实现代码如下：

```
from threading import Thread

def threadOrderTest():
    print(123)
    print(threading.current_thread())

testThreadA = Thread(target=threadOrderTest)
testThreadB = Thread(target=threadOrderTest)
testThreadC = Thread(target=threadOrderTest)
testThreadD = Thread(target=threadOrderTest)
testThreadE = Thread(target=threadOrderTest)
testThreadF = Thread(target=threadOrderTest)
testThreadG = Thread(target=threadOrderTest)

testThreadA.start()
testThreadB.start()
testThreadC.start()
testThreadD.start()
testThreadE.start()
testThreadF.start()
testThreadG.start()
```

在上述代码中，笔者定义了一个 threadOrderTest 测试线程打印顺序的方法，接着通过 Threading 模块中的 Thread 类创建了 7 个不同的 Python 线程，分别是 testThreadA、testThreadB、testThreadC、testThreadD、testThreadE、testThreadF、testThreadG，并将这 7 个 Python 线程均指向同一个 Python 任务，最后调用 start() 方法逐个开启这 7 个 Python 线程。

上述代码的执行结果如图 6-3 所示。

threadOrderTest() 方法只是直接打印 123 进行。通过图 6-3 可以看出，7 个 Python 线程均调用了 threadOrderTest() 方法且 123 都得到了正确的打印，没有输出任何报错信息，这说明我们的程序是正确的。接着，在threadOrderTest()方法中，笔者将当前环境中调用threadOrderTest()方法的线程通过Threading模块中的current_thread()方法进行输出。可以看到，控制台打印出从Thread-1到Thread-7共7个线程对象名称，且是按照从Thread-1到Thread-7升序的形式打印，这就是实现Python线程顺序打印的最简单的方法，也是应用最多的方法。因为这种方法实现Python线程按顺序执行的本质是开发者手动指定，即testThreadA.start()语句执行是通过开发者手动指定执行的，并不是CPython解释器或虚拟机自动执行的，所以，这种方法在实现起来没有技术难度。

```
[root@VM-16-16-centos MemoryAnalyzeExternByMySelf]# python3 single_thread.py
123
<Thread(Thread-1, started 139997677639424)>
123
<Thread(Thread-2, started 139997677639424)>
123
<Thread(Thread-3, started 139997677639424)>
123
<Thread(Thread-4, started 139997677639424)>
123
<Thread(Thread-5, started 139997677639424)>
123
<Thread(Thread-6, started 139997677639424)>
123
<Thread(Thread-7, started 139997677639424)>
```

图 6-3 single_thread.py 程序执行结果

我们再来看一种常用的保持Python线程顺序执行的方法，实现代码如下：

```
import threading

def orderThreadByLock():
    for i in range(7):
        # mThreadList.append(Thread(target=printTemp))
        mt = Thread(target=printTemp)
        mt.start()
        mt.join()

def printTemp():
    print(123)
    print(threading.current_thread())

orderThreadByLock()
```

上述代码和第一种实现Python线程顺序执行的思路比较类似，只不过是将创建线程的步骤提取出来，通过Python中的for循环迭代器进行创建，并在创建Python线程之后，调用join()方法让后续创建的Python线程抢占到CPU资源。通过这种抢占CPU资源的方式，在第一个Python线程执行完毕后，第二个Python线程就会立即抢占到CPU资源（按照for循环规定的顺序执行）。join()方法中并没有声明抢占CPU资源所用的时间，而是采用静默的方式，让创建的Python线程逐个执行，并且都要执行完毕。

上述代码的执行结果如图6-4所示。

```
[root@VM-16-16-centos MemoryAnalyzeExternByMySelf]# python3 order_thread.py
123
<Thread(Thread-1, started 139976904394496)>
123
<Thread(Thread-2, started 139976904394496)>
123
<Thread(Thread-3, started 139976904394496)>
123
<Thread(Thread-4, started 139976904394496)>
123
<Thread(Thread-5, started 139976904394496)>
123
<Thread(Thread-6, started 139976904394496)>
123
<Thread(Thread-7, started 139976904394496)>
```

图 6-4　order_thread.py 程序执行结果

可以看出，和第一种实现 Python 线程顺序方法的结果基本一样，只不过这里我们以 join() 方法抢占 CPU 资源的形式进行实现。join() 方法是一种强侵入式方法，这种强侵入式会直接表现在 Python 代码层面，对于 CPU 来说，只是 CPython 解释器或虚拟机在获取资源时，让调用 join() 的调用者进行了插队，即先行加载 join() 方法，并对调用者所期望的结果直接进行了返回。我们可以通过上述代码的 Python 字节码看出这一点。上述代码的 Python 字节码如图 6-5 所示。

```
Disassembly of <code object orderThreadByLock at 0x7ff7a4510ea0, file "order_thread.py", line 4>:
  5           0 LOAD_GLOBAL              0 (range)
              2 LOAD_CONST               1 (7)
              4 CALL_FUNCTION            1
              6 GET_ITER
        >>    8 FOR_ITER                30 (to 40)
             10 STORE_FAST               0 (i)

  6          12 LOAD_GLOBAL              1 (Thread)
             14 LOAD_GLOBAL              2 (printTemp)
             16 LOAD_CONST               2 (('target',))
             18 CALL_FUNCTION_KW         1
             20 STORE_FAST               1 (mt)

  7          22 LOAD_FAST                1 (mt)
             24 LOAD_METHOD              3 (start)
             26 CALL_METHOD              0
             28 POP_TOP

  8          30 LOAD_FAST                1 (mt)
             32 LOAD_METHOD              4 (join)
             34 CALL_METHOD              0
             36 POP_TOP
             38 JUMP_ABSOLUTE            8
        >>   40 LOAD_CONST               0 (None)
             42 RETURN_VALUE
```

图 6-5　order_thread.py 的 Python 字节码

可以看到，在第 8 区块中，使用 LOAD_METHOD 指令对 join() 方法进行了操作，并且在加载之后立即进行了 CALL_METHOD 指令处理，以获取 mt 线程对象的返回结果，以此类推，直到处理完所有的 Python 线程为止。

还有一种方法也可以实现 Python 线程顺序执行，那就是使用 Python 中的线程优先级队列。严格意义上来说，Python 中只是存在优先级队列，不存在 Python 线程优先级队列，只不过可以通过使用优先级队列实现 Python 线程优先级队列。现在，开发者几乎都是直接使用 Python 线程优先级队列来实现 Python 线程顺序执行，相关实现代码如下：

```
import threading
import queue

def orderThreadPrintA():
    print("A")

def orderThreadPrintB():
    print("B")

def orderThreadPrintC():
    print("C")

mPTQueue = queue.PriorityQueue()
mPTQueue.put([1,threading.Thread(target=orderThreadPrintA)])
mPTQueue.put([3,threading.Thread(target=orderThreadPrintB)])
mPTQueue.put([2,threading.Thread(target=orderThreadPrintC)])

while not mPTQueue.empty():
    print(mPTQueue.get())
```

上述代码中，我们重点来看 mPTQueue 变量，该变量用来存储在 queue 库中定义的 PriorityQueue 优先级队列，然后通过 put() 方法将 Python 线程放进 mPTQueue 优先级队列。mPTQueue 优先级队列中的 Python 线程仍然使用 Threading 模块中的 Thread 类进行初始化创建，并为每个 Python 线程指明需要执行的任务。在执行 put 操作时，传入的第一个参数就是 mPTQueue 优先级队列的优先级别，是数字类型，传入的优先级越小，Python 线程的执行优先级就越高。在上述代码中，笔者将 1、3、2 的执行顺序放入 mPTQueue 优先级队列。在执行代码时，mPTQueue 优先级队列就会根据这一优先级规则去创建 Python 线程，具体的代码运行结果如图 6-6 所示。

```
[root@VM-16-16-centos MemoryAnalyzeExternByMySelf]# python3 PriorityQueueForPythonThread.py
[1, <Thread(Thread-1, initial)>]
[2, <Thread(Thread-3, initial)>]
[3, <Thread(Thread-2, initial)>]
```

图 6-6　mPTQueue 优先级队列创建 Python 线程的结果

通过图 6-6 的执行结果可以看出，在优先级为 1 时，对应创建的 Python 线程的名称是 Thread-1；在优先级为 2 时，对应创建的 Python 线程的名称是 Thread-3；在优先级为 3 时，对应创建的 Python 线程的名称是 Thread-2，即上述 Python 线程的执行顺序是按照我们规定的顺序执行的，没有出现乱序执行的情况。由此可知，我们使用 Python 中的优先级队列实现了 Python 线程顺序执行。

在上述 Python 线程顺序执行实现过程中，开发者可以根据实际需要对填充进 mPTQueue 优先级队列的 Value 值进行调整，也可以搭配 Python 线程池进行动态 Python 线程创建和调用，感兴趣的读者可以深入了解。

# 6.4 Python中如何实现线程间通信

在介绍完Python线程顺序执行的相关内容后，我们还需要了解Python线程间通信机制。我们在编写Python高并发程序时，或多或少会和其他存活的Python线程进行通信，告诉其他存活的Python线程一些数据信息或者通知信息，其他存活的Python线程也需要和Python主线程或Python后台线程进行通信，比如告知Python主线程一个存活的Python子线程已经被释放。那么，Python中有哪些线程间通信方式，具体如下。

## 6.4.1 单线程的等待

在介绍Python线程间通信之前，我们需要先了解一种特殊的现象——单线程等待现象。

单线程等待也被称为主线程等待，因为在Python中，主线程有且仅有一个，没有其他的子线程可以充当另一个新的主线程。单线程等待指的是一种正常的等待现象，这种现象经常发生在Python Web项目、Python爬虫项目、Python机器学习项目中，因为这些项目都有一个共性条件，那就是项目的主线程存在长时间等待的可能。单线程等待现象的发生可以直接引起项目整体运行速度变慢、项目服务整体响应时间突然变慢，如果发生单线程等待现象的区域较多，甚至会造成项目所在服务器资源的加剧消耗，如果这种单线程等待问题不能被及时解决，那么项目所在服务器就有极大可能宕机，如果项目所在服务器中并不只有一个项目，那么其他项目也会受到由单线程等待所带来的严重破坏影响。

在单线程等待现象中，有一个极其特殊的场景，那就是死循环，笔者这里写了一个简单的死循环，代码如下所示：

```
while True:
    print(...............)
```

当执行上述代码时，print方法会一直打印省略号，因为没有任何终止条件和while退出条件，这就是最简单的死循环现象。在上述死循环示例中，由于在当前Python环境中没有其他的子线程存在，所以在执行上述代码时，只有Python主线程参与执行，且只有Python主线程在执行。这种死循环会直接束缚Python主线程，导致Python主线程无法继续执行死循环后面的代码，就像下面的代码片段那样：

```
while True:
    print(...............)

print("等待是一个漫长的过程")
```

位于死循环下面的一句话永远不会得到执行。

那么，这种单线程的等待现象有解决方法或规避方案吗？从代码逻辑和业务流程角度来说是有的，那就是给定一个循环的终止条件或不要设计这种业务流程。这种解决方案虽然可以解决死循环问题，但是该方案是不符合循环语义的，要想从语义角度彻底解决该问题，那只有一种途径——将需要循环执行的部分单独提取出来，开启额外的 Python 线程去执行。当然，这是一种不错的解决方案，但是在单线程中是不可能实现的。

因为在单线程等待现象中，从程序开始运行到程序发生等待，再到程序运行结束过程中，从始至终只有一个 Python 线程存在，不会出现其他 Python 子线程（Python 守护线程不算，因为守护线程不能执行确切的任务，只负责 CPython 解释器或虚拟机的资源释放），所以，Python 主线程想要和其他 Python 子线程进行通信是绝对不可能实现的。由于在这种环境下不存在其他 Python 子线程，Python 线程间通信的手段和方法也就不能生效了，这就是 Python 线程通信中单线程等待现象。

为了最大限度避免这种问题发生，开发者在编写 Python 线程通信相关代码时应该首先考虑会不会出现这种单线程等待现象，要从根源杜绝这种现象的发生。

### 6.4.2　多线程之间的通信

Python 线程数量大于等于 2，即表示当前的 Python 环境是多线程环境，可以应用多线程间通信手段实现 Python 多线程间通信。纵观整个 Python 组成结构，截止到目前，常用的实现 Python 多线程间通信的手段有两种。关于这两种实现方式，笔者会结合具体的 Python 代码进行详细介绍。

第一种实现方式是基于 notify 方法，实现代码示例如下：

```
import threading

mCond = threading.Condition()

def notifyWait():
    mCond.acquire()
    try:
        mCond.wait()
        print("Wating...")
    finally:
        mCond.release()
```

在上述代码片段中，笔者通过 Threading 模块中的 Condition() 条件基类构造了一个共有的 Python 线程条件对象，并用变量 mCond 进行存储。mCond 变量被定义在了 Python 文件的最外层，也就是类似于 Python 中被 global 关键字修饰的全局变量。所有位于该 Python 文件中的 Python 方法均可使用 mCond 变量。对于 notifyWait() 方法来说，该方法的主要作用是构造一个持续等待的 condition 对象，即在该方法被执行时，通过 mCond 的 acquire() 方法进行设置，执行到该行代码（mCond 的 acquire 方法所在行）的 Python 线程无法获取到资源锁而直接阻塞，导致后续代码无法继续执行，此时就需要另一个线程调用 notify() 方法来通知处于阻塞状态的 Python 线程执行任务，结束阻塞状态。上述代码片段成功构造了这一阻塞的 condition 对象，只有通过调用 notify() 方法才能结束这一现象。当只运行上述代码时，编译器的控制台不会显示任何输出信息，因为上述代码中只存在 Python 主线程，不存在其他 Python 子线程，Python 主线程在上述代码中无法通过 acquire() 方法获取资源锁，所以就会一直等待，这一结果我们可以通过观察控制台中的打印结果看出，具体如下：

```
root@VM-16-16-centos MemoryAnalyzeExternByMyself]# python3 NotifyDemo.py
开始阻塞
```

可以看出，在执行上述代码之后，控制台一直出于等待状态，没有打印任何信息。上述代码中的 Waiting... 语句也没有被打印，说明 Python 主线程一经执行就发生了阻塞，如果阻塞状态没有被其他 Python 子线程干预，那么 Python 主线程会一直阻塞下去，直到耗尽计算机资源为止。若想结束阻塞状态，或者说通过其他 Python 子线程来通知 Python 主线程结束休眠状态，就需要调用 notify() 方法。notify() 方法在 Python 语言中支持两种不同的使用方法：一种使用方法是直接调用，这种调用方式只会通知处于休眠状态的一个 Python 子线程，通知的结果就是 Python 子线程从之前的阻塞状态转变为运行状态；另一种使用方法就是调用 notify_all() 方法，该方法会通知所有处于休眠状态的 Python 子线程，通知的结果是所有等待获取同一资源的 Python 子线程从阻塞状态转变为运行状态。如果在这些阻塞的 Python 子线程中设置了优先级属性，那么这些阻塞的 Python 子线程的唤醒顺序将严格按照优先级顺序执行；如果在这些阻塞的 Python 子线程中没有设置优先级属性，那么这些阻塞的 Python 子线程的唤醒顺序将是随机的。

对于上述构造的线程阻塞条件对象，使用 notify() 方法来通知 Python 主线程的实现代码如下：

```
import threading

mCond = threading.Condition()

def notifyWait():
    mCond.acquire()
    try:
        mCond.wait()
        print("Wating...")
    finally:
        mCond.release()

def notifySingle():
    mCond.acquire()
    try:
        mCond.notify()
        print("Notifing...")
    finally:
        mCond.release()

t1 = threading.Thread(target=notifyWait)
```

```
t2 = threading.Thread(target=notifySingle)

t1.start()
t3.start()
```

在上述代码中，笔者定义了 t1、t2 两个 Python 线程，并且定义了一个 notifySingle() 方法，用来演示调用 notify() 方法。在 notifySingle() 方法中，处理逻辑还是先获取资源锁，然后调用 mCond 变量的 notify() 方法来通知位于 mCond 条件对象上的另一个 Python 线程来执行 notifyWait() 方法，并在和另一个 Python 线程进行通信时，打印 Notifing…语句，以及在 notifyWait() 方法得到执行时，打印 Wating... 语句。上述调用 notify() 方法的执行结果如图 6-7 所示。

```
[root@VM-16-16-centos MemoryAnalyzeExternByMySelf]# python3 NotifyDemo.py
Notifing...
Wating...
```

图 6-7　NotifyDemo.py 程序执行结果——通知

可以看出，线程 t1、t2 先执行了 notifySingle() 方法，后执行了 notifyWait() 方法，符合线程通信的预期执行结果。

接下来，笔者又创建了 Python 线程 t3，也让线程 t3 去执行 notifyWait() 方法，实现代码如下：

```
import threading

mCond = threading.Condition()

def notifyWait():
    mCond.acquire()
    try:
        mCond.wait()
        print("Wating...")
    finally:
        mCond.release()

def notifySingle():
    mCond.acquire()
    try:
        mCond.notify()
        print("Notifing...")
    finally:
        mCond.release()

t1 = threading.Thread(target=notifyWait)
t2 = threading.Thread(target=notifyWait)
t3 = threading.Thread(target=notifySingle)

t1.start()
```

```
t2.start()
t3.start()
```

如果沿用上述调用 notify() 方法的通信方式，那么在 Python 线程 t1、t2、t3 都存在的情况下的线程通信结果如图 6-8 所示。

```
[root@VM-16-16-centos MemoryAnalyzeExternByMySelf]# python3 NotifyDemo.py
Notifing...
Wating...
```

图 6-8 NotifyDemo.py 程序执行结果——阻塞

根据图 6-8 可知，线程还是先执行了 notifySingle() 方法，后执行了 notifyWait() 方法，但是由于另外一个线程又调用了 notifyWait() 方法，但是没有后续的线程来通知它，这个又调用了 notifyWait() 方法的 Python 线程发生了阻塞。那么，这种场景下又应该如何实现线程间通信呢？答案是使用 notify_all() 方法，实现代码如下：

```
import threading

mCond = threading.Condition()

def notifyWait():
    mCond.acquire()
    try:
        mCond.wait()
        print("Wating...")
    finally:
        mCond.release()

def notifySingle():
    mCond.acquire()
    try:
        mCond.notify_all()
        print("Notifing...")
    finally:
        mCond.release()

t1 = threading.Thread(target=notifyWait)
t2 = threading.Thread(target=notifyWait)
t3 = threading.Thread(target=notifySingle)

t1.start()
t2.start()
t3.start()
```

其他代码不需要改变，只需要将 notify() 方法改为 notify_all() 方法即可，执行结果如图 6-9 所示。

```
[root@VM-16-16-centos MemoryAnalyzeExternByMySelf]# python3 NotifyDemo.py
Notifing...
Wating...
Wating...
```

图 6-9　NotifyDemo.py 程序执行结果——通知全部

可以看出，在先执行了 notifySingle() 方法之后，其他位于 mCond 条件对象上的 Python 线程均得到了执行，打印出两个 Wating... 语句，符合我们预期的线程通信结果。

第二种实现方式是基于 Python 队列，实现代码如下：

```
from queue import Queue
from threading import Thread

def producer(pthreadProQueue):
    # 生成业务所需数据
    pthreadProQueue.put(data)

def consumer(pthreadConQueue):
    # 获取业务所需数据
    data = pthreadConQueue.get()
    # 根据实际业务情况继续处理数据

q = Queue()
conThread = Thread(target=consumer, args=(q,))
proThread = Thread(target=producer, args=(q,))
proThread.start()
conThread.start()
```

通过 Python 队列实现 Python 线程间通信的核心在于实现生产者—消费者模式，即通过生产者线程生产业务需要的数据或不通过生产者线程生产数据，直接将数据传递给消费者，然后由消费者线程获取对应的数据进行使用和消费。在这个过程中，笔者定义了两个 Python 线程来模拟，proThread 线程负责向队列 q 推送业务所需数据，conThread 线程负责从队列 q 中获取业务所需数据，整个过程相当于 proThread 线程中的数据经过队列 q 传递到 conThread 线程，完成 proThread 线程与 conThread 线程的通信。笔者这里只是用两个 Python 线程来阐述线程通信的实现步骤和实现思路，如果有较多的 Python 线程需要处理，我们可能需要创建更多的 Python 队列，通过多个 Python 队列交叉进行数据交互，以满足不同线程间通信需要。

采用第二种方式实现 Python 线程间通信，不需要开发者手动处理 Python 线程同步问题，因为使用的 Python 队列是被 Python 的 GIL 同步管理的，直接实现了 Python 线程安全。更确切地说，从线程安全队列的底层实现来看，开发者无须在代码中使用锁和其他同步机制。此外，队列这种基于消息的通信机制可以被扩展到更大的应用范畴，比如，你可以把程序放入多个进程甚至分布式系统而无须改变底层的队列结构。使用队列时有一个要注意项：向队列中添加数据时并不会复制此数据项，线程间通信实际上是在线程间传递对象引用。如果你担心对象的共享状态，你最好只传递不可修改的数据结构。开发者可以放心地向 Python 队列存放数据和获取数据，因为通过这种方式进行 Python 线程间通信的过程是安全的。

上述两种 Python 线程间通信方式在当前互联网大厂中被广泛使用，只不过不会像上述代码那样直接使用，而是会基于代码进行一些满足业务需求的封装和整合，但是整体实现思路相差不大，开发者可以根据自己的实际情况来决定使用哪种线程间通信方式。

## 6.5 Python 线程死锁现象及原因分析

为了让读者更清楚地看到线程死锁现象的发生，笔者对上述代码中所构造的线程阻塞条件对象代码进行了修改，修改后的代码如下：

```
import threading

mCond = threading.Condition()

def notifyWait():
    mCond.acquire()
    try:
        mCond.wait()
        print("Wating...")
    finally:
        mCond.release()

def notifySingle():
    mCond.acquire()
    mCond.notify()
    print("Notifing...")

t1 = threading.Thread(target=notifyWait)
t2 = threading.Thread(target=notifySingle)

t1.start()
t2.start()
```

上述代码片段演示了 Python 线程死锁现象的发生，执行结果如图 6-10 所示。

```
[root@VM-16-16-centos MemoryAnalyzeExternByMySelf]# python3 DeadLock.py
Notifing...
```

图 6-10　Python 线程死锁

在上述代码中，笔者创建了 Python 线程 t1 和 t2，分别执行 notifyWait() 方法和

notifySingle() 方法。在 notifySingle() 方法中，mCond 获取资源锁之后，就通知了线程 t1 去执行 notifyWait() 方法，但是 notifyWait() 方法并没有执行，因为从控制台中可以看到，只打印出 Notifing…语句，即只有 notifySingle() 方法得到了执行。在上述代码中，其实线程 t2 已经执行完了（打印出了 Notifing…语句），但是其占用的资源锁并没有被释放，所以线程 t1 通过 mCond 条件对象一直获取不到同一个资源锁，也就一直得不到执行，这种现象一般被称为线程死锁。线程 t1 发生死锁现象的原因是线程 t2 在获取资源锁并执行完任务后没有按预期释放该资源锁。

还有一种引发 Python 线程死锁的原因是 Python 线程自身。这种现象一般只会发生在 Python 的可重入锁中。可重入锁允许同一个 Python 线程在获取锁且后续还需要获取该锁时，不将该锁释放，而是直接再次获取该锁。对于这种情况，如果由于外界因素，线程无法再次获取到锁，后续线程就只能无限期等待了，但是这种情况发生的概率很小。

Chapter 7 第7章

# 锁机制及其实现原理

到现在为止，我们还没有专门讨论过Python中的锁机制及其实现原理。本章会为读者介绍Python中的锁机制及其实现原理，包括Python中如何实现锁、Python中主流的内置锁及其实现原理、Python中GIL与普通线程锁的区别与联系。在介绍完锁的基础概念和实现原理之后，本章最后会用内置锁特性来实现Python中暂不支持的锁——公平锁与非公平锁。

## 7.1 Python中如何实现锁

在本书所用的Python 3.9.13版本中，CPython官方并没有从Python原生角度去实现锁原语和锁概念，而是委托给Threading模块。本章后续对Python中锁的介绍全是基于Threading模块中锁原语的实现，望读者朋友们周知。因为CPython官方认为Python的设计初衷并不是为了更好地支持高并发，而是更方便上手。截至目前，Python 3.9.13版本的源码组成如图7-1所示（这里只截取了主要组成部分）。

第4章已经对Python中的Threading模块进行了系统介绍，本章只介绍Threading模块中的锁及其实现原理。Python中的Threading模块包含4种类型的锁，分别是普通锁、可重入锁、条件对象锁、事件对象锁。在这四种类型的锁中，只有普通锁被单独实现，可重入锁、条件对象锁、事件对象锁几乎全是基于普通锁实现的。下面先介绍Threading模块中的普通锁及其实现原理。

锁这一概念并不局限于Python语言，而是存在于大部分主流的、面向对象编程的高级语言中。锁用来约束线程抢占或获取操作系统和CPU资源的方式和途径。对于单线程来说，其实并不存在锁这一概念，因为单线程自始至终只有一个工作线程，不存在其他的子线程或工作线程来抢占操作系统和 CPU 的资源。对于多线程来说，由于项目环境中存在多个子线程或工作线程，而操作系统和 CPU 的资源是有限的，所以多个子线程或工作线程在获取所需的操作系统和 CPU 的资源时就会受到限制，因为如果没有这个限制，任何一种编程语言都会直接将操作系统和 CPU 击垮，导致任何项目不能正常运行。

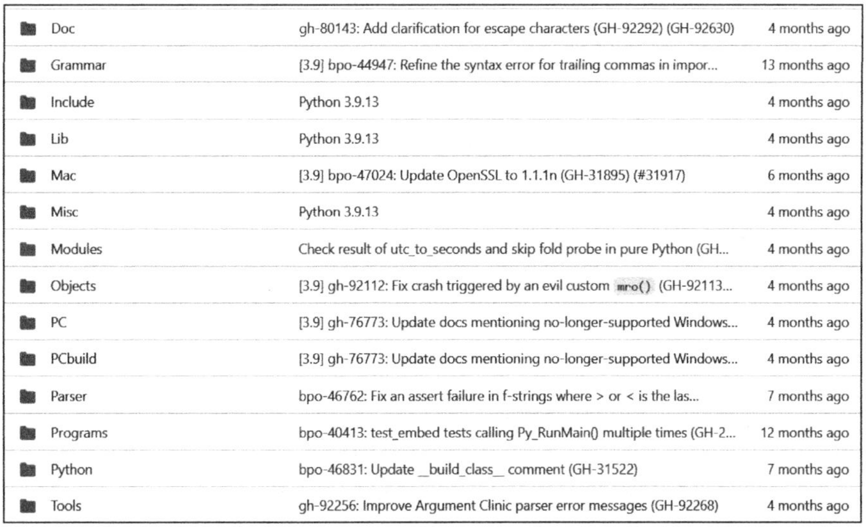

| | | |
|---|---|---|
| Doc | gh-80143: Add clarification for escape characters (GH-92292) (GH-92630) | 4 months ago |
| Grammar | [3.9] bpo-44947: Refine the syntax error for trailing commas in impor... | 13 months ago |
| Include | Python 3.9.13 | 4 months ago |
| Lib | Python 3.9.13 | 4 months ago |
| Mac | [3.9] bpo-47024: Update OpenSSL to 1.1.1n (GH-31895) (#31917) | 6 months ago |
| Misc | Python 3.9.13 | 4 months ago |
| Modules | Check result of utc_to_seconds and skip fold probe in pure Python (GH... | 4 months ago |
| Objects | [3.9] gh-92112: Fix crash triggered by an evil custom mro() (GH-92113... | 4 months ago |
| PC | [3.9] gh-76773: Update docs mentioning no-longer-supported Windows... | 4 months ago |
| PCbuild | [3.9] gh-76773: Update docs mentioning no-longer-supported Windows... | 4 months ago |
| Parser | bpo-46762: Fix an assert failure in f-strings where > or < is the las... | 7 months ago |
| Programs | bpo-40413: test_embed tests calling Py_RunMain() multiple times (GH-2... | 12 months ago |
| Python | bpo-46831: Update __build_class__ comment (GH-31522) | 7 months ago |
| Tools | gh-92256: Improve Argument Clinic parser error messages (GH-92268) | 4 months ago |

图 7-1　Python 3.9.13 版本的源码组成（主要组成部分）

在 Python 中，要想使用锁，必须要先将锁创建出来，而创建锁的过程就是锁实现的过程。在锁被创建出来之后，我们可以对 Python 对象或 Python 程序进行上锁，这一上锁的过程其实就像生活中给门上锁的过程。在 Python 中，我们可以通过代码的形式对 Python 对象或 Python 程序加锁，之后就可以使用该锁对应的钥匙进行解锁。那么，Python 锁到底锁的是什么？ Python 锁锁的其实是操作系统和 CPU 的资源。在多线程竞争环境中，Python 会在操作系统和 CPU 的资源外建立一道门并为其上锁，让所有需要访问操作系统和 CPU 资源的线程凭借持有相同的锁或锁的钥匙打开这道门，成功访问到所需的操作系统或 CPU 资源。这就是锁机制运行的基本流程。

对于 Python 锁的实现过程，笔者这里做了拆解介绍。Threading 模块中的普通锁被定义为 Lock，以一种变量的形式存在，这是普通锁与其他 3 种类型的锁的最大区别，因为其他 3 种类型的锁的实现过程基本被固化到 Python 类中。Threading 模块在实现普通锁时，会首先对 Lock 变量进行初始化。初始化代码如下所示：

```
Lock = _allocate_lock
```

通过上述代码可知，Lock 变量通过 _allocate_lock 来分配锁原语，而 _allocate_lock 内置变量来源于内置的 _thread 模块，其赋值代码如下：

```
_allocate_lock = _thread.allocate_lock
```

跟踪 _thread 内置模块之后发现，allocate_lock 是 _thread 内置模块中的一个方法，具体定义如下：

```
def allocate_lock() -> LockType: ...
```

allocate_lock() 方法的返回类型是 LockType，而 LockType 是 _thread 内置模块中的一个 Python 类，该类的实现代码如下：

```
@final
class LockType:
    def acquire(self, blocking: bool = ..., timeout: float = ...) -> bool: ...
    def release(self) -> None: ...
    def locked(self) -> bool: ...
    def __enter__(self) -> bool: ...
    def __exit__(
        self, type: type[BaseException] | None, value: BaseException | None,
            traceback: TracebackType | None
    ) -> None: ...
```

LockType 类被添加了 @final 注解，表明该类是一个最终类，不能被继承也不能被重写。该类中内置着一些基础的锁方法，比如获取锁对象的 acquire() 方法、释放锁对象的 releasee() 方法、判断对象是否获取锁的 locked() 方法，以及 __enter__ 和 __exit__ 方法（这两个方法分别负责监视 Python 对象进入资源池，以及退出资源池）。allocate_lock() 方法被调用时会返回 LockType 类的实例。LockType 类的实例会被赋值给普通锁 Lock。也就是说，普通锁 Lock 其实是一个具备锁类型的实例对象，只不过这个实例对象的类型是普通锁而已。

由于普通锁 Lock 的底层实现源于 LockType 类，我们可以通过对 LockType 类实例化的方式来获取普通锁 Lock 的锁对象，代码如下所示：

```
mLock = threading.Lock()
```

这样，我们就获取到普通锁 Lock 的实例对象，就可以调用 LockType 类所提供的基础方法了。

## 7.2 Python 中主流的内置锁及其实现原理

内置锁指的是 Python 中自带的、原生支持的锁。Python 中的内置锁其实就是上述 Threading 模块中所有类型的锁，即普通锁、可重入锁、条件对象锁、事件对象锁。上文对 Python 中普通锁的实现原理做了分析，下面只对剩下 3 种锁的实现原理进行分析。

可重入锁即 ReentrantLock，又被称为递归锁。一个 Python 线程在获取到可重入锁之后，如果后续需要再次获取该锁，那么在任务执行完后不需要释放该锁，可以再次直接获取该锁，省去释放锁再获取锁的操作。Python 中的可重入锁经常被用于执行多个具有可重复性的任务，循环地获取同一个资源锁，并在同一个任务执行结束且确定不需要再执行时，才会释放。我们来看一下 Python 中可重入锁的实现源码，具体如下：

```
def RLock(*args, **kwargs):

    if _CRLock is None:
        return _PyRLock(*args, **kwargs)
    return _CRLock(*args, **kwargs)
```

上述代码是 Python 中可重入锁的核心实现逻辑，首先对 _CRLock 变量做判断，如果 _CRLock 变量值为 None，那么直接调用内置的 _PyRLock() 方法，并将该方法的返回值进行返回；否则，调用内置的 _CRLock() 方法，并将该方法的返回值进行返回。_CRLock 是实现可重入锁的内置变量，其赋值过程如下所示：

```
try:
    _CRLock = _thread.RLock
except AttributeError:
    _CRLock = None
```

可以看出，_CRLock 变量来源于 _thread.RLock 类。对于 RLock 类的调用来说，真正用来实现 Python 中可重入锁的是内置的 _RLock 类，只不过可以通过 _thread 类直接调用 _RLock 类。上述可重入锁的核心实现判断逻辑中的 _PyRLock() 方法也源于 _RLock 类。_RLock 类的实现源码如下所示：

```
class _RLock:

    def __init__(self):
        self._block = _allocate_lock()
        self._owner = None
        self._count = 0

    def __repr__(self):
        owner = self._owner
        try:
            owner = _active[owner].name
        except KeyError:
            pass
        return "<%s %s.%s object owner=%r count=%d at %s>" % (
            "locked" if self._block.locked() else "unlocked",
            self.__class__.__module__,
            self.__class__.__qualname__,
            owner,
            self._count,
            hex(id(self))
        )

    def _at_fork_reinit(self):
```

```
            self._block._at_fork_reinit()
            self._owner = None
            self._count = 0

        def acquire(self, blocking=True, timeout=-1):
            me = get_ident()
            if self._owner == me:
                self._count += 1
                return 1
            rc = self._block.acquire(blocking, timeout)
            if rc:
                self._owner = me
                self._count = 1
            return rc

        __enter__ = acquire

        def release(self):
            if self._owner != get_ident():
                raise RuntimeError("cannot release un-acquired lock")
            self._count = count = self._count - 1
            if not count:
                self._owner = None
                self._block.release()

        def __exit__(self, t, v, tb):
            self.release()

        def _acquire_restore(self, state):
            self._block.acquire()
            self._count, self._owner = state

        def _release_save(self):
            if self._count == 0:
                raise RuntimeError("cannot release un-acquired lock")
            count = self._count
            self._count = 0
            owner = self._owner
            self._owner = None
            self._block.release()
            return (count, owner)

        def _is_owned(self):
            return self._owner == get_ident()

    _PyRLock = _RLock
```

我们先来看可重入锁的构造方法 __init__()。在 __init__() 方法中，首先通过 _allocate_lock() 方法为内置的 _block 同步块进行锁的初始化，接着将该可重入锁的拥有者 _owner 赋值为 None，表示可重入锁在被调用初期没有任何拥有者，最后将该可重入锁的重入次数置为 0。

__repr__() 方法几乎存在于每一个 Python 类中，是 Python 类在实现时的辅助打印方法，这里不做详细介绍，感兴趣的读者可以自行查阅相关资料进行了解。

_at_fork_reinit() 方法用于重置可重入锁对象。在可重入锁对象发生死锁现象或加锁失败时，Python 中的可重入锁会自动调用该方法，将可重入锁对象重置到初始可用状态。该方法不仅支持将锁重新进行实例化分配，还支持将可重入锁的拥有者置为 None，以及将可重入锁的重入次数置为 0。_at_fork_reinit() 方法可以理解为重启 Python 中可重入锁的方法，在可重入锁发生异常不能被正常使用时自动触发。

Acquire() 方法是获取可重入锁的方法。该方法接收两个参数，分别是 blocking 参数和 timeout 参数。其中，blocking 参数表示获取锁的过程是阻塞的还是非阻塞的，默认值为 True，即在使用该方法获取锁时默认采用阻塞的方式来获取锁；timeout 参数表示阻塞获取锁的等待时间，默认为 1ms。blocking 参数和 timeout 参数是关联参数，两个参数不能单独传递，即如果传递了 blocking 参数就必须传递 timeout 参数。在调用 acquire() 方法时，如果没有传递任何参数，调用该方法的线程获取到了锁，则将锁的递归级别加 1，并立即返回。如果一个线程拥有锁，其阻塞其他线程直到锁被释放。一旦锁被释放（不属于任何线程)，其他线程便会获取锁的所有权，将递归级别设置为 1，然后返回。如果有多个线程被阻塞等待锁释放，每次只有一个线程能够获取锁的所有权。这种情况下没有返回值。在 timeout 阻塞参数设置为 True 的情况下，该方法执行与不带参数时的操作相同，并返回 True ；在 timeout 阻塞参数设置为 False 的情况下，线程不需要阻塞执行。如果不带参数的调用会阻塞，返回 False ；否则，执行与不带参数调用时相同的操作，并返回 True。在 timeout 阻塞参数设置为正值的情况下，最多阻塞 timeout 指定的秒数，然后没有获取到锁的线程便会获取到锁。如果已获得锁，则返回 True ；如果超时没获得锁，则返回 False。在 acquire() 方法执行结束时，将 acquire 变量重新赋值给 __enter__ 属性，以更新 __enter__ 属性的状态为重新进入状态。

Release() 方法不接收任何参数，表示可重入锁的释放过程。释放可重入锁的整体思路是采用重入次数递减递归的方式，如果在递减之后可重入锁的重入次数为零，则将锁重置为解锁（不属于任何线程）。如果递减后递归级别仍然非零，锁保持锁定状态并由调用线程者拥有。该方法仅当调用该方法的线程拥有可重入锁时才能被正常执行。如果在调用该方法时，调用该方法的线程没有拥有任何可重入锁或拥有的重入锁刚刚被释放，则抛出 RuntimeError 异常错误信息。

_acquire_restore() 方法和 _release_save() 方法为 Python 实现可重入锁的内置方法，这两个方法更多被条件变量调用，即 Condition Variables。_acquire_restore() 方法的作用是恢复可重入锁，可直接调用 acquire() 方法重新获取可重入锁，并将内置的 _count 和 _owner 变量根据传入的线程的 state 状态进行重新赋值，以供条件变量使用。_release_save() 方法的作用是存储释放锁，返回可重入次数和可重入锁的拥有者所组成的元组，对于可重入锁对象本身并没有实际意义，只是提供给条件变量使用，这里不做详细介绍。

_is_owned() 方法用来判断可重入锁拥有者的合法性，实现逻辑是直接通过对调用 get_ident() 方法返回的 owner 属性和内置的 _owner 属性进行对比，如果合法则会返回 True，否则返回 False。

在 _RLock 类实现结束时，CPython 将 _RLock 类赋值给 _PyRLock，这就表明在上述 Python 可重入锁的核心实现逻辑中，_RLock 变量和 _PyRLock 变量是一样的，只是根据 _CRLock 的值进行不同的初始化过程判断而已。

条件对象锁和事件对象锁的实现过程大体上相同，所以在对这两种类型的 Python 内置锁进行介绍时，笔者只介绍这两种 Python 内置锁实现的关键方法，不再重复介绍共性的方法。

条件对象锁即 ConditionLock，是 Python 中特有的一种锁，用来配合其他锁实现线程同步和线程安全。条件对象锁的关键实现方法如下所示：

```
class Condition:

    def wait(self, timeout=None):
        if not self._is_owned():
            raise RuntimeError("cannot wait on un-acquired lock")
        waiter = _allocate_lock()
        waiter.acquire()
        self._waiters.append(waiter)
        saved_state = self._release_save()
        gotit = False
        try:
            if timeout is None:
                waiter.acquire()
                gotit = True
            else:
                if timeout > 0:
                    gotit = waiter.acquire(True, timeout)
                else:
                    gotit = waiter.acquire(False)
            return gotit
        finally:
            self._acquire_restore(saved_state)
            if not gotit:
                try:
                    self._waiters.remove(waiter)
                except ValueError:
                    pass

    def wait_for(self, predicate, timeout=None):
        endtime = None
        waittime = timeout
        result = predicate()
        while not result:
```

```
            if waittime is not None:
                if endtime is None:
                    endtime = _time() + waittime
                else:
                    waittime = endtime - _time()
                    if waittime <= 0:
                        break
            self.wait(waittime)
            result = predicate()
        return result

    def notify(self, n=1):
        if not self._is_owned():
            raise RuntimeError("cannot notify on un-acquired lock")
        waiters = self._waiters
        while waiters and n > 0:
            waiter = waiters[0]
            try:
                waiter.release()
            except RuntimeError:
                pass
            else:
                n-= 1
            try:
                waiters.remove(waiter)
            except ValueError:
                pass

    def notify_all(self):
        self.notify(len(self._waiters))

    notifyAll = notify_all
```

条件锁对象的实现更偏向锁的应用实现，因为在实现过程中不需要考虑锁原语，所以在实现的时候可以直接使用其他类型的锁已经实现好的方法。wait() 方法的作用是让 Python 线程等待。该方法接收一个 timeout 参数，其表示 Python 线程等待的时间，默认值为 None，即不限等待时间。该方法在实现时首先会判断调用该方法的线程是不是已经持有锁，如果没有持有锁，则会抛出 cannot wait on un-acquired lock 异常错误信息，否则声明一个线程等待者 waiter，通过 acquire() 让 waiter 持有锁，并将该线程等待者 waiter 添加到内置的 _waiters 列表中，然后结合 timeout 参数对线程等待者 waiter 的状态进行判断，如果传入的 timeout 参数值为空，直接获取锁并进行阻塞等待，否则将线程等待者 waiter 的状态委托给 gotit 变量进行管理，并最终将这个 gotit 标志位进行返回。如果 gotit 变量没有得到赋值，则会移除内置的 _waiters 列表中的 waiter 线程等待者，并抛出 ValueError 异常错误信息。

wait_for() 方法的作用是以 predicate 的方式让一个线程进行阻塞，直到 predicate 所对应的条件对象为 True 时，参与阻塞的 Python 线程才进入运行状态。该方法在实现时会根据传入的 predicate 参数和 timeout 参数来初始化结果对象 result 和等待时间 waittime。当结果对象 result 初始化为 True 时，将该 result 结果对象直接返回；否则，调用自身的 wait() 方法进行 waittime 时间的等待，在等待结束后将 predicate 参数重新赋值给 result 结果对象，重复上述过程，直到所有的 Python 线程都执行结束为止。Wait_for() 方法为 wait() 方法提供了条件对象的支持，使 wait() 方法可以根据条件对象进行符合条件的等待，从而实现 Python 线程在不同业务场景中阻塞等待和线程通信。

notify() 方法的作用是给由 wait() 方法阻塞的线程发送结束阻塞通知。该方法接收一个 n 参数，其表示通知唤醒阻塞线程的数量，值必须大于 0，理论上无上限。notify() 方法的实现和众多方法一样，首先判断调用该方法的线程是否已经持有锁，如果没有持有锁，则抛出 cannot notify on un-acquired lock 异常错误信息；否则，因为在 wait() 方法中已经对线程等待者队列做了填充，所以在通知每一个处于阻塞状态的 Python 线程时，都需要通过这个等待者队列进行通知。如果传入的参数 n 的数量大于 0，那么始终取线程等待者队列中的第一个等待者对象进行通知，同时会将参数 n 的值减 1，并从线程等待者队列中移除已经通知了的等待者对象，重复上述过程，直到所有的 Python 线程都被通知。

notify_all() 方法的作用是通知当前环境中所有处于阻塞状态的 Python 线程，不支持传入任何参数。notify_all() 方法的实现只是调用了自身的 notify() 方法，并把参数 n 声明为内置的线程等待者队列的长度。

事件对象锁即 EventLock，是配合条件对象锁实现的一种锁，用来批量处理 Python 线程阻塞和运行。事件对象锁的关键实现源码如下所示：

```
def set(self):
        with self._cond:
            self._flag = True
            self._cond.notify_all()

    def clear(self):
        with self._cond:
            self._flag = False

    def wait(self, timeout=None):
        with self._cond:
            signaled = self._flag
            if not signaled:
                signaled = self._cond.wait(timeout)
            return signaled
```

事件对象锁通过日常生活中的信号机制进行维护，我们可以参考交通信号灯的工作模式进行理解。当某 Python 线程调用 clear() 方法时，所有调用 clear() 方法的其他 Python 线程都会阻塞，停止运行，相当于交通信号灯中的红灯信号；当某 Python 线程调用 set() 方法时，所有其他调用 set() 方法的 Python 线程都会恢复运行，相当于交通信号灯中的绿灯信号。clear() 方法在实现时，通过 with 语句来处理内置的 _cond 条件变量，并最终将 _flag

标记设置为 False，表示所有的 Python 线程都暂停运行。set() 方法在实现时也通过 with 语句来处理内置的 _cond 条件变量，将 _flag 标记设置为 True，表示所有的 Python 线程将要开始运行，并最终调用 notify_all() 方法通知所有的 Python 线程开始执行。该类型锁中的 wait() 方法的实现和其他类型锁中的 wait() 方法的实现大体相同，只不过事件对象锁在实现时加入了信号的处理，wait() 方法同样让调用的 Python 线程阻塞，但是阻塞的 Python 线程只有接到通知信号或者超时时间到期之后才能运行。wait() 方法在实现时，同样使用 with 语句来处理内置的 _cond 条件变量，通过传递来的 _flag 标记进行判断，如果传递来的信号不是恢复执行信号，则调用条件对象锁中的 wait() 方法来让当前的 Python 线程继续等待；否则，通知所有的 Python 线程开始运行。

## 7.3 Python 中 GIL 与线程锁的区别和联系

Python 中的 GIL 指的是 CPython 解释器或虚拟机中的全局解释性锁，是作用于 CPython 解释器或虚拟机级别的一种锁，只对每一条 Python 字节码生效，不会对连续不同的 Python 字节码生效。线程锁又被称为线程同步锁，是作用于 Python 代码级别的一种锁，可用于修饰一行 Python 代码，也可用于修饰多行 Python 代码。线程锁会对其修饰的任何 Python 代码生效，不局限于 Python 代码执行的字节码。

Python 中的 GIL 只能确保每一行 Python 字节码在被 CPython 解释器或虚拟机执行时是线程安全的，但是不能确保任意顺序组合的 Python 字节码在被 CPython 解释器或虚拟机执行时是线程安全的，因为在 Python 中不是所有的代码和代码操作均是线程安全的。所以，开发者在开发多线程和高并发程序时，如果只用了 Python 中的 GIL，没有使用其他线程锁，那么开发者编写的多线程、高并发程序极有可能是错误的，这种错误会直接体现在程序运行结果中。笔者这里以一段代码来说明这个错误，具体如下：

```
global a
for i in range(1000000):
    a += 1

  print(a)
```

上述程序的运行结果为 687231，并不是我们期望的 1000000，出现错误的原因就是 Python 中的 a += 1 操作不是原子性的，无法保证在多线程环境下的线程安全。上述代码的 Python 字节码如图 7-2 所示。

```
0 LOAD_GLOBAL              0 (a)
2 LOAD_CONST               1 (1)
4 INPLACE_ADD
6 STORE_GLOBAL             0 (a)
```

图 7-2　无法保证 Python 线程安全的 Python 字节码

上述字节码在多线程环境中并不会同步执行，也不能保证任意一个线程在调用时不会影响到其他线程的调用，即只使用 GIL 并不能保证上述 Python 字节码执行的原子性，也就不能保证上述代码的线程安全，这是 GIL 的最大缺陷。

对于上述代码而言，我们完全可以使用添加线程锁的方式来实现在多线程、高并发环境下的安全执行，具体如下：

```
import threading

global a
    for i in range(1000000):
        lock.acquire()
        a += 1
        lock.release()
   print(a)
```

上述程序的执行结果就是我们预期的 1000000，这是由于添加了 Threading 模块中的普通锁 lock，实现了线程同步，以及在多线程、高并发环境下的调用是安全的。所以，任意数量的 Python 线程在执行上述代码时都能正常执行，都能获得预期的结果。

但是采用线程锁的方式牺牲了一定的 Python 程序执行时间，因为线程锁需要花费一定的时间来保证多线程、高并发环境下的线程安全，而 GIL 不需要进行线程安全的保证，因为它无法实现这种保证。但是在 I/O 密集型 Python 程序中，使用 GIL 的程序执行速度要比使用线程锁的速度快一些，因为对于 I/O 密集型 Python 程序来说，所执行的 Python 字节码是相同的，且不需要连续执行 Python 字节码，保证了 Python 代码的执行安全。但是除了 I/O 密集型 Python 程序，使用 GIL 依旧不能保证线程安全，此时就需要使用线程锁了。

## 7.4 Python 锁的最佳实践——公平锁与非公平锁

在本章中，笔者已经将 Python 支持的使用频率最高的 4 种内置锁向读者做了介绍，分别是普通锁、可重入锁、条件对象锁、事件对象锁。虽然这些 Python 内置锁已经提供了丰富的操作 API 和线程管理流程，但是只有这四种内置锁是不够的，笔者根据自己多年的工作经验，使用 Python 中的 Threading 模块实现了面向对象编程中使用频率较高的锁——公平锁与非公平锁。

公平锁即 FairLock，表示让线程有先后顺序地获得锁，以执行任务的一种锁。非公平锁即 UnFairLock，表示让线程随机获取锁来执行任务的一种锁。公平锁和非公平锁并不是某一具体锁的具体描述，而是单纯概念上的定义。Python 中的任何锁，包括内置锁和非内置锁，只要满足上述公平锁或非公平锁的定义，就可以被称为公平锁或非公平锁。对于 Python 中的 4 种内置锁来说，根据公平锁与非公平锁的概念可知，内置的 4 种锁基本上都是非公平锁，因为这四种锁在对 Python 线程进行管理时，没有明确指出或规定 Python 线程获取锁的先后顺序，也没有明确指出或规定 Python 线程在获取锁之后执行任务的先后顺序。也就是说，Python 内部并没有原生的实现公平锁的机制。所以，在本节中，笔者不会再去重复实现 Python 中的非公平锁，而是对 Python 中的公平锁进行实现。

根据 Python 内置锁的实现机制，结合 Threading 模块提供的 API，笔者这里实现了一个基础的公平锁。该公平锁只是简单实现了常规定义的公平锁，肯定会有不足之处，欢迎读者批评指正。笔者实现 Python 中的公平锁的源码如下所示：

```
import threading
import queue

mQueue = queue.Queue()
mCondtion = threading.Condition()

def fairLockDemo():
    print("123")

for i in range(5):
    mQueue.put(threading.Thread(target=fairLockDemo))


def fairLock(thread_queues):
    mCondtion.acquire()
    try:
        for i in range(thread_queues.qsize()):
            currThread = thread_queues.get()
            if(currThread.is_alive()):
                break
            else:
                currThread.start()
                print(currThread.getName())
    finally:
        mCondtion.release()

fairLock(mQueue)
```

笔者在实现 Python 中的公平锁时，主要使用了 Threading 模块中的条件对象锁和 Python 原生队列。在上述实现代码中，笔者定义了两个基础变量 mQueue、mCondtion。mQueue 变量是通过 queue.Queue() 类进行定义的。queue.Queue() 类是一种先进先出（FIFO）的 Python 原生队列。利用这种队列的 FIFO 特性，我们可以实现公平锁概念中的按先后顺序获取锁。mCondtion 变量是通过 Threading 模块中 Condition() 类进行定义的，即定义了一种对于公平锁来说的全局公平锁对象条件变量，该条件变量会统管 Python 线程在获取锁时和释放锁时的状态，即什么时候 Python 线程可以获取锁，什么时候 Python 线程可以释放锁，以及让哪个 Python 线程先获取锁这些实现公平的核心处理过程。

上述代码中的 fairLockDemo() 方法作为测试公平锁执行代码任务的方法，在线程调用时就会执行，同时通过一个简单的 for 循环来构造调用公平锁的 Python 线程队列 mQueue。

这里通过一个简单的 for 循环迭代，为 mQueue 队列中存入 5 个 Python 线程，每个 Python 线程均需要调用 fairLockDemo() 方法来测试公平锁是否调用成功。

fairLock() 方法是测试公平锁的核心实现，该方法接收一个 thread_queues 参数，该参数要求公平锁的调用者必须构造一个 Python 线程队列，且在这个 Python 线程队列中存放的 Python 线程不能少于两个，如果少于两个，这个公平锁的概念就无法得到验证，实现该公平锁也就毫无意义了。

fairLock() 方法在实现 Python 中的公平锁时，首先使用 mCondtion 条件变量中的 acquire() 方法获取全局条件变量锁，以此来声明全局的公平锁条件，接着对传入的 Python 线程队列进行迭代，迭代与 Python 线程队列长度相同的次数，这样可以保证传入 Python 线程队列中所有的 Python 线程都能得到执行。接着，如果当前 Python 线程处于运行状态，就说明该 Python 线程不是传入的 Python 线程队列中的 Python 线程，因为在 mCondtion 条件变量释放锁之前，位于 Python 线程队列中的任意一个 Python 线程都没有获取到锁，此时不需要做其他操作，因为这个 Python 线程不在公平锁管辖范围之内。然后，如果当前 Python 线程没有处于运行状态，就说明 Python 线程队列中的 Python 线程没有被执行，此时可以直接调用 currThread.start() 方法来启动 Python 线程队列中的 Python 线程。在上述实现公平锁的过程中，我们需要确保线程获取锁的顺序一定与构造 Python 线程队列时放入的顺序一致，因为这样才能保证先放入队列中的 Python 线程先获取到锁，先获取到锁的 Python 线程先执行任务，这一点通过 mQueue 队列就可以实现。结合 fairLock() 方法中的 for 循环迭代，在每次获取 mQueue 队列中的 Python 线程时都能按照固定的先后顺序进行获取，从而保证公平锁概念中的按先后顺序获取锁。最后，直接在该 Python 源代码文件的末尾调用 fairLock() 方法进行公平锁调用执行结果的验证。为了让验证结果更准确，笔者在 Python 线程队列中的 Python 线程执行时，同步打印了每次循环迭代的 Python 线程名称，以更好地观察 Python 线程的执行顺序。

公平锁调用执行结果如图 7-3 所示。

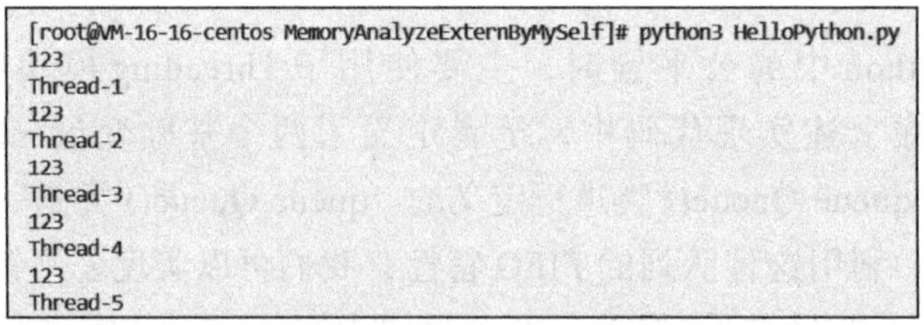

```
[root@VM-16-16-centos MemoryAnalyzeExternByMySelf]# python3 HelloPython.py
123
Thread-1
123
Thread-2
123
Thread-3
123
Thread-4
123
Thread-5
```

图 7-3　公平锁调用执行结果

根据图 7-3 可以看出，在调用公平锁的方法时按照预期结果打印出了测试内容，并且通过打印出的 Python 线程名称可以得知，Python 线程在执行测试方法时，均按照在 Python 线程队列中的先后顺序执行，没有乱序执行。至此，在 Python 中实现公平锁就介绍完毕了。

其实，我们可以对 fairLock() 方法做优化，那就是对 Python 线程队列中数据元素的数量添加合法性校验，代码如下：

```
def fairLock(thread_queues):
    mCondtion.acquire()
    try:
        if(thread_queues.qsize() == 0 || thread_queues.qsize() == 1):
            print('没有足够数量的 Python 线程，调用 Python 公平锁失败')
        for i in range(thread_queues.qsize()):
            currThread = thread_queues.get()
            if(currThread.is_alive()):
                break
            else:
                currThread.start()
                print(currThread.getName())
    finally:
        mCondtion.release()
```

一般情况下，没有必要添加合法性校验，毕竟开发者在调用公平锁时不会故意传入一个空的或数量不符合要求的 Python 线程队列，因为这样的调用毫无意义。

Chapter 8 第8章

# 线程安全

我们已经对Python中的线程安全有了一定了解，知道Python中实现线程安全的部分措施，但是还不够全面。在本章中，笔者将从Python自身的线程安全性入手，向读者介绍Python本身保证线程安全吗、传统实现Python线程安全的措施及原理分析。

## 8.1 Python本身保证线程安全吗

我们都知道，Python中是存在GIL的，GIL给Python线程并发执行带来重大影响，以至于很多开发者认为Python线程本身就是安全的，因为无论执行哪种Python程序，都会受到GIL的影响。

关于Python线程本身是否是安全的这一问题，一直饱受争议，笔者这里直接给出结论，Python本身并不保证线程安全性。我们可以通过图8-1来初步了解。

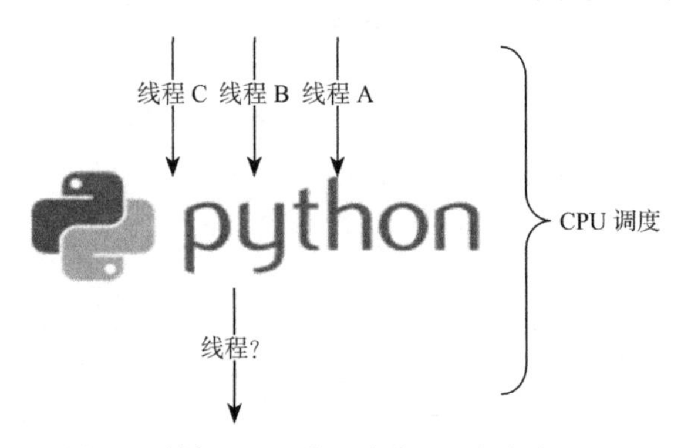


图8-1 判断Python线程本身是否安全猜想图

从全局角度考虑，GIL在CPython解释器或虚拟机中保证了在操作系统和CPU层面只有一个Python进程正常运行，但是在Python多线程执行时，由于GIL在操作系统和CPU层面没有对Python线程进行处理和优化，所以，Python线程还是被操作系统和CPU统一调度和管理，而只要Python线程被操作系统和CPU统一调度和管理，就势必要考虑操作系统和CPU对Python多线程执行时的管理手段和优化手段，这也表明不能确保Python多线程在执行时是安全的。

从Python代码执行角度考虑，CPython解释器或虚拟机在解析Python代码时将Python源码编译为Python字节码，即将每一行Python代码都编译为对应的Python字节码。操作系统和CPU会逐行解析Python字节码，即逐行判断Python字节码指令所表示的操作，根据字节码指令做出对应的动作（即CPython解释器或虚拟机识别每个Python字节码指令，并执行这些指令）。然而，操作系统和CPU在对Python字节码逐行进行解析时，在某些场景下并不能确保Python字节码指令的先后执行顺序，因为操作系统和CPU在调度和执行层面完全是无序的。这直接导致某些需要Python线程严格按照先后顺序执行的场景变得不确定，间接引发Python多线程执行时的不安全性。

从Python线程组成角度考虑，每一个Python线程均由Python对象数据、Python对象头文件、Python线程元数据组成，在这些组成数据中并没有包含GIL的标记和数据文件，因此，Python线程在生命周期内不会受到GIL的任何影响，完全由CPU进行线程上下文切换和线程时间片的管理，这也直接导致Python线程从设计之初就不具有安全特性。

从Python对内存的操作和处理角度考虑，GIL并不能操作Python内存，而是伴随着操作系统和CPU为CPython解释器或虚拟机所分配的内存而直接存在于这一分配好的内存空间中。而对于操作系统内存来说，CPython解释器或虚拟机在实现时预留了对操作系统内存进行操作的API，开发者在启动Python程序时可以通过这些API对操作系统内存进行操作，也可以在Python程序中调用底层的malloc()、calloc()、realloc()和free()方法来对操作系统内存重新追加分配以及释放对应的Python代码所占用的空间。GIL不能在CPython解释器或虚拟机内存和操作系统内存之间通信，也就不能对Python线程进行内存级别的数据通信管理和缓存一致性管理，也就不能保证在对Python线程所占内存操作的原子性，所以，GIL也就不能从CPython解释器或虚拟机内存和操作系统内存层面保证Python线程在执行时的安全性。

综上所述，GIL在全局层面、Python代码执行层面、Python线程组成层面、Python对内存的操作和处理层面都不能保证Python线程在执行时的安全性，也就说明Python中即使有GIL，也不能保证在Python线程在执行时的安全性，也就间接说明Python本身并不保证线程安全性。

## 8.2 实现Python线程安全的传统措施及原理分析

通过上述分析我们知道，Python本身并不保证线程安全，那么开发者应该怎样确保所开发的 Python 多线程安全性呢？

在 Python 中实现线程安全的措施无非是从两个大方向入手：第一个大方向是使用 Python 官方提供的支持线程同步或直接实现了线程安全的并发组件或者并发容器；第二个大方向是开发者通过 Python 提供的并发工具来实现线程安全。无论我们从哪个方向入手，在 Python 中实现线程安全的核心思路就是避开 GIL 的影响，采用 Python 线程同步或线程异步的方式。

纵观整个 CPython 的实现内容，Python 并没有像 Java 语言那样提供专门的并发容器来实现多线程编程，而是将所有支持 Python 多线程的特性和工具都实现到了 Threading 模块中，所以，我们从第一个方向入手实现 Python 线程安全就不攻自破了。我们不得不从第二个方向入手实现 Python 线程安全。

在 Python 中实现线程安全需要考虑两种编程场景：第一种是 Python 代码的单独操作，例如类似 a += 1 这种操作，诸如此类的操作有很多种，开发者需要根据具体操作对底层实现过程进行拆解，找出造成线程不安全的操作步骤，并使用 Threading 模块提供的特性和工具来规避这个操作步骤，这样就可以确保这种操作对应的线程安全。第二种是使用 Python 代码去实现项目需求，或者解决其他问题，这种编程会涉及很多方面。比如利用 Python 实现 Python Web 项目、机器学习项目、爬虫项目等，这些 Python 项目在实现时或多或少都需要考虑 Python 线程安全问题。解决这些项目中 Python 线程安全问题也可使用 Threading 模块提供的特性和工具。下面笔者会提供几个解决 Python 线程安全问题的编程模板，供开发者了解实现线程安全的过程和这些模板实现线程全的原理。

线程安全模板一，使用普通锁 Lock 来实现线程安全，实现代码如下：

```
import threading

mLock = threading.Lock()

def threadPrintDemo():
    print("Python ThreadSafe Printing")

mThreads = []
for i in range(10):
    mThreads.append(threading.Thread(target=threadPrintDemo))

for i in range(len(mThreads)):
    mLock.acquire()
    mThreads[i].start()
    mLock.release()
```

在模板一中，首先引入 Python 中的 Threading 模块，接着使用普通的 Python 内置锁 Lock 类进行实例化操作，并将实例化后的对象存储到 mLock 变量中。接着，笔者定义了一个 threadPrintDemo() 方法，用来模拟在真实的项目环境中 Python 线程需要执行的具体 Python 任务。然后，笔者定义了一个 mThreads 列表，用来模拟在真实项目环境中需要同时执行的 Python 线程数量，并使用 for 循环构建出 10 个 Python 子线程来执行 Python 任务。

最后，根据需要同时执行的 Python 线程数量启动对应的 Python 子线程，并且在调用对应的 Python 子线程时，通过 mLock 内置锁来获取当前环境中调用同一资源的锁，这样，后续的 Python 子线程就可以获取到该资源锁，以执行后续的任务。上述模板在不同 Python 线程数量下都能打印出预期结果，打印结果如图 8-2、图 8-3 所示。

```
Print Output:

Python ThreadSafe Printing
Python ThreadSafe Printing
Python ThreadSafe Printing
Python ThreadSafe Printing
Python ThreadSafe Printing
Python ThreadSafe Printing
Python ThreadSafe Printing
Python ThreadSafe Printing
Python ThreadSafe Printing
Python ThreadSafe Printing
```

图 8-2　10 个 Python 线程安全打印结果

```
Print Output:
Python ThreadSafe Printing
Python ThreadSafe Printing
Python ThreadSafe Printing
Python ThreadSafe Printing
Python ThreadSafe Printing
Python ThreadSafe Printing
Python ThreadSafe Printing
Python ThreadSafe Printing
Python ThreadSafe Printing
Python ThreadSafe Printing
Python ThreadSafe Printing
Python ThreadSafe Printing
Python ThreadSafe Printing
Python ThreadSafe Printing
Python ThreadSafe Printing
Python ThreadSafe Printing
Python ThreadSafe Printing
Python ThreadSafe Printing
Python ThreadSafe Printing
Python ThreadSafe Printing
```

图 8-3　20 个 Python 线程安全打印结果

我们来看一下模板一的 Python 字节码，如图 8-4 所示（关键部分）。

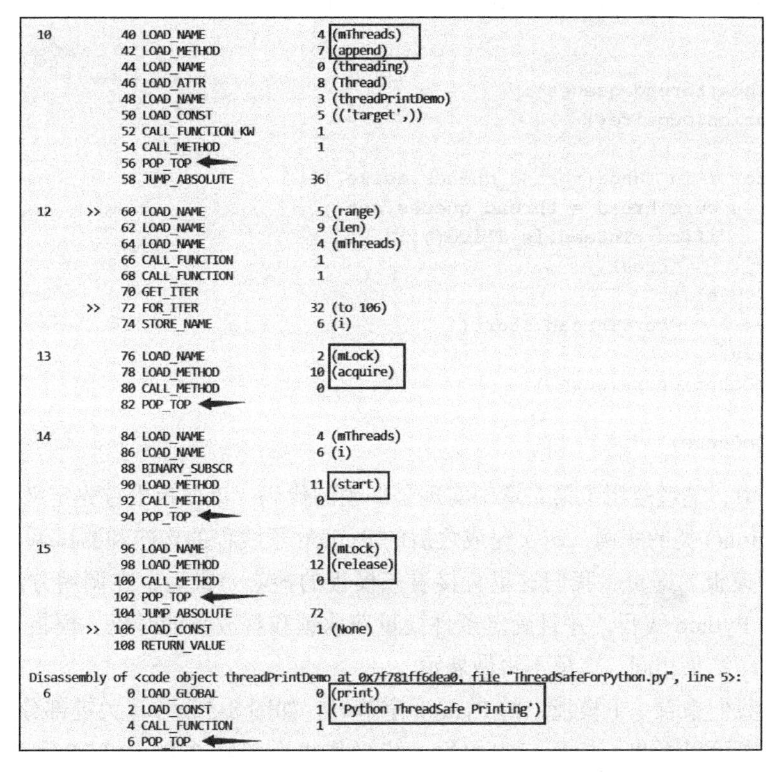

```
10          40 LOAD_NAME                4 (mThreads)
            42 LOAD_METHOD              7 (append)
            44 LOAD_NAME                0 (threading)
            46 LOAD_ATTR                8 (Thread)
            48 LOAD_NAME                3 (threadPrintDemo)
            50 LOAD_CONST               5 (('target',))
            52 CALL_FUNCTION_KW         1
            54 CALL_METHOD              1
            56 POP_TOP
            58 JUMP_ABSOLUTE           36

12     >>   60 LOAD_NAME                5 (range)
            62 LOAD_NAME                9 (len)
            64 LOAD_NAME                4 (mThreads)
            66 CALL_FUNCTION            1
            68 CALL_FUNCTION            1
            70 GET_ITER
       >>   72 FOR_ITER                32 (to 106)
            74 STORE_NAME               6 (i)

13          76 LOAD_NAME                2 (mLock)
            78 LOAD_METHOD             10 (acquire)
            80 CALL_METHOD              0
            82 POP_TOP

14          84 LOAD_NAME                4 (mThreads)
            86 LOAD_NAME                6 (i)
            88 BINARY_SUBSCR
            90 LOAD_METHOD             11 (start)
            92 CALL_METHOD              0
            94 POP_TOP

15          96 LOAD_NAME                2 (mLock)
            98 LOAD_METHOD             12 (release)
           100 CALL_METHOD              0
           102 POP_TOP
           104 JUMP_ABSOLUTE           72
       >>  106 LOAD_CONST               1 (None)
           108 RETURN_VALUE

Disassembly of <code object threadPrintDemo at 0x7f781ff6dea0, file "ThreadSafeForPython.py", line 5>:
  6           0 LOAD_GLOBAL              0 (print)
              2 LOAD_CONST               1 ('Python ThreadSafe Printing')
              4 CALL_FUNCTION            1
              6 POP_TOP
```

图 8-4　模板一的 Python 字节码（关键部分）

从图 8-4 中可以看出，模板一中的每一步操作都伴随着 POP_TOP 字节码指令的执行。POP_TOP 字节码指令是 CPython 解释器或虚拟机制定的用于单独更新操作系统中一块内存中数据的指令，其实现了单独更新的原子性，即对于任意的 Python 数据写操作，在该操作被触发时，要么操作成功，要么操作失败，不会出现一半成功一半失败的场景。对于模板一中的关键操作——append 操作、acquire 操作、start 操作、release 操作，以及 Python 自带的 print 操作，在经过笔者的处理后，基本都被 CPython 解释器或虚拟机追加了 POP_TOP 字节码指令，也就实现了这些操作在被调用时的原子性，从而实现了这些操作对应的线程安全。

线程安全模板二，使用条件变量和队列来实现线程安全，实现代码如下：

```
import threading
import queue

mQueue = queue.Queue()
mCondtion = threading.Condition()

def fairLockDemo():
    print("Python ThreadSafe Printing ")

for i in range(5):
    mQueue.put(threading.Thread(target=fairLockDemo))


def fairLock(thread_queues):
    mCondtion.acquire()
    try:
        for i in range(thread_queues.qsize()):
            currThread = thread_queues.get()
            if(currThread.is_alive()):
                break
            else:
                currThread.start()
    finally:
        mCondtion.release()

fairLock(mQueue)
```

在模板二中，笔者复用了第 7 章中实现公平锁的代码。该模板中首先定义 Queue() 类的实例和 Condition() 类的实例，定义完成之后的 Python 子线程的构建和测试调用方法这里不再说明，参考模板一即可，我们这里直接看该模板的核心。最后，在调用方法时确保队列中有足够多的 Python 线程，并且确定条件变量获取锁和释放锁的时机。模板二的打印结果和模板一的打印结果相同，这里不再做展示。

同样地，我们来看一下模板二的 Python 字节码，如图 8-5 所示（关键部分）。

从图 8-5 中可以看出，模板二中的每一步操作也会伴随着 POP_TOP 字节码指令的执行，关于POP_TOP字节码指令这里就不再赘述了。在上述字节码指令中多了一个POP_JUMP_IF_FALSE字节码指令，该字节码指令同样实现了操作原子性，表示原子性判断的if条件语句块中的内容不会由于在多线程环境下其他线程争抢时间片而造成乱序判断。可见，模板二使用POP_TOP字节码指令和POP_JUMP_IF_FALSE字节码指令互相配合的方式，实现了这些操作对应的线程安全。

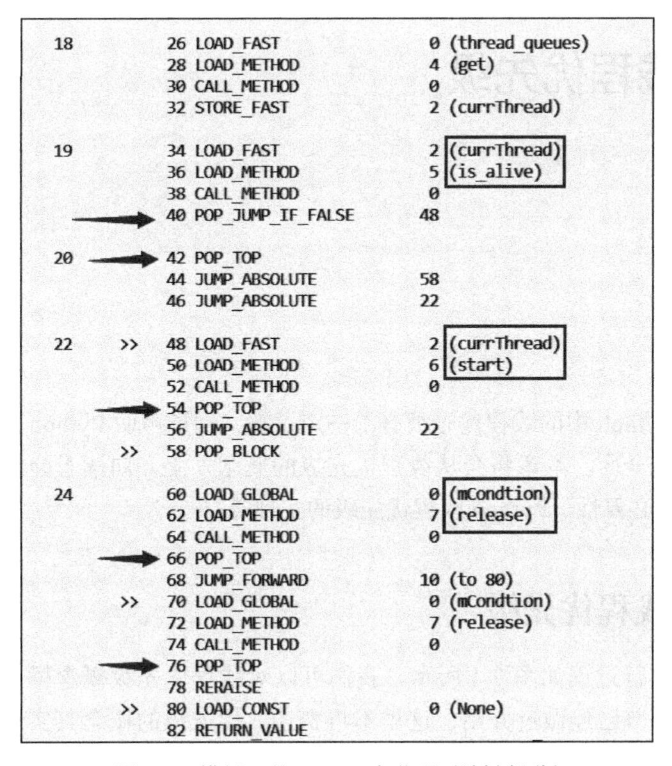

```
18          26 LOAD_FAST                0 (thread_queues)
            28 LOAD_METHOD              4 (get)
            30 CALL_METHOD              0
            32 STORE_FAST               2 (currThread)

19          34 LOAD_FAST                2 (currThread)
            36 LOAD_METHOD              5 (is_alive)
            38 CALL_METHOD              0
            40 POP_JUMP_IF_FALSE       48

20          42 POP_TOP
            44 JUMP_ABSOLUTE           58
            46 JUMP_ABSOLUTE           22

22     >>   48 LOAD_FAST                2 (currThread)
            50 LOAD_METHOD              6 (start)
            52 CALL_METHOD              0
            54 POP_TOP
            56 JUMP_ABSOLUTE           22
       >>   58 POP_BLOCK

24          60 LOAD_GLOBAL              0 (mCondtion)
            62 LOAD_METHOD              7 (release)
            64 CALL_METHOD              0
            66 POP_TOP
            68 JUMP_FORWARD            10 (to 80)
       >>   70 LOAD_GLOBAL              0 (mCondtion)
            72 LOAD_METHOD              7 (release)
            74 CALL_METHOD              0
            76 POP_TOP
            78 RERAISE
       >>   80 LOAD_CONST               0 (None)
            82 RETURN_VALUE
```

图8-5 模板二的Python字节码（关键部分）

通过上述两个模板我们基本可以梳理出，Python提供的Threading模块几乎都是通过上述两个字节码指令实现线程安全的，感兴趣的读者可以自行查阅相关资料进行了解。

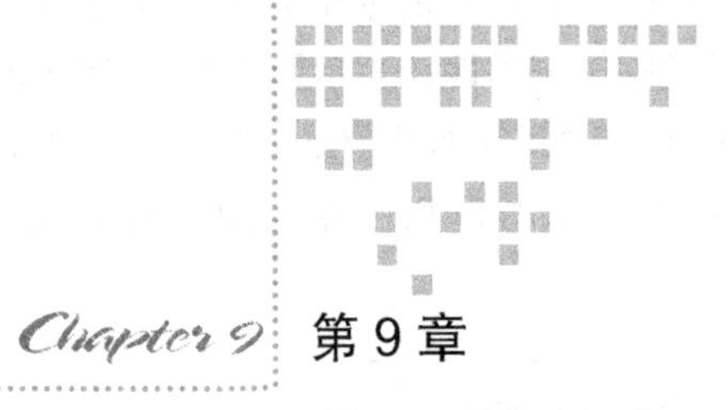

Chapter 9 第 9 章

# 线程优先级

我们已经对 Python 中的线程优先级有了一定了解，知道声明 Python 线程优先级的部分措施，但是还不够全面。本章将会从线程优先级的概念入手，向读者介绍什么是线程优先级、线程优先级的必要性、Python 线程优先级的实现等。

## 9.1 什么是线程优先级

Python 线程执行过程如图 9-1 所示。我们可以对线程优先级概念拆开理解。其中，线程的概念在之前章节已经做过介绍，这里不再赘述。优先级的概念其实也很好理解，笔者这里拿生活中的例子举例说明。比如我们出去旅游，到达旅游景点时，需要排队购买门票，每个人按照到来的先后顺序排队买票。按照正常逻辑，排在队前面的人会先买到票，但是根据我国退伍军人可以优先购票的政策，那么原本排在队前面的人可让退伍军人买完票之后再买。

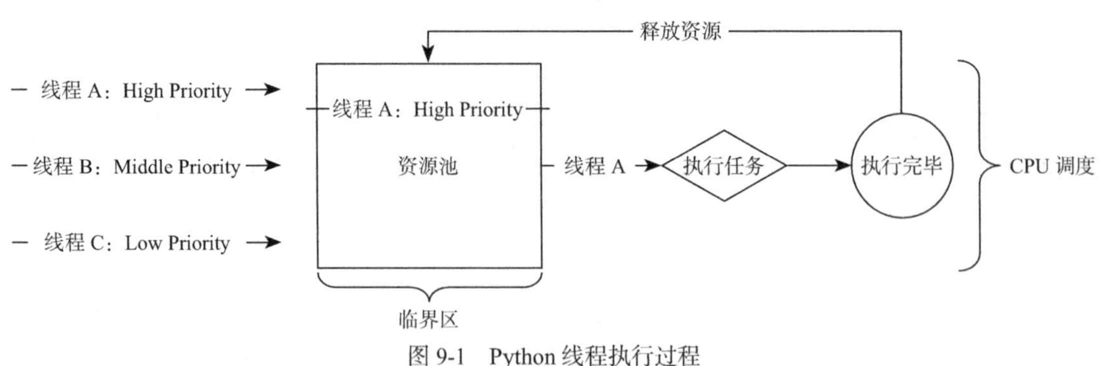


图 9-1 Python 线程执行过程

回到我们的线程中，线程优先级指的是具备一定优先级的 Python 线程，这个优先级具体表现为：在多个 Python 线程中，具备优先级的线程比不具备优先级的线程先获取到锁，先执行任务。而不具备优先级的线程就只能等待具备优先级的线程在执行完任务并释放掉资源锁之后，才能获取到该资源锁。在上述例子中，笔者提到了排队购票场景，这说明只要线程有优先级，就必须有一个队列来作为承载线程优先级的载体，而这个队列在业界被称为线程优先级队列，即由若干个（具体数量为大于或等于 2）具备优先级的线程所组成的队列。同理，由若干个（具体数量为大于或等于 2）不具备优先级的线程所组成的队列被称为一般线程队列或普通线程队列。

对于线程本身来说，由于线程优先级的影响，在需要多线程执行的环境中，我们可以根据任务的执行先后顺序来决定线程的执行先后顺序，而不是随机执行这些线程，这样，那些重要的任务就可以让优先级高的线程先执行，次要或一般的任务就可以让优先级低的线程后执行，如果还需要重要的任务和次要或一般的任务进行通信，则可以在重要的任务执行完毕后，降低执行该任务对应线程的优先级，让原本优先级低的线程得到一个相对优先的执行，也可以通过整合 Threading 模块中的线程间通信工具进行实现。

在实现了线程优先级之后，操作系统和 CPU 在多线程环境中的线程调度更加迅速清晰了。由于线程优先级的影响，操作系统和 CPU 在对线程进行调度时，就不需要随机指定一个线程先访问临界区中的资源，即先获取到锁，而是直接获取优先级最高的线程，直接让该线程去访问临界区中的资源，先获取到资源锁，而后续的线程则是根据优先级进行降序排序。这个过程中存在一种特殊的情况，就是在所有的线程中并不是每个线程都指定了优先级。对于没有指定优先级的线程，如果这些线程有多个，操作系统和 CPU 又会通过随机指定的方式来指定哪个线程先获取到临界区中的资源，但是尽管再随机指定先执行的线程，那么执行顺序也是会在所有具备优先级的线程执行完后再执行；如果这些线程只有一个，那么操作系统和 CPU 在调度时就会直接将其放到线程队列的末尾进行执行。

## 9.2　实现高并发不一定要实现线程优先级

对于真实的高并发场景来说，同时存活的 Python 线程不止一个，而在我们的实际工作中，需要实现高并发的业务场景无非两大类：第一类就是 I/O 密集型操作，第二类是计算密集型操作。I/O 密集型指的是系统的 CPU 性能相对硬盘、内存要好很多，此时，系统运作，大部分的状况是 CPU 在等 IO（硬盘 / 内存）的读写操作，因此，CPU 负载并不高。I/O 密集型程序一般在达到性能极限时，CPU 占用率仍然较低，这可能是因为任务本身需要大量 I/O 操作，而程序的逻辑做得不是很好，没有充分利用处理器，CPU 使用率较低，程序中会存在大量的 I/O 操作占用时间，导致线程空余时间很多，通常就需要启动 CPU 核心数数倍的线程，当线程进行 I/O 操作 CPU 空闲时，启用其他线程继续使用 CPU，以提高 CPU 的使用率。计算密集型操作也叫 CPU 密集型操作，指的是系统的硬盘、内存性能相对 CPU

要好很多，此时，系统运作CPU读写硬盘、内存时，可以在短时间内完成，而CPU还有许多运算要处理，因此，CPU负载很高。计算密集型操作表示该任务需要大量的运算，而没有阻塞，需要CPU一直全速运行。计算密集型操作只有在真正的多核CPU上才可能得到加速，而在单核CPU上，无论开启多少线程，都不可能得到加速，因为CPU总的运算能力固定。在一般情况下，计算密集型操作出现在一些业务复杂的计算和逻辑处理中，比如，一些机器学习和深度学习的模型训练和推理任务。

对于I/O密集型操作和计算密集型操作，如果这些操作不需要明确执行的先后顺序，那么就不需要为线程指定优先级；否则，需要为线程指定优先级。换句话说，如果多个线程不具备优先级，那么使用一定的技术手段也能实现高并发，也就是说，实现高并发不一定要实现线程优先级，因为两者没有必要的关联关系，完全可以单独存在，在实际工作中互不影响。

## 9.3 Python线程优先级的实现

之前笔者已经说过，严格来讲Python中，是不存在线程优先级队列的，线程优先级队列需要开发者自行实现。换句话说，Python线程其实是不具备优先级的，这一点大家可以在CPython对Python线程实现的源码中进行查看。也就是说，Python线程优先级队列完完全全是开发者自行实现的结果，Python官方并没有提供。

笔者这里给出常见的实现Python线程优先级队列的代码，具体如下：

```
import threading
import queue
import time

exitFlag = 0

class myThread (threading.Thread):
    def __init__(self, threadID, name, q):
        threading.Thread.__init__(self)
        self.threadID = threadID
        self.name = name
        self.q = q
    def run(self):
        print ("Starting " + self.name)
        process_data(self.name, self.q)
        print ("Exiting " + self.name)

def process_data(threadName, q):
    while not exitFlag:
        queueLock.acquire()
        if not workQueue.empty():
            data = q.get()
            queueLock.release()
```

```
            print ("%s processing %s" % (threadName, data))
        else:
            queueLock.release()
        time.sleep(1)

threadList = ["Thread-1", "Thread-2", "Thread-3"]
nameList = ["One", "Two", "Three", "Four", "Five"]
queueLock = threading.Lock()
workQueue = queue.Queue(10)
threads = []
threadID = 1

for tName in threadList:
    thread = myThread(threadID, tName, workQueue)
    thread.start()
    threads.append(thread)
    threadID += 1

queueLock.acquire()
for word in nameList:
    workQueue.put(word)
queueLock.release()

while not workQueue.empty():
    pass

exitFlag = 1

for t in threads:
    t.join()
print ("Exiting Main Thread")
```

上述代码的整体思路是通过继承 Threading 模块中 Thread 类来实现一个自定义的 Python 线程优先级队列。首先使用 class 关键字定义一个名为 mPriorityQueue 的类（继承自 Threading 模块中的 Thread 类），用来通过自定义 Python 线程的方式实现 Python 线程优先级队列，从而对该队列中的 Python 线程设置优先级。接着重写了 Thread 类中的构造方法，在重写的构造方法中，将线程内部的基础初始化工作还是交给父类的构造方法，并在父类基础数据之上引入线程 ID，即 threadId；线程名称，即 threadName，以存储线程队列 q，并进行初始化。接着重写了父类的 run() 方法，在重写的 run() 方法内部打印启动的 Python 线程，对 Python 线程优先级队列进行解析处理，最后打印 Python 线程退出的信息。

在 process_data() 方法内部，首先对线程的退出标志位进行判断，如果当前线程没有退出，那么设置访问资源的资源锁，并从线程优先级队列中取出每一个 Python 线程，并将对应的资源锁进行释放；否则，直接将资源锁进行释放即可。最后，为了让 Python 线程优先级队列的打印结果更明显，笔者这里使用 time 库中的 sleep() 方法，目的是在 Python 线程切换执行时，让执行的时间比正常执行的时间慢一些。

上述是对 Python 线程优先级队列的实现，我们还需要对队列进行填充和一些必要的初始化。这些填充和初始化操作均在类的末尾完成，同时伴随着对该类的调用。

上述程序运行结果如图 9-2 所示。

```
[root@VM-16-16-centos MemoryAnalyzeExternByMySelf]# python3 PriorityThreadQueueDemo.py
Starting Thread-1
Starting Thread-2
Starting Thread-3
Thread-1 processing One
Thread-2 processing Two
Thread-3 processing Three
Thread-3 processing Four
Thread-2 processing Five
Exiting Thread-3
Exiting Thread-2
Exiting Thread-1
Exiting Main Thread
```

图 9-2　Python 线程优先级队列实现程序运行结果

细心的读者可能会疑问在上述整个 Python 线程优先级队列实现过程中并没有指定每个 Python 线程的优先级，但是最终还是实现了 Python 线程优先级队列的效果，这是为什么？其实上述代码是对 Python 线程优先级队列的一个伪实现，因为在上述代码中笔者没有使用优先级队列，而是使用了 Python 普通队列，只不过要求所用的 Python 普通队列必须具有 FIFO 特性。

根据图 9-2 可知，位于队列 q 中的所有具备优先级的 Python 线程均按照我们预定的顺序进行，执行结果符合预期。

虽然上述方式是通过伪代码实现的，但是这种方式在笔者所知的项目中被大量使用，只不过在真实的项目中，还需要根据项目的实际需要动态调整队列的大小和放入的 Python 线程数量。

# 第10章 Chapter 10

# 线程同步与异步

在前文中，笔者已经穿插着介绍了关于线程同步与异步的部分内容，读者已经对线程同步与异步的相关内容有了一定了解，但是还不够全面。在本章中，笔者将会从线程同步和异步的概念入手，向读者介绍什么是线程同步与异步、线程同步与异步在Python中的实现。

## 10.1 什么是线程同步与异步

线程同步，即Thread Synchronization，指的是在多线程环境中，线程可以按照一定的顺序进行相同的操作，且在线程执行操作时，其他线程不能参与执行该操作。只有这两点同时具备，才能说我们设计的多线程是同步的。对于Python来说，Python多线程处理任务时，一般是无序的，不能保证线程同步，因为Python中的多线程是被操作系统和CPU统一调度和管理的。线程同步的工作流程概览如图10-1所示。

在图10-1中，假设当前Python环境中存在线程A、B、C，这三个线程都需要访问资源池中的资源，而这个资源池是由操作系统中的临界区进行管理。那么在没有线程同步概念的约束下，上述3个线程获取资源池中的资源时是随机乱序的，如图10-2所示。

上图每个箭头的深入资源池的程度表示在同一时刻3个线程可以访问到资源池中资源的范围。从图10-2可知，对于同一资源的访问，线程C访问到的资源最多，线程B访问到的资源最少，线程A在这两者中间。上述3个线程访问资源的形式反映到Python程序，就是对于同一个操作，执行结果不一致，存在正确的执行结果，也存在不正确的执行结果，或者根本不存在正确的执行结果。当在Python中实现了线程同步之后，上述获取资源的过程就会变成图 10-3。

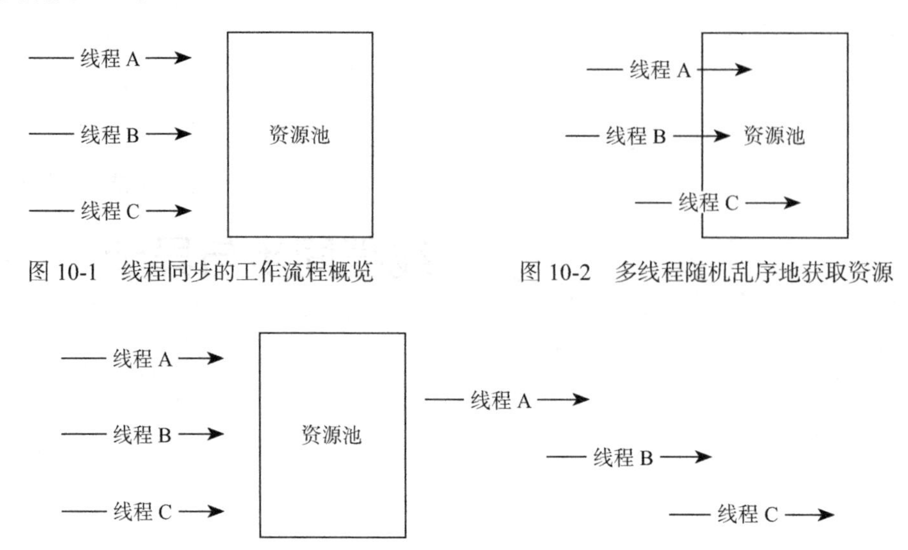


图 10-1　线程同步的工作流程概览

图 10-2　多线程随机乱序地获取资源

图 10-3　Python 线程以同步的方式调度资源

当以线程同步的方式访问同一个资源时，上述 3 个线程就会变得有序，假设优先访问到资源池中的资源的线程是线程 A，那么线程 A 在访问到资源池中的资源后，操作系统和 CPU 就会等到线程 A 执行结束后才会让线程 B 访问到该资源池中的资源，同样，等到线程 B 执行结束后才会让线程 C 访问到该资源池中的资源。等到上述 3 个线程都执行结束，操作系统和 CPU 会一次性将这三个线程所占有的资源（严格来说是一个线程所占有的资源）进行释放，再等待后续的线程访问。那么，以线程同步的方式来执行 Python 任务，又是怎样呢？以线程同步的方式来执行 Python 任务的流程图如图 10-4 所示。

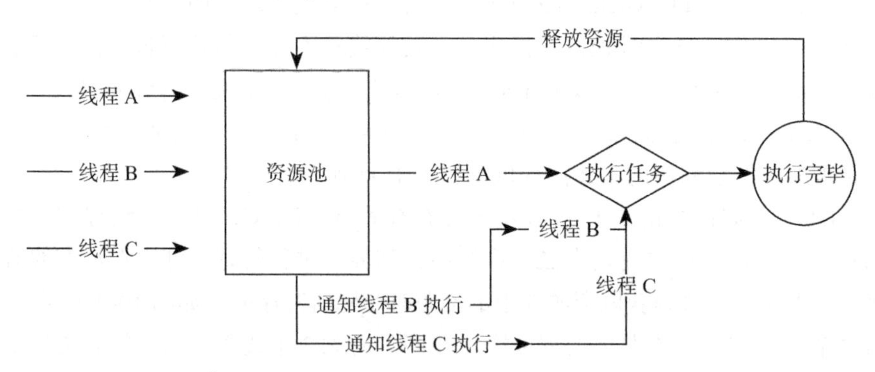


图 10-4　以线程同步的方式来执行 Python 任务的流程图

以线程同步的方式来执行 Python 任务的过程和上述以线程同步的方式对线程 A、B、C 进行调度的方式是一样的，这里不再赘述。

线程异步，即 Thread Async，指的是在多线程环境中，线程可以不按照一定的顺序执行相同的操作，而且在线程执行具体的操作时，其他线程可以继续执行其他操作。只有这两点同时具备，才能说我们设计的多线程是异步的。Python 原生是没有实现线程异步这个概念的，只是提供了一些可以实现线程同步的工具包和工具类型。相对于线程同步来说，线程异步可以更充分地利用操作系统和 CPU 的资源，使操作系统对线程的调度可以做到应调尽调，使 CPU 尽可能不浪费处理线程的时机。相对来说，基于线程异步处理多线程比基于线程同步来处理多线程的速度更快、效率更高，但是在基于线程异步处理多线程时，我们需要确定好线程异步执行的范围和结束条件，切记不能无休止地让线程永远异步执行。线程异步的工作流程概览如图 10-5 所示。

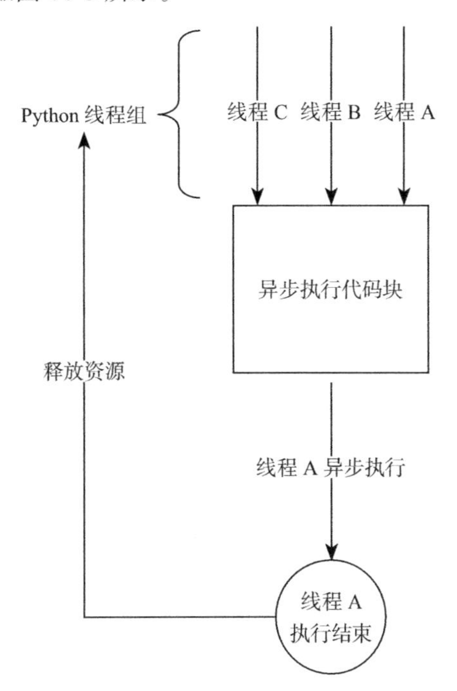


图 10-5　线程异步的工作流程概览

还是设置 3 个线程 A、B、C，假设开发者让线程 A 执行需要异步执行的代码块，此时，线程 A 就会获取到对应的资源，代码块在线程 A 调用后开始执行。同时，线程 A 在调用这些代码块的结束随之逐步释放掉占用的资源，即线程 A 在执行了这些代码块后就空闲了下来，可以执行其他的操作了。但是，线程 A 执行这些代码块后，如果没有返回结果，那么只要这些代码块一经执行就可以达到预期的效果，如果这些代码块是有返回结果的，那么又该如何处理呢?

对于需要接收返回结果的异步执行代码块，开发者在这部分代码开发的时候就需要预留出返回代码执行结果的回调方法，或者采用轮询的方式来获取该代码块的执行结果。

在图 10-6 中，笔者以异步执行一个耗时任务为例，绘制了线程异步执行需要返回结果的代码块时的处理流程。

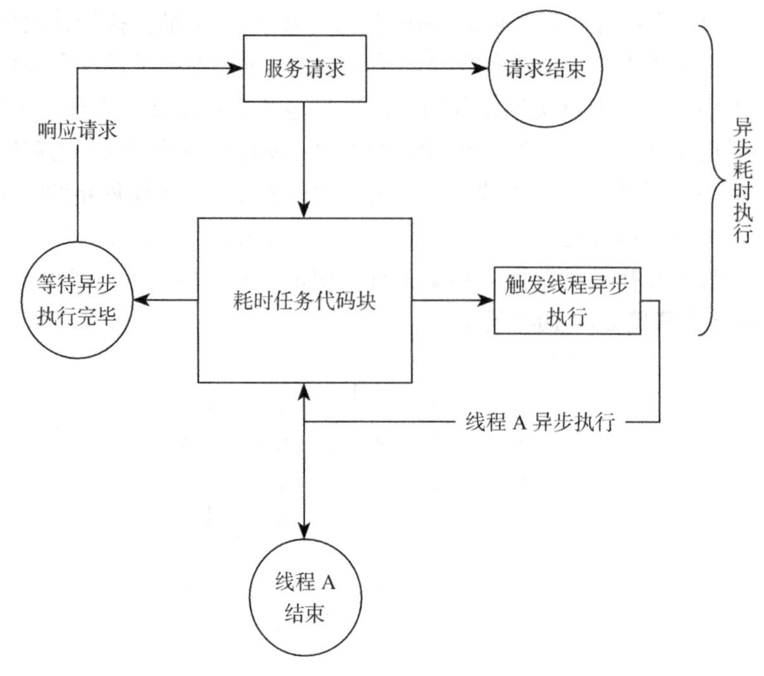


图 10-6　线程异步执行获取代码返回结果流程

在图 10-6 中，随着服务请求的到来，执行的耗时任务代码块随即被触发，而执行这一代码块的线程假定就是线程 A，线程 A 在获取对应资源后就会开始异步执行。随着代码块被调用，线程 A 也随之执行结束，释放所占用的资源。由于耗时任务代码块被触发执行，该代码块就会触发一个轮询机制。随着耗时任务代码块的执行并返回结果，该代码块所对应的轮询机制会主动对到来的服务请求进行响应，服务请求在得到响应后也随之结束，而整个等待异步执行代码块返回执行结果的过程就是线程 A 通知 CPU 进行异步耗时任务执行的过程。

## 10.2　线程同步与异步在 Python 中的实现

在 10.1 节中，笔者对线程同步与异步的概念和处理流程做了详细介绍和说明，还没有对线程同步与异步进行 Python 代码级的实操。下面我们来看看在 Python 中如何实现线程同步与异步。

### 10.2.1　Python 中的线程同步实现

在学习前文之后，相信读者对 Python 中的线程实现有了一定了解。我们都知道，Python 线程是通过基于 C 语言的 PTHREAD 协议实现的。在实现 Python 线程时，CPython 官方封装了 PTHREAD 头文件，供需要实现线程及与线程相关功能的使用者直接调用。

CPython 官方将 Python 中线程同步的实现也封装在该头文件中，下面让我们一探究竟。

对于 Python 中线程同步的实现，CPython 官方首先为其定义了一个结构体，具体如下：

```
typedef struct {
    char              locked;
    pthread_cond_t    lock_released;
    pthread_mutex_t   mut;
} pthread_lock;
```

该结构体的名称被定义为 pthread_lock，表明是对 Python 中的线程锁进行实现的元数据。该元数据被定义为结构体类型。pthread_lock 结构体中封装了 3 个类型的变量：第一个变量 locked，被定义为 char 类型，表示一个 Python 线程是否已经获取锁，对于该变量的值，CPython 官方通过数字 0 和 1 进行设定，其中数字 0 表示没有获取锁，数字 1 表示获取到锁。第二个变量 lock_released，被定义为 pthread_cond_t 类型（即条件变量类型），表示通过条件变量对一个 Python 线程的锁的释放过程或者锁的释放结果做标记。第三个变量 mut，被定义为 pthread_mutex_t 类型（即互斥锁对象类型，也就是线程同步对象类型），表示一个 Python 线程在执行任务时是不是通过线程同步的方式执行，即该变量就是 Python 中实现线程同步的核心控制变量。而且在 CPython 官方的声明中，pthread_lock 结构体仅会结合 acquire() 方法来实现线程同步。因为在 CPython 官方中，acquire() 方法是所有 Python 线程获取线程同步支持的唯一入口。

我们都知道，实现线程同步的核心措施就是实现一种资源锁，通过该资源锁来约束多个 Python 线程执行任务的行为和处理过程，所以，CPython 官方对线程同步实现的第二步就是实现该资源锁，具体如下：

```
PyThread_type_lock
PyThread_allocate_lock(void)
{
    pthread_lock *lock;
    int status, error = 0;

    dprintf(("PyThread_allocate_lock called\n"));
    if (!initialized)
        PyThread_init_thread();

    lock = (pthread_lock *) PyMem_RawCalloc(1, sizeof(pthread_lock));
    if (lock) {
        lock->locked = 0;

        status = pthread_mutex_init(&lock->mut, NULL);
        CHECK_STATUS_PTHREAD("pthread_mutex_init");
        _Py_ANNOTATE_PURE_HAPPENS_BEFORE_MUTEX(&lock->mut);

        status = _PyThread_cond_init(&lock->lock_released);
        CHECK_STATUS_PTHREAD("pthread_cond_init");
```

```
        if (error) {
            PyMem_RawFree((void *)lock);
            lock = 0;
        }
    }

    dprintf(("PyThread_allocate_lock() -> %p\n", (void *)lock));
    return (PyThread_type_lock) lock;
}
```

PyThread_allocate_lock() 方法不接收任何类型的参数，即资源同步锁完全由 CPython 官方提供实现，不接收任何来自外界的参数约定。在实现同步锁的过程中，首先定义一个指向 pthread_lock 结构体的指针 lock，并规定了资源同步锁的状态 status 和错误标识 error，并初始化错误标识的值为 0，表示在初始化过程中没有任何异常或错误，在初始化工作完成时，打印 PyThread_allocate_lock called 日志内容。接着，通过统一的 Python 线程初始化标记变量 initialized 来对 Python 线程是否初始化进行判断，如果当前准备使用资源同步锁的线程没有实体，则调用 PyThread_init_thread() 方法对该线程重新进行初始化，之后调用 PyMem_RawCalloc() 方法为这个资源同步锁分配所需要的内存。下面是 PyMem_RawCalloc() 方法为资源同步锁分配内存的实现细节，代码如下：

```
void *
PyMem_RawCalloc(size_t nelem, size_t elsize)
{
    if (elsize != 0 && nelem > (size_t)PY_SSIZE_T_MAX / elsize)
        return NULL;
    return _PyMem_Raw.calloc(_PyMem_Raw.ctx, nelem, elsize);
}
```

PyMem_RawCalloc() 方法为这个资源同步锁默认分配的内存大小为 elsize，具体的内存分配逻辑很简单，这里就不介绍了。

在为资源同步锁分配好内存之后，通过类型强制转换的方式将 PyMem_RawCalloc() 方法的返回值强转成指向 pthread_lock 指针类型，并用 lock 变量进行接收。如果 lock 变量被成功分配了内存并返回，则调用 pthread_mutex_init() 方法来初始化 Python 线程同步锁的 status 状态，接着调用 CHECK_STATUS_PTHREAD() 方法来检测 Python 线程同步锁的状态，调用 _Py_ANNOTATE_PURE_HAPPENS_BEFORE_MUTEX() 方法来对该锁进行线程同步锁标记，调用 _PyThread_cond_init() 方法来判断该锁中是否存在条件变量对象的影响，调用 CHECK_STATUS_PTHREAD() 方法来检查具备条件变量对象的线程的状态。如果上述处理过程中发生异常，则调用 PyMem_RawFree() 方法来将之前成功分配到线程同步锁的内存释放掉，并重新将该线程同步锁所占用的内存声明为 0 字节；否则，直接打印 lock 变量中的方法返回结果，且将 lock 变量进行返回。

在实现了获取线程同步锁之后，相对应地，我们还需要实现线程同步锁释放，代码如下：

```
void
PyThread_free_lock(PyThread_type_lock lock)
{
    pthread_lock *thelock = (pthread_lock *)lock;
    int status, error = 0;

    (void) error;
    dprintf(("PyThread_free_lock(%p) called\n", lock));

    status = pthread_cond_destroy( &thelock->lock_released );
    CHECK_STATUS_PTHREAD("pthread_cond_destroy");

    status = pthread_mutex_destroy( &thelock->mut );
    CHECK_STATUS_PTHREAD("pthread_mutex_destroy");

    PyMem_RawFree((void *)thelock);
}
```

在释放 Python 线程同步锁过程中，首先通过指向 pthread_lock 结构体的指针来获取需要释放锁的 Python 线程中的锁标记位，接着调用 pthread_cond_destroy() 方法来销毁该 Python 线程同步锁中的条件变量对象（如果该线程中存在条件变量对象的话），接着调用 CHECK_STATUS_PTHREAD() 方法来检查该条件变量对象是否已经被摧毁，然后调用 pthread_mutex_destroy() 方法来摧毁 Python 线程同步锁中的同步锁对象，接着调用 CHECK_STATUS_PTHREAD() 方法来检查该 Python 线程同步锁中同步锁对象是否已经被摧毁，在条件变量对象和同步锁对象都被成功摧毁之后，最后调用 PyMem_RawFree() 方法来将该 Python 线程中的锁数据所占用的内存进行释放，至此就实现了 Python 线程同步锁的释放。

上述 Python 线程同步锁获取和释放的实现是 Python 官方提供的核心过程和核心思路，可以说只要开发者使用了 Python 所提供的线程同步资源锁，那么就可直接调用这部分实现代码。

### 10.2.2　Python 中的线程异步实现

本节介绍一种在 Python 中实现线程异步的主流方式。在 Python 中实现线程异步的代码如下：

```
import time
import datetime
from concurrent.futures import ThreadPoolExecutor

def threadAsyncDemo():
    max_value = 4
    thread_pool = ThreadPoolExecutor(max_workers=max_value)
    print('线程池最大数量：{}'.format(max_value))
```

```
    for i in [3, 2, 6, 1, 7]:
        thread_pool.submit(unit_test, i)
    print('{} --> 我是主线程 '.format(time.ctime()))
```

在上述代码中，笔者引入了 ThreadPoolExecutor（Python 中内置的线程池），以动态管理异步执行的 Python 线程。多线程异步运行时不会阻塞主线程，异步线程队列满后再继续往下运行主线程，等队列释放后又回到异步线程继续执行。为了更好地测试上述代码的实现结果，笔者编写了测试 Python 线程异步执行的代码：

```
def threadAsyncDemotest(sleep_time):
    print('{} --> start sleep_time ({})'.format(datetime.datetime.now(), sleep_
        time))
    time.sleep(sleep_time)
    print('{} --> sleep_time ({}) finish'.format(datetime.datetime.now(), sleep_
        time))
```

threadAsyncDemotest() 测试方法的执行结果如图 10-7 所示。

```
[root@VM-16-16-centos MemoryAnalyzeExternByMySelf]# python3 ThreadAsyncDemo2.py
线程池最大数量：4
2022-09-28 16:25:11.107403 --> start sleep_time (3)
2022-09-28 16:25:11.108315 --> start sleep_time (2)
2022-09-28 16:25:11.108855 --> start sleep_time (6)
2022-09-28 16:25:11.109333 --> start sleep_time (1)
Wed Sep 28 16:25:11 2022 --> 我是主线程
2022-09-28 16:25:12.110395 --> sleep_time (1) finish
2022-09-28 16:25:12.110507 --> start sleep_time (7)
2022-09-28 16:25:13.109573 --> sleep_time (2) finish
2022-09-28 16:25:14.108951 --> sleep_time (3) finish
2022-09-28 16:25:17.114036 --> sleep_time (6) finish
2022-09-28 16:25:19.114662 --> sleep_time (7) finish_
```

图 10-7　threadAsyncDemotest() 测试方法的执行结果

从图 10-7 所示测试结果中的时间可以看出，主线程往下的子线程在执行时有明显的时间消耗，而这个消耗的时间就是 Python 线程异步执行任务的时间。

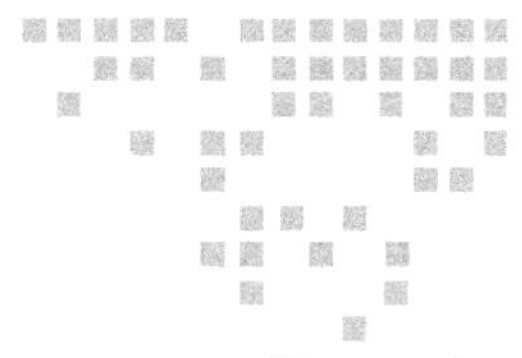

第 11 章 Chapter 11

# Python 中的原子性

本章将介绍 Python 中的原子性概念，包括 Python 中提供的原子变量与原子性操作，以及 Python 中经常使用的原子变量和原子性操作的实现原理与实现步骤。原子性是保证 Python 中多线程高并发程序执行时，确保线程安全执行的最基础操作之一。无论变量还是代码操作，在实现多线程高并发程序时，最需要保障的就是变量和代码的原子性操作。

## 11.1 Python 中的原子变量与原子性操作

笔者对 Python 中的原子性操作和非原子性操作进行了汇总，如表 11-1 所示。

表 11-1 Python 中的原子性操作与非原子性操作

| Python 中的原子性操作 | Python 中的非原子性操作 |
|---|---|
| L.append(x) | i = i + 1 |
| L1.extend(L2) | L.append(L[-1]) |
| x = L[i] | L[i] = L[j] |
| x = L.pop() | D[x] = D[x] + 1 |
| L1[i:j] = L2 | |
| L.sort() | |
| x = y | |
| x.field = y | |
| D[x] = y | |
| D1.update(D2) | |
| D.keys() | |

上述这些操作想必读者已经烂熟于心了，笔者在这里就不再做详细介绍了。在这些操作中，读者要特别注意那些非原子性操作，不要误以为Python中提供的所有操作都是原子性的。

关于Python中的原子变量，由于Python并没有明确指定变量的类型，所以，只要开发者定义变量不是全局性变量，可以说定义的变量都具备原子性，也就是说Python中的变量是不是具备原子性，不是看变量的类型，而是看定义Python中变量的方式。定义非原子Python变量的方式如下：

```
b = 1

def addDemo():
    b += 1
    print(b)
```

在上述代码中，变量b被定义在Python源代码文件的最开始位置，没有被任何修饰符修饰，表示变量b是一个可被任何方法调用的变量，相当于这个Python文件中的全局性变量。上述代码在并发执行时并不是原子性的，因为每一个Python线程在对变量b进行操作时，没有任何访问限制，即任何Python线程能在任意时刻对变量b进行访问和操作，没有任何线程安全保障措施。还有一种定义变量的方式和上述代码产生的效果是一样的，代码如下：

```
global b = 1

def addDemo():
    b += 1
    print(b)
```

在上述代码中，笔者使用Python中的global变量来将变量b直接声明为全局性变量。这种全局性变量也是没有原子性的。那么，如何声明才能使Python变量具备原子性？原子变量声明方式如下：

```
def addDemo():
    b = 1
    b += 1
    print(b)
```

在上述代码中，变量b被声明到addDemo()方法的内部，由之前的全局性变量转变为局部性变量，Python线程只有进入addDemo()方法，才能访问变量b，这就大大缩小了变量b的作用范围，使变量b在被访问时，要么就是访问到了，要么就是没有访问到，不会出现多个Python线程乱访问变量b的情况（上述代码中的b += 1操作只是演示使用，并不是线程安全的，读者不要对其产生误解）。

## 11.2 Python中原子变量与原子性操作的实现原理

在上述定义Python原子变量的方法中，本质是缩小变量的作用范围，即将Python变量的作用范围缩小之后，Python 线程在对其进行访问或赋值时，都需要先进入 Python 变量的作用范围之内才能进行访问。Python 线程进入 Python 变量的作用范围之后，只能同时执行一种操作，因为此时的 Python 变量已经被定义了严格的执行顺序。所以，假如一个 Python 线程正在某变量的作用范围内进行访问，那么其他也需要访问该变量的 Python 线程在同一时刻也可以进行访问，因为该变量在 CPython 解释器或虚拟机中只存在于对应方法的内部，CPython 解释器或虚拟机并不会将该变量在整个解释器或虚拟机范围内进行声明。也就是说，通过缩小变量作用范围的方法可以将对应的 Python 变量的值约束到规定的一块内存区域，该内存区域可直接从 CPython 解释器或虚拟机获取，这就保证了对应 Python 变量在内存中的值始终是不变的。所以，任何数量的 Python 线程在访问该变量时无论在什么时刻都会访问到同样的数据，不会访问不到该变量的数据，也不会访问到错误的数据。

我们可以通过如下代码来验证上述实现 Python 变量原子性的过程：

```
def atomicVariablesDemo():
    b = 1
    print(b)
```

上述代码在被多个 Python 线程执行时，始终会打印相同的结果。我们可以从上述代码所对应的 Python 字节码中了解到实现的细节，上述代码所对应的 Python 字节码（关键部分）如图 11-1 所示。

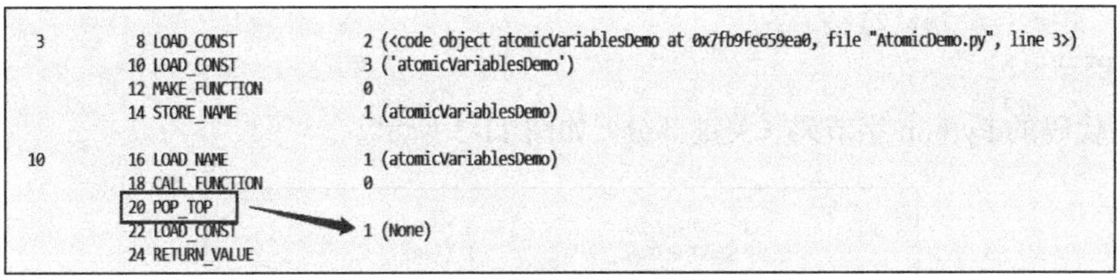

```
3        8 LOAD_CONST         2 (<code object atomicVariablesDemo at 0x7fb9fe659ea0, file "AtomicDemo.py", line 3>)
        10 LOAD_CONST         3 ('atomicVariablesDemo')
        12 MAKE_FUNCTION      0
        14 STORE_NAME         1 (atomicVariablesDemo)

10      16 LOAD_NAME          1 (atomicVariablesDemo)
        18 CALL_FUNCTION      0
        20 POP_TOP
        22 LOAD_CONST         1 (None)
        24 RETURN_VALUE
```

图 11-1　Python 原子变量实现对应的 Python 字节码（关键部分）

笔者已经将上述代码的核心 Python 字节码（即 POP_TOP 字节码指令）进行了标注，该字节码指令在前文已经进行了说明，即该字节码指令会以原子性的方式将变量 b 压入栈，所以，在执行完 POP_TOP 字节码指令之后，紧接着就执行了 LOAD_CONST 字节码指令，读取变量 b 的值。

Python 中原子性操作的实现原理其实都是大同小异的，我们来看几个常用 Python 原子性操作的实现原理。第一个操作是使用 append() 方法进行数据操作，代码如下：

```
def atomicVariablesDemo():
    mList = []
    mList.append(123)
    print(mList)
```

上述代码的 Python 字节码（关键部分）如图 11-2 所示。

```
Disassembly of <code object atomicVariablesDemo at 0x7fb9ad500ea0, file "AtomicDemo.py", line 3>:
  4           0 BUILD_LIST               0
              2 STORE_FAST               0 (mList)

  5           4 LOAD_FAST                0 (mList)
              6 LOAD_METHOD              0 (append)
              8 LOAD_CONST               1 (123)
             10 CALL_METHOD              1
             12 POP_TOP

  6          14 LOAD_GLOBAL              1 (print)
             16 LOAD_FAST                0 (mList)
             18 CALL_FUNCTION            1
             20 POP_TOP
             22 LOAD_CONST               0 (None)
             24 RETURN_VALUE
```

图 11-2　append() 方法实现原子性操作的 Python 字节码（关键部分）

通过上述 Python 字节码可知，上述操作实现原子性的思路是使用 POP_TOP 字节码指令，这里不再赘述。

第二个操作是使用 x = L[i] 进行数据操作，代码如下：

```
def atomicVariablesDemo():
    mList = []
    x = 0
    mList.append(123)
    mList.append(456)
    mList.append(789)
    for i in range(len(mList)):
        x = mList[2]
    print(x)
```

上述代码的 Python 字节码（关键部分）如图 11-3 所示。

```
  9          38 LOAD_GLOBAL              1 (range)
             40 LOAD_GLOBAL              2 (len)
             42 LOAD_FAST                0 (mList)
             44 CALL_FUNCTION            1
             46 CALL_FUNCTION            1
             48 GET_ITER
        >>   50 FOR_ITER                12 (to 64)
             52 STORE_FAST               2 (i)

 10          54 LOAD_FAST                0 (mList)
             56 LOAD_CONST               5 (2)
             58 BINARY_SUBSCR
             60 STORE_FAST               1 (x)
             62 JUMP_ABSOLUTE           50

 11     >>   64 LOAD_GLOBAL              3 (print)
             66 LOAD_FAST                1 (x)
             68 CALL_FUNCTION            1
             70 POP_TOP
             72 LOAD_CONST               0 (None)
             74 RETURN_VALUE
```

图 11-3　x=L[i] 实现原子性操作的 Python 字节码（关键部分）

通过上述 Python 字节码内容可知，上述操作实现原子性的思路是使用 STORE_FAST 字节码指令。STORE_FAST 字节码指令用于对 Python 方法中的局部性变量进行赋值，且在赋值过程中不允许有其他的对于同一变量的 STORE_FAST 字节码指令的执行，即在同一时刻对于同一个 Python 方法内的局部性变量，只能被一个 STORE_FAST 字节码指令进行赋值，从而保证该赋值操作的原子性。

第三个操作是使用 x = y 进行数据操作，代码如下：

```
def atomicVariablesDemo():
    x = 0
    y = 2
    x = y
    print(x)
    print(y)
```

上述代码的 Python 字节码（关键部分）如图 11-4 所示。

```
Disassembly of <code object atomicVariablesDemo at 0x7fb0c8c6eea0, file "AtomicDemo.py", line 3>:
  5           0 LOAD_CONST               1 (0)
              2 STORE_FAST               0 (x)

  6           4 LOAD_CONST               2 (2)
              6 STORE_FAST               1 (y)

  7           8 LOAD_FAST                1 (y)
             10 STORE_FAST               0 (x)

  8          12 LOAD_GLOBAL              0 (print)
             14 LOAD_FAST                0 (x)
             16 CALL_FUNCTION            1
             18 POP_TOP

  9          20 LOAD_GLOBAL              0 (print)
             22 LOAD_FAST                1 (y)
             24 CALL_FUNCTION            1
             26 POP_TOP
             28 LOAD_CONST               0 (None)
             30 RETURN_VALUE
```

图 11-4　x=y 实现原子性操作的 Python 字节码（关键部分）

通过上述 Python 字节码内容可知，上述操作实现原子性的思路是使用 STORE_FAST 字节码指令，这里不再赘述。

第四个操作是使用 D[x] = y 进行数据操作，代码如下：

```
def atomicVariablesDemo():
    mList = {'x':1,'y':2}
    y = 3
    mList['x'] = y
    print(mList)
```

上述代码的 Python 字节码（关键部分）如图 11-5 所示。

通过上述 Python 字节码内容可知，上述操作实现原子性的思路是使用 STORE_SUBSCR 字节码指令。STORE_SUBSCR 字节码指令用于对 Python 方法中的字典类型的局部性变量的值进行更新，且在更新过程中不允许有其他的对于同一变量的 STORE_SUBSCR 字节码指令执行，即在同一时刻对于同一个 Python 方法中的字典类型的局部性变量，只能被一个 STORE_SUBSCR 字节码指令进行变量值的更新，从而保证了该更新值操作的原子性。

```
Disassembly of <code object atomicVariablesDemo at 0x7fc7cee96ea0, file "AtomicDemo.py", line 3>:
  4           0 LOAD_CONST               1 (1)
              2 LOAD_CONST               2 (2)
              4 LOAD_CONST               3 (('x', 'y'))
              6 BUILD_CONST_KEY_MAP      2
              8 STORE_FAST               0 (mList)

  5          10 LOAD_CONST               4 (3)
             12 STORE_FAST               1 (y)

  6          14 LOAD_FAST                1 (y)
             16 LOAD_FAST                0 (mList)
             18 LOAD_CONST               5 ('x')
             20 STORE_SUBSCR

  7          22 LOAD_GLOBAL              0 (print)
             24 LOAD_FAST                0 (mList)
             26 CALL_FUNCTION            1
             28 POP_TOP
             30 LOAD_CONST               0 (None)
             32 RETURN_VALUE
```

图 11-5　D[x]=y 实现原子性操作的 Python 字节码（关键部分）

上述对于 Python 中原子性操作的介绍几乎涵盖了 Python 中所有支持原子性操作的实现原理和实现思路，极个别的原子性操作由于很少被使用，所以笔者这里没有介绍，感兴趣的读者可以自行按照本章笔者分析的方式自行分析。

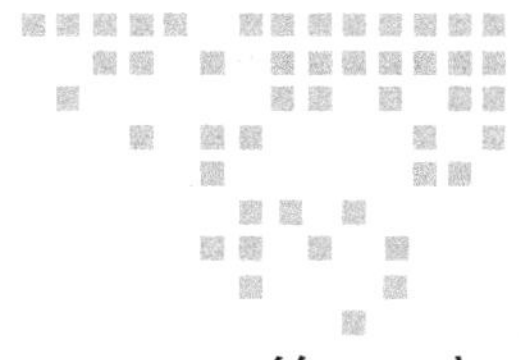

第 12 章 Chapter 12

# Python 线程池的实现

本章将介绍 Python 线程池的实现，是向 Python 高并发、高性能编程实战的过渡内容。在本章中，笔者不仅会介绍 Python 中最基础的线程池的实现，还会介绍 Python 线程池的实现思路和管理流程，让各位读者可以知其然也知其所以然。

## 12.1 什么是线程池

线程池即用来盛放相应数量的线程的容器，由于该容器及其存在形式与我们现实生活中的水池类似，所以又叫盛放相应数量的线程的池子。但是归根结底，线程池指的是一种可以盛放相应数量线程的池子容器。Python 线程池的理想型组成如图 12-1 所示。

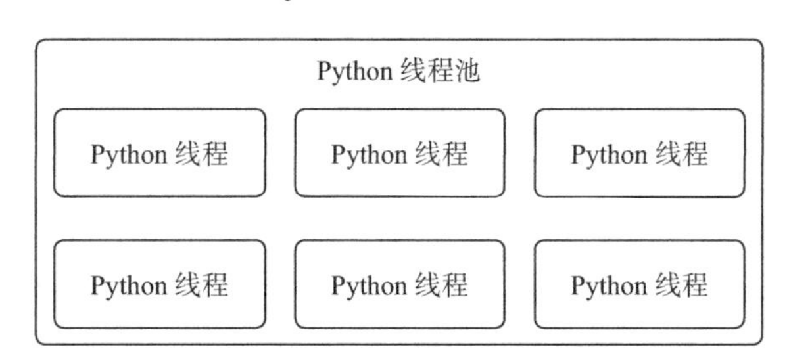


图 12-1 Python 线程池的理想型组成

线程池规定了线程创建过程、运行过程、销毁过程，也规定了从中获取线程的方式。任何一个存在于线程池中的线程都必须要听从所在线程池的调度和指挥。和传统的线程完全交由操作系统和 CPU 管理方式相同，线程池联合操作系统、CPU 对线程进行管理。

类比生活中的水池来理解线程池，我们在建造水池之前，需要考虑水池所在的位置、水池所用的材料以及所用材料的比例，还需要考虑水池所能容纳的最大水量、水的种类。同时，我们还需要有人向水池中放入对应种类、对应容积的水，以便发挥水池的作用。

当需要用水时，我们可以通过一种可盛放水的容器以指定的方式从水池中获取水。我们从水池中获取水后，就可以在任何用到水的地方进行使用。从盛放水的容器中可直接倒出水使用，一般情况下不需要执行额外的操作。

从现实生活中的水池回到线程池这一概念，线程池的生命周期和运作方式亦是如此，即当我们创建一个线程池时需要完成如下操作。

1）清楚线程池所在的位置，就是线程池所依赖的载体。在 Python 中，这个载体就是 CPython 解释器或虚拟机。

2）我们创建线程池所用的材料就是线程本身，水池所能容纳的最大水量就是线程池所能容纳的最大线程数量，水的种类就是线程池中线程的类型，在 Python 中指的是 Python 类型的线程。人们向水池中放入对应种类、对应容积的水的过程就是 Python 开发者调用线程池，创建对应数量的 Python 线程的过程。

3）创建好 Python 线程池之后，Python 开发者就可以通过 Python 中特定的 API 或方法从创建好的线程池中取出 Python 线程。对于不同的业务场景，取出来的 Python 线程的使用方式也不尽相同。

4）当从 Python 线程池中取出来的 Python 线程执行完之后，操作系统和 CPU 就会释放该 Python 线程占用的资源，线程池在接收到这一释放信号之后，就会将这个空闲的 Python 线程回收进线程池中，并将该线程的使用状态置为空。空表示该 Python 线程又可以被重新取出使用了。

5）当 Python 线程池中所有的 Python 线程都空闲时，Python 线程池就会停止 Python 线程的创建工作，并将运行状态转变为空闲状态。如果 Python 线程池一直没有被其他 Python 程序所调用，那么在经过一定时间后，Python 中的垃圾回收机制就会对其进行回收。

在 Python 中，对于线程池中线程的创建数量是没有明确要求的。理论上来说，开发者可以创建若干数量的 Python 线程。一个简易的 Python 线程池应该包含线程最大数量、线程同时运行最大数量、线程执行空闲时间、线程执行阻塞时间、核心线程数量这些基本内容。其中，线程最大数量指的是 Python 线程池中允许创建的最大的 Python 线程数量；线程同时运行最大数量指的是在一个确定的线程池中，同时被调用运行的 Python 线程的数量；线程执行空闲时间指的是从 Python 线程池中取出的 Python 线程在执行完一次任务之后接连执行第二次任务过程中等待的空闲时间；线程执行阻塞时间指的是从 Python 线程池中取出的 Python 线程的数量大于等于 2，在执行相同任务时，执行任务的 Python 线程阻塞其他 Python 线程的最大时间；核心线程数量指的是 Python 线程池中同时存活的线程数量。

根据上述对 Python 线程池运作方式的描述，笔者画了一张 Python 线程池的运行流程，如图 12-2 所示。

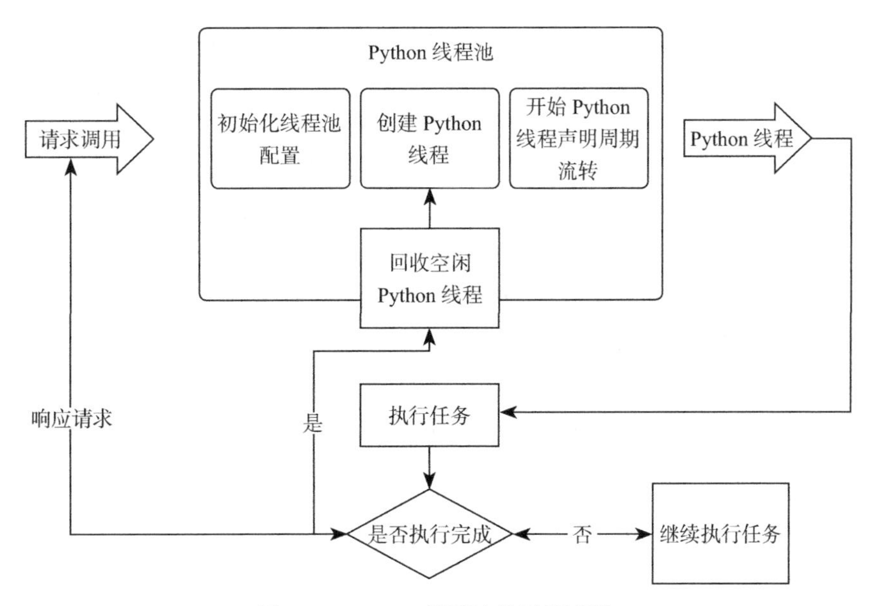


图 12-2　Python 线程池的运行流程

从图 12-2 可知，当有请求来临时，请求会首先被 Python 线程池所处理。Python 线程池在接收到请求之后，会调用初始化线程池的方法。在初始化线程池过程中，Python 会读取开发者所配置的线程池的各种属性，并根据这些属性创建一个完备的 Python 线程池。当 Python 线程池创建出来之后，CPython 解释器或虚拟机会直接在线程池中创建 Python 线程，之后就会将创建出来的 Python 线程交由操作系统和 CPU 进行管理。当 Python 线程执行完任务之后，操作系统和 CPU 就会释放该 Python 线程的资源，同时通知 Python 线程池。Python 线程池在接收到这一通知之后就会启动对在 Python 线程池中创建出来的 Python 线程的回收。在 Python 线程回收完成后，对应 Python 线程池中可用的 Python 线程数量增加，以供后续使用。

## 12.2　Python 线程池的实现方式

CPython 官方并没有对 Python 线程池提供原生的实现，而是通过将 Python 线程池封装到 concurrent 模块中，并以 futures 基类进行实现。使用 concurrent 模块中的 futures 基类定义 Python 线程池的最简单的方式如下：

```
from concurrent.futures import ThreadPoolExecutor

mThreadPool = ThreadPoolExecutor(max_workers=2)
```

上述代码表示从 concurrent 模块中的 futures 基类中引入 Python 中常规的线程池，即 ThreadPoolExecutor 线程池。在 ThreadPoolExecutor() 线程池中，笔者指定了一个线程池的属性——max_workers，表示该线程池中允许容纳的最大 Python 线程数量。max_workers 属性的默认值为 min(32, os.cpu_count() + 4)。该默认值会保留至少 5 个工作线程，以执行 I/O 密集型任务。对于那些释放了 GIL 的计算密集型任务，它们最多会使用 32 个 CPU 核心，这样能避免在多核机器上不知不觉地使用大量资源。对于上述所描述类型的 Python 线程池，它们还支持设置其他 3 个属性，分别是 thread_name_prefix、initializer、initargs。thread_name_prefix 属性表示允许用户控制由调用 threading.Thread 线程创建的工作线程名称，以方便调试。Initializer 属性表示在每个工作线程开始处调用一个可选、可调用对象。initargs 属性表示传递给初始化器的元组参数。

ThreadPoolExecutor 是 Executor 的子类，它使用线程池来异步执行调用。可调用对象已关联一个 future 对象，然后在等待另一个 future 对象的结果时就会发生死锁现象。

情况一：

```
import time

def wait_on_b():
    time.sleep(5)
    print(b.result())
    return 5

def wait_on_a():
    time.sleep(5)
    print(a.result())
    return 6

executor = ThreadPoolExecutor(max_workers=2)
a = executor.submit(wait_on_b)
b = executor.submit(wait_on_a)
```

情况二：

```
def wait_on_future():
    f = executor.submit(pow, 5, 2)
    print(f.result())

executor = ThreadPoolExecutor(max_workers=1)
executor.submit(wait_on_future)
```

ThreadPoolExecutor 线程池支持 3 个操作方法，分别是 submit()、map()、shutdown()。submit() 方法表示调度时可调用对象 fn，以 fn(*args, **kwargs) 形式执行并返回代表该可调用对象执行结果的 Future 对象，参考代码示例如下：

```
with ThreadPoolExecutor(max_workers=1) as executor:
    future = executor.submit(pow, 323, 1235)
    print(future.result())
```

在调用 map() 方法时，如果从原始调用到 Executor.map() 经过 timeout 秒，__next__()

被调用且返回的结果不可用，那么已返回的迭代器将触发 concurrent.futures.TimeoutError。timeout 既可以是整数，也可以是浮点数。如果 timeout 没有指定或为 None，则没有超时限制。如果 func 在调用过程中出现了异常，那么在获取 func 的值时，异常会被直接返回。使用 ProcessPoolExecutor 时，这个 map() 方法会将 iterables 分割为任务块并将其作为独立的任务提交到执行池。任务块的数量可以通过 chunksize 指定正整数来设置。对迭代器来说，使用大的 chunksize 值比默认值 1 能显著提高性能。 chunksize 对 ThreadPoolExecutor 没有作用。

在调用 shutdown() 方法时，待执行的 future 对象完成执行后向执行者发送信号，并释放正在使用的任何资源。在关闭 shutdown() 方法后，调用 Executor.submit() 和 Executor.map() 将会引发 RuntimeError。如果 wait 为 True，此方法只有在所有待执行的 future 对象完成执行且释放已分配的资源后才会返回。 如果 wait 为 False，此方法立即返回，所有待执行的 future 对象完成执行后释放已分配的资源。不管 wait 的值是 True 还是 False，整个 Python 程序将等到所有待执行的 future 对象完成执行后才退出。如果 cancel_futures 为 True，此方法将取消所有执行器还未开始运行的、挂起的 future 对象。 任何已完成或正在运行的 Future 将不会被取消，无论 cancel_futures 的值是什么。如果 cancel_futures 和 wait 均为 True，执行器已开始运行的所有 Future 将在此方法返回之前完成执行，其余的 Future 会被取消。如果使用 with 语句，我们可以避免显式调用 shutdown() 方法，否则 with 语句会停止执行，就好像 Executor.shutdown() 调用时 wait 设为 True 一样等待。我们来看下面的代码：

```
import shutil

with ThreadPoolExecutor(max_workers=4) as e:
    e.submit(shutil.copy, 'src1.txt', 'dest1.txt')
    e.submit(shutil.copy, 'src2.txt', 'dest2.txt')
    e.submit(shutil.copy, 'src3.txt', 'dest3.txt')
    e.submit(shutil.copy, 'src4.txt', 'dest4.txt')
```

上述是对 Python 线程池的使用方式和使用流程的详细介绍。Python 线程池的实战更多偏向于 Python Web 项目，因为在 Python Web 项目中需要处理来自用户的网络请求和其他耗时的业务。

对于 ThreadPoolExecutor 线程池，CPython 对其进行了单独实现。ThreadPoolExecutor 线程池的实现代码如下。

```
from concurrent.futures import _base
import itertools
import queue
import threading
import types
import weakref
import os
```

```
_threads_queues = weakref.WeakKeyDictionary()
_shutdown = False
_global_shutdown_lock = threading.Lock()

def _python_exit():
    global _shutdown
    with _global_shutdown_lock:
        _shutdown = True
    items = list(_threads_queues.items())
    for t, q in items:
        q.put(None)
    for t, q in items:
        t.join()

threading._register_atexit(_python_exit)

if hasattr(os, 'register_at_fork'):
    os.register_at_fork(before=_global_shutdown_lock.acquire,
                        after_in_child=_global_shutdown_lock._at_fork_reinit,
                        after_in_parent=_global_shutdown_lock.release)


class _WorkItem(object):
    def __init__(self, future, fn, args, kwargs):
        self.future = future
        self.fn = fn
        self.args = args
        self.kwargs = kwargs

    def run(self):
        if not self.future.set_running_or_notify_cancel():
            return

        try:
            result = self.fn(*self.args, **self.kwargs)
        except BaseException as exc:
            self.future.set_exception(exc)
            self = None
        else:
            self.future.set_result(result)

    __class_getitem__ = classmethod(types.GenericAlias)


def _worker(executor_reference, work_queue, initializer, initargs):
    if initializer is not None:
        try:
            initializer(*initargs)
        except BaseException:
            _base.LOGGER.critical('Exception in initializer:', exc_info=True)
```

```
            executor = executor_reference()
            if executor is not None:
                executor._initializer_failed()
            return
    try:
        while True:
            work_item = work_queue.get(block=True)
            if work_item is not None:
                work_item.run()
                del work_item

                executor = executor_reference()
                if executor is not None:
                    executor._idle_semaphore.release()
                del executor
                continue

            executor = executor_reference()
            if _shutdown or executor is None or executor._shutdown:
                if executor is not None:
                    executor._shutdown = True
                work_queue.put(None)
                return
            del executor
    except BaseException:
        _base.LOGGER.critical('Exception in worker', exc_info=True)


class BrokenThreadPool(_base.BrokenExecutor):


class ThreadPoolExecutor(_base.Executor):

    _counter = itertools.count().__next__

    def __init__(self, max_workers=None, thread_name_prefix='',
                 initializer=None, initargs=()):

        if max_workers is None:
            max_workers = min(32, (os.cpu_count() or 1) + 4)
        if max_workers <= 0:
            raise ValueError("max_workers must be greater than 0")

        if initializer is not None and not callable(initializer):
            raise TypeError("initializer must be a callable")

        self._max_workers = max_workers
        self._work_queue = queue.SimpleQueue()
        self._idle_semaphore = threading.Semaphore(0)
        self._threads = set()
```

```
        self._broken = False
        self._shutdown = False
        self._shutdown_lock = threading.Lock()
        self._thread_name_prefix = (thread_name_prefix or
                                    ("ThreadPoolExecutor-%d" % self._counter()))
        self._initializer = initializer
        self._initargs = initargs

    def submit(self, fn, /, *args, **kwargs):
        with self._shutdown_lock, _global_shutdown_lock:
            if self._broken:
                raise BrokenThreadPool(self._broken)

            if self._shutdown:
                raise RuntimeError('cannot schedule new futures after shutdown')
            if _shutdown:
                raise RuntimeError('cannot schedule new futures after '
                                   'interpreter shutdown')

            f = _base.Future()
            w = _WorkItem(f, fn, args, kwargs)

            self._work_queue.put(w)
            self._adjust_thread_count()
            return f
    submit.__doc__ = _base.Executor.submit.__doc__

    def _adjust_thread_count(self):
        if self._idle_semaphore.acquire(timeout=0):
            return

        def weakref_cb(_, q=self._work_queue):
            q.put(None)

        num_threads = len(self._threads)
        if num_threads < self._max_workers:
            thread_name = '%s_%d' % (self._thread_name_prefix or self,
                                     num_threads)
            t = threading.Thread(name=thread_name, target=_worker,
                                 args=(weakref.ref(self, weakref_cb),
                                       self._work_queue,
                                       self._initializer,
                                       self._initargs))
            t.start()
            self._threads.add(t)
            _threads_queues[t] = self._work_queue

    def _initializer_failed(self):
        with self._shutdown_lock:
            self._broken = ('A thread initializer failed, the thread pool '
```

```
                        'is not usable anymore')
            while True:
                try:
                    work_item = self._work_queue.get_nowait()
                except queue.Empty:
                    break
                if work_item is not None:
                    work_item.future.set_exception(BrokenThreadPool(self._
                        broken))

    def shutdown(self, wait=True, *, cancel_futures=False):
        with self._shutdown_lock:
            self._shutdown = True
            if cancel_futures:
                while True:
                    try:
                        work_item = self._work_queue.get_nowait()
                    except queue.Empty:
                        break
                    if work_item is not None:
                        work_item.future.cancel()

            self._work_queue.put(None)
        if wait:
            for t in self._threads:
                t.join()
    shutdown.__doc__ = _base.Executor.shutdown.__doc__
```

出于阅读方便的考虑，笔者已经将对于 ThreadPoolExecutor 的实现源码的分析通过注释的方式在上述代码中进行了声明。

# 高性能篇

Chapter 13 第 13 章

# Python 代码性能优化

我们已经对 Python 中高并发的实现原理有了一定了解，但是只了解这些还是远远不够的，还需要了解 Python 中可以进行性能优化的代码。本章会介绍 Python 中可以进行优化的代码、代码优化的步骤，包括对 Python 基础代码的优化、对 Python 垃圾回收机制的优化。

## 13.1 基础代码优化

在本节中，笔者将介绍如何对 Python 中的基础代码进行优化，包括 Python 中常用的循环语法和循环语句，以及 Python 中常见的数学计算和数学计算相关逻辑。

### 13.1.1 循环优化

循环是 Python 中常用的编码方式，常用来遍历多个数据或多个元素，以及对 Python 中固定的集合进行迭代处理等。循环由于需要重复执行相同的步骤，因此在执行时间和内存消耗上存在一定的优化项。Python 中的循环优化大体上可以分为两个方向：第一个方向是减少相同的循环次数；第二个方向是减少不必要的循环处理操作，即在处理多条数据时，能不使用循环就不使用循环，改为采用对于单任务的多线程调用执行的方式。

我们先来看 Python 中简单的循环处理方式，代码如下：

```
for i in range(10):
    print(i)
```

上述代码将固定 10 次循环的索引值进行了打印，如图 13-1 所示。

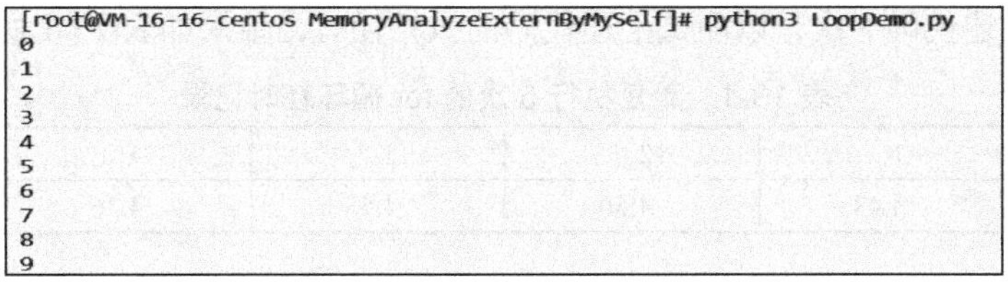

```
[root@VM-16-16-centos MemoryAnalyzeExternByMySelf]# python3 LoopDemo.py
0
1
2
3
4
5
6
7
8
9
```

图 13-1　Python 固定 10 次的 for 循环执行结果

对于 for 循环，在上述代码固定循环 10 次范围内，索引值从 0 开始输出，一直输出到 9，共计 10 个数据。上述简单的 for 循环代码对应的 Python 字节码如图 13-2 所示。

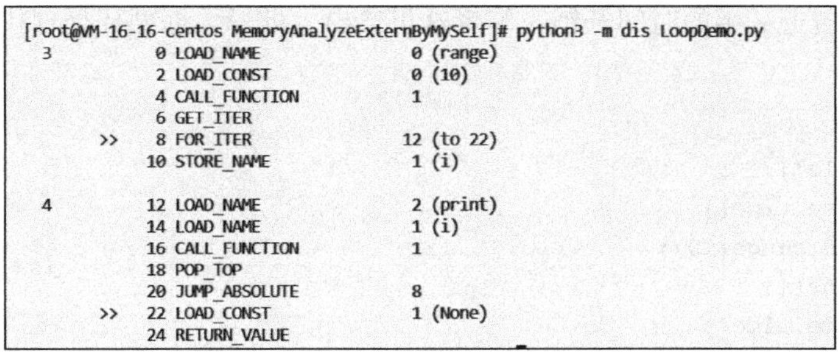

```
[root@VM-16-16-centos MemoryAnalyzeExternByMySelf]# python3 -m dis LoopDemo.py
  3           0 LOAD_NAME                0 (range)
              2 LOAD_CONST               0 (10)
              4 CALL_FUNCTION            1
              6 GET_ITER
        >>    8 FOR_ITER                12 (to 22)
             10 STORE_NAME               1 (i)

  4          12 LOAD_NAME                2 (print)
             14 LOAD_NAME                1 (i)
             16 CALL_FUNCTION            1
             18 POP_TOP
             20 JUMP_ABSOLUTE            8
        >>   22 LOAD_CONST               1 (None)
             24 RETURN_VALUE
```

图 13-2　for 循环代码对应的 Python 字节码

从图 13-2 可知，忽略 range() 方法对于 for 循环本体执行的影响，重点来看两个字节码指令——GET_ITER 字节码指令和 FOR_ITER 字节码指令。GET_ITER 字节码指令和 FOR_ITER 字节码指令分别用来获取 for 循环迭代器和执行具体的循环操作。GET_ITER 字节码指令在获取到 for 循环迭代器时会直接通知 FOR_ITER 字节码指令执行具体循环动作，在这个过程中一般不会出现字节码指令执行的断层现象，所以我们在对 for 循环进行优化时，是不能对具体的循环执行过程进行优化的。FOR_ITER 字节码指令在接收到 for 循环迭代器的指令通知后，就会开始执行具体的循环动作。在执行具体的循环动作时，FOR_ITER 字节码指令会首先获取到由 GET_ITER 字节码指令返回的循环范围（该循环范围通过 LOAD_CONST 指令载入对应的内存）。在获取到循环范围之后，FOR_ITER 字节码指令会将循环的输出内容指向下一步变量存储的内存，该部分内存也通过 LOAD_CONST 指令进行载入。

在了解了 for 循环的工作原理之后，我们需要对上述代码进行性能测试。测试上述代码执行时间的代码如下：

```
import time

t1 = time.time()
for i in range(10):
    print(i)
t2 = time.time()

print(t2-t1)
```

重复执行上述代码5次，以测试上述代码的执行耗时，结果如表13-1所示。

表13-1　重复执行5次的for循环耗时记录

| 次数 | 1 | 2 | 3 | 4 | 5 |
|---|---|---|---|---|---|
| 执行耗时/μs | 4.43 | 4.50 | 4.55 | 4.36 | 4.33 |

从表13-1中可以看出，上述5次for循环中执行所需的最长时间是4.55μs，最短时间是4.33μs，整体稳定在4.4μs左右。这个时间基本上可以满足一般的程序执行要求，但是如果循环数据量变大，再使用上述循环进行处理，所耗费的时间成本和空间成本也会随之飙升。为此，我们可以对上述代码进行优化。优化后的代码在执行大批量数据循环处理任务时可以比之前节省近一半的时间开销，笔者这里给出大批量数据循环处理代码，具体如下：

```
import time

def forSimple():
    t1 = time.time()
    for i in range(10):
        print(i)
    t2 = time.time()
    print(t2-t1)

def generatorSimple():
    t1 = time.time()
    testList = [1,2,3,4,5,6,7,8,9,10]
    for i in range(len(testList)):
        print(testList[i])
    t2 = time.time()
    print(t2-t1)

forSimple()
generatorSimple()
```

在上述代码中，笔者将之前的for循环代码封装到一个名为forSimple的方法中，将优化后的代码封装到一个名为generatorSimple的方法中。为了打印之前代码的循环执行结果，笔者这里在generatorSimple方法中定义了一个长度一样的List集合，并手动填充testList集合中的元素，使打印的数据类型、大小与之前for循环中打印的数据类型、大小保持一致。forSimple方法和generatorSimple方法中均采用了和之前for循环中测试执行速度相同的测试代码，这样可以做到近似相同的测试流程。forSimple()方法和generatorSimple()方法的程序执行结果相同，这里不再对输出内容进行展示，直接看优化后的对比结果。

对于forSimple()方法和generatorSimple()方法的执行结果，我们还是采用和之前测试次数相同的流程，即执行5次固定循环，分别统计程序的执行时间。上述两个方法的测试执行时间如表13-2所示。

表 13-2　forSimple() 方法与 generatorSimple() 方法性能比对

| 执行方法 | forSimple() 方法 | | | | |
| --- | --- | --- | --- | --- | --- |
| 执行次数 | 1 | 2 | 3 | 4 | 5 |
| 执行耗时 /μs | 4.45 | 4.50 | 4.36 | 4.48 | 4.31 |
| 执行方法 | generatorSimple () 方法 | | | | |
| 执行次数 | 1 | 2 | 3 | 4 | 5 |
| 执行耗时 /μs | 2.59 | 2.57 | 2.59 | 2.59 | 2.57 |

可以看出，generatorSimple () 方法在执行相同的循环代码时，所需要的时间稳定在 2.5μs 左右，forSimple() 方法在执行相同的循环代码时，所需要的时间基本在 4.3 ～ 4.5μs。从整体来看，forSimple() 方法要比 generatorSimple () 方法慢，而相差的时间开销在每次执行 for 循环时，都可以再执行一次 generatorSimple () 方法，可见差别还是很大的。

上述代码的优化整体采用的是 Python 内部集合数据类型的迭代器，这种迭代器和传统的 for 循环在表面看起来基本上是一样的，但是内部的实现原理完全不同。上述代码的 Python 字节码（关键部分）如图 13-3 所示。

```
5           8 LOAD_GLOBAL              1 (range)
           10 LOAD_CONST               1 (10)
           12 CALL_FUNCTION            1
           14 GET_ITER
      >>   16 FOR_ITER                12 (to 30)
           18 STORE_FAST               1 (i)

6          20 LOAD_GLOBAL              2 (print)
           22 LOAD_FAST                1 (i)
           24 CALL_FUNCTION            1
           26 POP_TOP
           28 JUMP_ABSOLUTE           16

7     >>   30 LOAD_GLOBAL              0 (time)
           32 LOAD_METHOD              0 (time)
           34 CALL_METHOD              0
           36 STORE_FAST               2 (t2)

8          38 LOAD_GLOBAL              2 (print)
           40 LOAD_FAST                2 (t2)
           42 LOAD_FAST                0 (t1)
           44 BINARY_SUBTRACT
           46 CALL_FUNCTION            1
           48 POP_TOP
           50 LOAD_CONST               0 (None)
           52 RETURN_VALUE

Disassembly of <code object generatorSimple at 0x7f8f66ab2f50, file "LoopDemo.py", line 10>:
11          0 LOAD_GLOBAL              0 (time)
            2 LOAD_METHOD              0 (time)
            4 CALL_METHOD              0
            6 STORE_FAST               0 (t1)

12          8 BUILD_LIST               0
           10 LOAD_CONST               1 ((1, 2, 3, 4, 5, 6, 7, 8, 9, 10))
           12 LIST_EXTEND              1
           14 STORE_FAST               1 (testList)

13         16 LOAD_GLOBAL              1 (range)
           18 LOAD_GLOBAL              2 (len)
           20 LOAD_FAST                1 (testList)
           22 CALL_FUNCTION            1
           24 CALL_FUNCTION            1
           26 GET_ITER
```

图 13-3　迭代器执行代码时的 Python 字节码（关键部分）

从图 13-3 中可知，当执行 for 循环操作时，forSimple() 方法被 GET_ITER 和 FOR_

ITER 字节码指令执行完后就没有了后续操作，可以说整个执行过程都交给了 CPU 去处理，随机性较大，时间也不好把握，完全看 CPU 的执行状态。generatorSimple () 方法在执行时，先是通过 BUILD_LIST 字节码指令构建 List 集合，然后使用 LIST_EXTEND 字节码指令声明准备使用 List 集合类型的迭代器进行迭代，接着才交给 CPU 去处理，这样就降低了 CPU 执行的随机性，节省了一定的执行时间。

### 13.1.2 数学计算优化

本节所介绍的 Python 中的数学计算优化相关内容，主要是基于开发者在开发 Python 程序时常用的一些计算方法、赋值方法、算法进行优化，并不会涉及关于 Python 机器学习和人工智能相关领域的数学计算或算法优化。

我们在日常编程中，经常会将多个变量的值进行交换，即对变量的值进行交换赋值，一般实现代码如下：

```
a= b
b = temp
temp = a
```

其实在 Python 中我们可以这么写：

```
a, b = b, a
```

上述代码要比一般代码节省内存空间，执行上也要比一般代码节省时间。而且，开发者在编写起来也比较容易，代码的可读性更好，后续更利于维护和升级。

对于字符串的处理，Python 也提供了多种处理方式。当我们需要拼接多个字符串时，按照我们熟知的字符串处理方式来看，会直接采用“+”号这种方式，代码示例如下：

```
strA = "123123"
strB = "3333"
strC = "675765"
print(strA + strB + strC)
```

上述代码会通过“+”号将 3 个字符串拼接起来输出。在“+”号拼接方式的实现内部，操作系统会先创建一个新字符串，然后将两个旧字符串拼接，再复制到新字符串中，如果需要拼接的字符串数量有多个，那么操作系统就会创建多个拷贝和多个内存空间（重复上述过程），但是最终需要的字符串只需要占用一份内存空间就够了，所以，通过这种方式进行字符串拼接会造成一定的内存浪费和时间开销。因此，在拼接字符串时并不推荐使用这种方式，而是采用下面这种 Python 优化后的拼接方式。优化后的字符串拼接方式：

```
strA = "123123"
strB = "3333"
strC = "675765"
result = '%s%s%s' % (strA, strB, strC)
print(result)
```

上述字符串拼接方式整体采用的是基于 C 语言的占位符进行拼接。采用该种方式进行字符串拼接时，Python 并不会在内存中新建内存空间，而是在执行到带有占位符的代码时，首先识别有几个占位符，在识别到之后一次性分配这些占位符所占用的内存空间，并不会出现额外的占位符空间。上述采用占位符实现字符串拼接的 Python 字节码（关键部分）如图 13-4 所示。

```
7        0 LOAD_CONST       0 ('123123')
         2 STORE_NAME       0 (strA)

8        4 LOAD_CONST       1 ('3333')
         6 STORE_NAME       1 (strB)

9        8 LOAD_CONST       2 ('675765')
        10 STORE_NAME       2 (strC)

10      12 LOAD_CONST       3 ('%s%s%s')
        14 LOAD_NAME        0 (strA)
        16 LOAD_NAME        1 (strB)
        18 LOAD_NAME        2 (strC)
        20 BUILD_TUPLE      3
        22 BINARY_MODULO
        24 STORE_NAME       3 (result)

11      26 LOAD_NAME        4 (print)
        28 LOAD_NAME        3 (result)
        30 CALL_FUNCTION    1
        32 POP_TOP
        34 LOAD_CONST       4 (None)
        36 RETURN_VALUE
```

图 13-4　采用占位符实现字符串拼接的 Python 字节码（关键部分）

通过图 13-4 可知，在使用占位符来拼接字符串时，Python 解释器或虚拟机会使用 LOAD_CONST 字节码指令将占位符一次性载入内存，接着通过 LOAD_NAME 字节码指令来对应上述内存中占位符的数量（对应关系如图 13-4 所示），这就是通过占位符拼接字符串的实现原理。这种实现方式相对于使用“+”号的方式来说，不会重复申请内存来存放新的字符串，更不会在所有字符串拼接完成后再次申请新的内存，而是一次性申请能够放下占位符的内存，并一次性进行变量的载入，最后直接将拼接的字符串结果进行返回或输出。这种方式节省了“+”号拼接字符串需要重复申请内存的操作，提高了字符串拼接效率，唯一不足之处是在一定程度上降低了代码的可读性和可维护性。但是，如果读者对 C 语言深入了解，或者在平常工作中使用过 C 语言，那么理解这种代码就不会有任何难度了。

## 13.2　垃圾回收优化

我们都知道，Python 解释器或虚拟机中是存在对垃圾 Python 对象和变量回收机制的，而垃圾回收机制动作一般是交由 Python 解释器或虚拟机自动完成，并不会像 C 或 C++ 那样需手动干预。

但是，有些业务场景还是要求开发者要对 Python 解释器或虚拟机中的垃圾回收机制进行手动干预，从而达到节省资源、提高 Python 程序运行效率的目的。在本节中，笔者将介绍对 Python 解释器或虚拟机中的垃圾回收进行手动干预的方法，从而达到垃圾回收优化的目的。

### 13.2.1 降低垃圾回收的频率

对于 CPython 解释器或虚拟机来说，最常用也是最简单的垃圾回收优化手段就是降低垃圾回收的频率。Python 中降低垃圾回收频率的手段一般有两种：第一种是引入 Python 中的 gc 包，另一种是结合 Python 中的垃圾回收算法。

gc 包是 CPython 官方为 Python 开发者提供的一个资源包。该包中包含对 Python 中的垃圾进行回收的基础操作方法。开发者可以结合这些基础操作方法，手动设置 Python 垃圾回收的时机。Python 中垃圾回收的基础操作方法共有 4 个，分别是 disable()、collect()、set_threshold ()、set_debug ()。这四种基础操作方法分别用于暂停自动垃圾回收、返回垃圾回收机制所找到无法到达的对象的数量、设置 Python 垃圾回收的阈值、设置垃圾回收的调试标记并将调试信息写入 std.err() 方法。对于上述基础操作方法的使用，笔者写了几个示例代码，具体如下：

```
import gc
import objgraph

gc.disable()


class A(object):
    pass

class B(object):
    pass

def test1():
    a = A()
    b = B()

test1()
print(objgraph.count('A'))
print(objgraph.count('B'))
```

我们知道，Python 中常用的垃圾回收算法是引用计数算法。引用计数算法是一种非常高效的内存管理手段，当 Python 对象被调用时，其引用计数器的值就增加 1；当 Python 对象不再被调用时，其引用计数器的值就会减 1，直到减到 0 为止。当 Python 中一个对象的引用计数器的值等于 0 时，该对象就会被删除。

上述代码的执行结果如图 13-5 所示。

gc.disable() 方法用于暂停自动垃圾回收。当自动的垃圾回收机制暂停时，Python 对象的引用计数器值也就不再由 CPython 解释器或虚拟机进行自动管理，而是交由开发者手动进行干预。在上述代码中，笔者使用了 objgraph 第三方工具包来查看 a、b 两个对象引用计数器的值。通过打印结果可以发现，这两个对象的引用计数器的值均为 0，那么当不再调用 gc.disable() 方法时，a、b 两个对象就会被回收，以此来实现降低垃圾回收的频率。

```
[root@VM-16-16-centos MemoryAnalyzeExternByMySelf]# python3 GarbageCollectionDemo.py
0
0
```

图 13-5 查看 Python 中对象引用计数器数值的结果

开发者需要对 gc.disable() 方法进行灵活应用，在确实需要暂停自动垃圾回收的地方大胆使用，在那些确实不需要暂停自动垃圾回收的地方就一定不能使用，切记不能为了 Python 代码的执行速度而随意滥用该方法。

当开发者在编写 Python 代码时，切记不要编写重复引用或循环引用的 Python 代码，如果在不经意间编写了循环引用的代码，那么在进行代码审查时，一定要对其进行优化，因为这种代码不会被 Python 中的垃圾回收机制回收。笔者编写了一个简单的循环引用代码：

```
import gc
import objgraph

class A(object):
    def __init__(self):
        self.child = None

    def destroy(self):
        self.child = None

class B(object):
    def __init__(self):
        self.parent = None

    def destroy(self):
        self.parent = None

def test3():
    a = A()
    b = B()
    a.child = b
    b.parent = a

test3()
print('Object count of A:', objgraph.count('A'))
print('Object count of B:', objgraph.count('B'))
```

在调用上述代码中的 test3() 方法时就会发生对象 a 和对象 b 循环引用的情况，导致垃圾回收机制一直不能对上述代码进行回收，因为上述代码执行完毕时，对象 a 和对象 b 的引用计数器的值均为 1，如图 13-6 所示。

```
[root@VM-16-16-centos MemoryAnalyzeExternByMySelf]# python3 GarbageCollectionDemo.py
Object count of A: 1
Object count of B: 1
```

图 13-6　查看对象 a 和对象 b 的引用计数器的值

如果开发者不将该循环引用进行优化，上述代码所占用的内存空间将会越来越大。结束上述代码的循环引用其实很简单，只需要在 test3() 方法中调用相对应的 destroy() 方法即可，代码如下所示：

```
import gc
import objgraph

class A(object):
    def __init__(self):
        self.child = None

    def destroy(self):
        self.child = None

class B(object):
    def __init__(self):
        self.parent = None

    def destroy(self):
        self.parent = None

def test3():
    a = A()
    b = B()
    a.child = b
    b.parent = a
    a.destroy()
    b.destroy()

test3()
print('Object count of A:', objgraph.count('A'))
print('Object count of B:', objgraph.count('B'))
```

在 test3() 方法中，笔者分别调用了对象 a 和对象 b 的 destroy() 方法，来手动结束这一循环引用。在调用了对象 a 和对象 b 的 destroy() 方法之后，对象 a 和对象 b 的引用计数器的值变为 0，如图 13-7 所示。

```
[root@VM-16-16-centos MemoryAnalyzeExternByMySelf]# python3 GarbageCollectionDemo.py
Object count of A: 0
Object count of B: 0
```

图 13-7　调用了 destory() 方法后的对象 a 和对象 b 的引用计数器的值

这样，Python 中的垃圾回收机制就可以回收掉上述代码了（详见上述回收过程）。位于 test3() 方法中的 destroy() 方法只是笔者用于演示手动终止循环引用的标记方法，并不代表

Python 中所有的循环引用都需要通过这种方法进行终止，而是应该根据实际的项目环境和代码环境，来编写具体 Python 项目的循环引用终止条件，这样才能降低垃圾回收的频率。

当我们通过上述手段降低了垃圾回收频率之后，Python 项目在运行时就不会有明显的卡顿，对于 CPython 的内存占用来说，虽说占用了一些内存空间，但是项目整体的运行效率会得到提升。这是一种以空间换取时间的优化方式。

### 13.2.2　调整垃圾回收参数

Python 中的垃圾回收优化的另一种方法是调整 Python 中垃圾回收参数。我们经常调整的一个垃圾回收参数是垃圾回收条件的阈值，即 gc 库中的 set_threshold() 方法（用于设置垃圾回收频率）。set_threshold() 方法支持对 threadshold 阈值进行设置，当该阈值为 0 时，那么垃圾回收机制就会被禁用。Python 中的垃圾回收器把所有对象分类为三代，依据是对象在多少次垃圾回收后幸存。新建对象会被放在最年轻代（第 0 代）。如果一个对象在一次垃圾回收后幸存，它会被移入较老代（第 1 代）。由于第 2 代是最老代，这一代的对象在一次垃圾回收后仍会保留原样。为了确定何时要运行垃圾回收机制，垃圾回收器会跟踪自上一次回收后对象分配和释放的数量，当分配数量减去释放数量的值大于 threshold 0 时，垃圾回收开始。初始时只有第 0 代会被检查。如果第 1 代被检查后第 0 代已被检查超过 threshold 1 次，则第 1 代也会被检查，对于第三代来说情况还会更复杂。

对于垃圾回收频率来说，一般的优化方法是直接调高该收集频率，即通过 gc 库中的 set_threshold() 方法来调高收集频率，使垃圾回收机制可以在同一时刻回收尽可能多的 Python 对象。调高该收集频率的代码如下所示：

```
gc.set_threshold(3000)
```

在设置该参数之后，当需要回收的 Python 对象的数量大于或等于 3000 时，Python 就会开启垃圾回收机制进行垃圾回收；当需要回收的 Python 对象的数量小于 3000 时，不进行垃圾回收，直到需要回收的 Python 对象的数量大于或等于 3000 时，才会进行垃圾回收。

相应地，我们可以通过以下代码来获取当前环境中 Python 进行垃圾回收的阈值：

```
gc.get_threshold()
```

在上述 test3() 方法调用的环境中，执行上述代码所获取的阈值如图 13-8 所示。

```
[root@VM-16-16-centos MemoryAnalyzeExternByMySelf]# python3 GarbageCollectionDemo.py
(700, 10, 10)
Object count of A: 0
Object count of B: 0
```

图 13-8　test3() 方法的执行结果

调用 gc.get_threshold() 方法后，threshold 阈值会以 Python 中元组的方式进行返回。截图 13-8 中，700 就是阈值的数量，即 Python 在当前环境中进行垃圾回收的最大数量：第 0 代是 700 个，第 1 代是 10 个，第 2 代也是 10 个。

我们还可以通过 gc 库中的 is_finalized() 方法来判断给定 Python 对象是否已经被回收，判断代码如下：

```
x = None
class Lazarus:
    def __del__(self):
          global x
        x = self
lazarus = Lazarus()
gc.is_finalized(lazarus)
```

上述代码的执行结果为 False，表示 lazarus 对象还没有被 Python 中的垃圾回收机制回收。手动把 lazarus 对象删除的代码如下：

```
del lazarus
gc.is_finalized(x)
```

上述代码的执行结果为 True，表示 lazarus 对象已经被 Python 中的垃圾回收机制回收。当我们再次调用 lazarus 对象时，Python 就会抛出 lazarus 对象不存在或调用对象错误的异常信息。

对于垃圾回收环境中不同代系的选择或通信，gc 库也为我们提供了相应的 API，可实现当前垃圾回收环境中不同代系之间的切换，详细使用方法如下：

```
gc.freeze()
```

当调用方法 freeze() 时，冻结 gc 库跟踪的所有对象，并将它们移至永久代且忽略所有未来的集合。这个过程可以在 POSIX fork() 调用之前使用，以便对写入复制保持友好或加速收集。并且在 POSIX fork() 调用之前的收集也可以释放页面以供未来分配，这也可能导致写入时复制，因此建议在主进程中禁用 gc 库并在 fork 之前冻结 gc 库，而在子进程中启用 gc 库。

```
gc.unfreeze()
```

当调用 unfreeze() 方法时，解冻永久代中的对象，并将它们放回到年老代中。

```
gc.get_freeze_count()
```

调用该方法时，会返回永久代中的对象数量。

开发者需要根据所编写 Python 代码的实际运行过程，以及实际的业务运转流程来对 Python 中的垃圾回收机制进行优化，但是无论我们如何优化，只是在应用层面进行速度或空间占用的优化，无法在源码实现层面进行底层数据结构和执行速度的优化，因为对于 Python 中的垃圾回收机制来说，CPython 的标准实现中并没有提供可以直接操作底层源码实现的 API。开发者如果想对源码实现进行优化，只能编写拓展，而这就非常复杂了，一般不推荐对 Python 中的垃圾回收机制进行源码级优化。

第 14 章 Chapter 14

# 基于 Profile 的性能优化

本章将介绍 Python 中基于 Profile 进行性能优化的相关内容，包括什么是 Python Profile、如何使用 Profile 分析 Python 代码、通过 GUI 可视化的方式来查看 Profile 对 Python 代码的分析结果等。

## 14.1 Python Profile 简介

Profile 在 Python 中被称为监视统计数据组，用来监视 Python 代码的执行过程。Python 中的 Profile 分为两种类型：一种是 CProfile，即基于 C 语言来操作的 Profile；另一种是 Profile，即使用 Python 语言来操作的 Profile。CProfile 和 Profile 提供了对 Python 程序的性能确定性分析。Profile 是一组统计数据，描述 Python 程序各个部分执行的频率和时间。这些统计数据可以通过 pstats 模块格式化为报表进行查看，如图 14-1 所示。我们可以通过 Profile 来分析 Python 代码，从而了解 Python 代码中可优化的地方。

| %Own | %Total | OwnTime | TotalTime | Function (filename:line) |
|---|---|---|---|---|
| 53.00% | 53.00% | 0.530s | 0.530s | test (ProfilingIsolation.py:21) |
| 19.50% | 19.50% | 0.270s | 0.270s | after (ProfilingIsolation.py:15) |
| 7.50% | 7.50% | 0.100s | 0.100s | after (ProfilingIsolation.py:13) |
| 7.50% | 7.50% | 0.075s | 0.075s | test (ProfilingIsolation.py:20) |
| 5.00% | 5.00% | 0.050s | 0.050s | test (ProfilingIsolation.py:19) |

图 14-1 Python Profile 监控统计数据

性能确定性分析旨在反映这样一个事实：所有函数调用、函数返回和异常事件都被监控，并且对这些事件发生的间隔（在此期间用户编写的代码正在执行）进行精确计时。统计分析（不是由该模块完成）随机采样有效指令指针，并推断时间耗费在哪里。统计分析传统上涉及较少的开销（因为代码不需要检测），但只提供了时间花在哪里的相对指示。在Python中，由于在执行程序中总有一个活动的解释器，因此执行确定性分析不需要插入指令的代码。Python自动为每个事件提供一个:dfn:钩子（可选回调）。此外，Python的解释特性往往会给执行增加太多开销，以至于在典型的应用程序中，确定性分析往往只会增加很小的处理开销。结果是，确定性分析代价并没有那么高昂，但是提供了有关Python程序执行的大量运行时统计信息。调用计数统计信息可用于识别代码中的错误（意外计数），并识别可能的内联扩展点（高频调用）。内部时间统计可用于识别应仔细优化的“热循环”。累积时间统计可用于识别算法选择上的高级别错误。注意，确定性性能分析中对累积时间的异常处理，允许直接比较算法的递归实现与迭代实现的统计信息。

确定性分析存在一个涉及精度的基本问题。其最明显的限制是，底层时钟周期大约为0.001s（通常）。因此，没有什么测量会比底层时钟更精确。如果进行足够的测量，那么误差将趋于平均。不幸的是，删除第一个错误会导致第二个错误发生。第二个问题是，从调度事件到分析器调用获取时间函数的过程实际上是获取时钟状态，这需要一段时间。类似地，从获取时钟值开始，到再次执行用户代码为止，退出分析器事件句柄也存在一定的延时。因此，多次调用单个函数或多个函数通常会累积延时。尽管这种方式的误差通常小于时钟的精度（小于一个时钟周期），但它可以累积并变得非常可观。与开销较低的CProfile相比，Profile的问题更为严重。出于这个原因，Profile提供了一种针对指定平台的自我校准方法，以便最大限度（平均地）消除此误差。校准后，结果将更准确（在最小二乘意义上），但它有时会产生负数。但不要对产生的负数惊慌，该情况应该只会在手工校准分析器的情况下出现，实际上结果比没有校准的情况要好。

## 14.2 使用Profile分析Python代码

通过上述对Profile的介绍，我们知道了Profile在大多数情况下被称为Python中的代码分析工具，可统计分析给定Python方法在CPython解释器或虚拟机中占用的内存，以及其他基本参数。那么，到底如何使用Profile来对Python代码进行分析呢？下面笔者会通过一个分析示例来总结使用Profile分析Python代码的步骤。

为了方便演示Profile对Python代码的分析结果，笔者这里定义了一个简单的Python方法，代码如下：

```
def helloProfile():
    print("hello profile")
```

上述代码非常简单，笔者在这里就不再介绍了。使用Profile来对上述helloProfile()方法进行分析的过程如下：

```
import cProfile
```

```
def helloProfile():
    print("hello profile")

cProfile.run(helloProfile())
```

在上述代码中，首先将 Profile 的一种实现 cProfile 通过 import 导入包引入，然后调用 cProfile 中的 run() 方法来对 helloProfile() 方法进行代码分析。cProfile 中的 run() 方法支持传递 Python 中的方法名称、Python 中对应方法的参数，还支持将 Python 方法的分析结果写入对应的文件。执行上述代码便开启对 helloProfile() 方法的分析，并直接将分析结果进行打印，如图 14-2 所示。

```
[root@VM-16-16-centos MemoryAnalyzeExternByMySelf]# python3 ProfileDemo.py
hello profile
         2 function calls in 0.000 seconds

   Ordered by: standard name

   ncalls  tottime  percall  cumtime  percall filename:lineno(function)
        1    0.000    0.000    0.000    0.000 {built-in method builtins.exec}
        1    0.000    0.000    0.000    0.000 {method 'disable' of '_lsprof.Profiler' objects}
```

图 14-2　helloProfile() 方法的执行结果

上述代码中，第一行“ hello profile”是 helloProfile() 方法的输出内容，和 Profile 分析内容无关。第二行“2 function calls in 0.000 seconds”是使用 Profile 的概括性分析内容，表示 Profile 监听到 2 个方法调用，并且这一监听过程在 0.000 秒内完成，这意味着调用不是通过递归引发的。第三行“ Ordered by: standard name”表示监听结果内容的输出顺序是按照最右边列中的文本字符串的顺序依次进行输出。第四行开始直到最后一行是 Profile 对 helloProfile() 方法的详细分析内容，共包含 6 列，每一列所代表的的含义如下。

- ncalls 列表示该 Python 方法被调用的次数。如果该列中有两个数字同时出现，例如 3/1，那么这两个数字就表示该 Python 方法发生了递归调用，具体为这两个数字中的第二个数字是 Python 方法的原始调用次数，第一个数字是调用的总次数。注意，当 Python 方法不发生递归调用时，这两个数字总是相同的，并且只打印这两个数字中的一个数字。
- tottime 列表示指定的 Python 方法执行消耗的总时间，不包括调用子方法的时间，单位为 s。
- percall 列表示 tottime 列除以 ncalls 列的值。
- cumtime 列表示指定的 Python 方法及其所有子方法（从调用到退出）消耗的累积时间。这个数字对于递归函数来说是准确的，单位为 s。
- percall 列表示 cumtime 列除以原始调用次数的值，即函数运行一次的平均时间，单位为 s。
- filename:lineno(function) 列表示提供相应数据的每个 Python 方法。

如果需要将测试结果输出到文件中，那么我们可以像下面这样编写代码：

```
import cProfile

def helloProfile():
    print("hello profile")

cProfile.run(helloProfile(), 'demo.txt')
```

执行上述代码之后，demo.txt 文件就会在当前 Python 文件所在目录中生成，如图 14-3 所示。

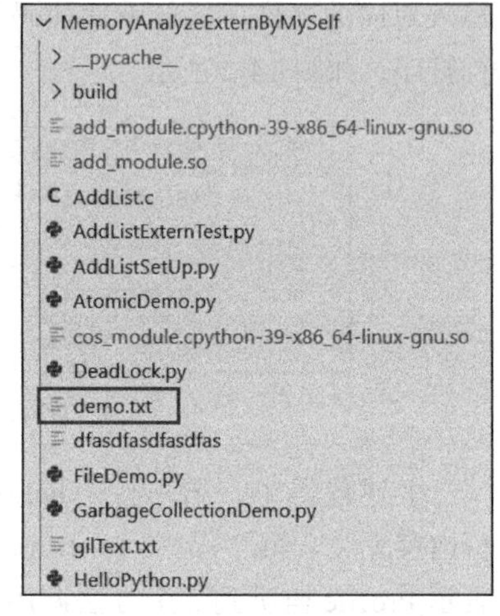

图 14-3　demo.txt 文件生成位置

双击打开该 demo.txt 文件即可查看性能检测数据。这种将性能测试报告输出到文件中查看的形式非常实用，例如，在多部门对代码进行评审或研讨时，可以直接将该性能测试报告进行投屏，还是很方便的。

在理解了上述分析内容中每一列所代表的含义后，让我们来看一下 Profile 中的 run() 方法的定义：

```
profile.run(command, filename=None, sort=-1)
```

profile 中的 run() 方法接收 3 个参数，第一个参数 command 表示传入的 Python 方法的名称，也可以传入固定的 Python 代码，这些都是允许的。第二个参数是 fileName，即文件名称，如果传递了 fileName，那么第一个参数的分析结果就会直接写入该 fileName 中，开发者需要通过对应的 fileName 来查看分析结果，且不会在控制台将分析结果进行打印。第三个参数是 sort，表示排序方式，默认值为 -1，表示采用默认方式进行排序，即采用上述示例代码中的 Ordered by: standard name 方式对代码的分析结果列进行输出排序。其实，调用上述 run() 方法之后，本质上是执行的下述 exec() 方法。exec() 方法的官方定义如下：

```
exec(command, __main__.__dict__, __main__.__dict__)
```

可以看出，exec() 方法的官方定义与 run() 方法的官方定义几乎相同，这里不再赘述。

通过对 run() 方法打印结果的输出内容进行统计与分析，我们可以判断出开发者所开发的 Python 程序是否正常运行，比如一个递归方法应该执行多少次递归调用，通过 ncalls 列即可查看，再比如，开发者在处理业务代码时，如果该业务代码对执行的时间有严格要求，那么就可以通过 Tottime 列查看该代码所执行的真正时间，从而可以判断出开发者开发的代码有没有按照预期的执行时间执行，如果执行时间超过这一范围，就需要开发者对代码进行一定的优化，之后再次调用 run() 方法来查看代码的执行时间。诸如此类的代码测试还有很多，开发者需要根据实际业务场景和性能指标，结合 Profile 的 run() 方法进行监控，以此达到优化 Python 程序的目的。

综上所述，使用 Profile 对 Python 代码的分析步骤总结如下。

第一步，定义进行分析的 Python 方法或代码行，可以是已经开发好的 Python 方法，也可以是开发好的 Python 代码，只要有 Python 方法或代码行即可。理论上来说，该 Python 方法或代码可以无限大。

第二步，根据当下的 Python 运行环境，决定是采用 cProfile 还是 Profile 实现第一步中定义的 Python 方法或代码的性能分析。选用哪种实现的方法很简单，我们可以直接通过 import 来对 cProfile 引入，引入完成再调用该代码时，如果控制台报错，即没有 cProfile 模块或找不到 cProfile 模块，说明当下的 Python 环境不支持 cProfile，此时就只能使用 Profile 进行性能优化。如果在引入 Profile 之后，控制台还是报错 Profile 模块找不到或不存在，说明当下的 Python 环境不支持 Profile，需要升级到较新版本或最新的 Python 版本。

第三步，根据第二步选择的 Profile，决定调用性能分析的 Profile 方法，最后根据实际的业务需要结合性能分析结果，对开发者开发的 Python 方法或代码进行深入分析，并结合分析结果对开发者所开发的 Python 方法或代码进行整改和优化，以满足业务需要。

## 14.3 GUI 的引入

我们已经对 Python 中的 Profile 性能分析工具有了一定了解，知道可通过观察控制台输出内容来判断 Python 方法或代码的性能。这种方式虽然可以查看性能测试内容，但是还不够直观。Profile 的 GUI 工具可支持直观地查看 Profile 性能分析时涉及的各种监测指标。

这里还以 ProfileDemo.py 文件为例，生成使用 cProfile 性能工具进行 Python 方法或代码监测的图形化展示界面。这里使用的 GUI 工具是基于 SnakeViz 实现的，具体操作步骤如下。

第一步，生成 SnakeViz 工具所能识别的 cProfile 性能测试输出文件格式，命令如下：

```
python3 -m cProfile -o program.prof ProfileDemo.py
```

上述命令中，通过 python3 的 -m 参数在命令行中使用 cProfile 命令，通过 -o 参数声明生成的性能测试输出文件的文件名称和文件格式，即 program.prof 表示名称，.prof 表示文件格式（即 SnakeViz 工具直接支持的文件格式）。对 program 文件名称不做约束，开发者可以随便命名。如果将性能测试输出文件的格式不设置为 .prof，SnakeViz 工具可能无法识别这一输出文件，从而无法生成对应的 GUI 图形界面。当然，这个错误并不是在每个 Python 版本中都存在。对于本书中所使用的 Python 3 版本，SnakeViz 工具已经明确规定需要生成 .prof 格式的文件，以生成对应的 GUI 图形界面。ProfileDemo.py 文件是指定生成性能测试报告的源文件。这里的源文件必须要在同级目录中，这样 SnakeViz 工具才能识别到。如果该源文件不在同级目录中，最后的源文件应该采用相对路径或绝对路径的形式来声明。

运行上述命令，在源文件的同级目录中便会生成 program.prof 文件，上述已经对其生成过程进行了截图说明，这里不再赘述。

第二步，基于第一步中生成的 .prof 文件生成对应的 GUI 可视化图形文件，命令如下所示：

```
snakeviz program.prof
```

在运行上述命令之后，SnakeViz 工具会生成一个网页链接，如图 14-4 所示。

```
[root@VM-16-16-centos MemoryAnalyzeExternByMySelf]# python3 -m cProfile -o program.prof ProfileDemo.py
[root@VM-16-16-centos MemoryAnalyzeExternByMySelf]# snakeviz program.prof
snakeviz web server started on 127.0.0.1:8080; enter Ctrl-C to exit
http://127.0.0.1:8080/snakeviz/%2Fusr%2Flocal%2Fpython%2Fcpython%2FMemoryAnalyzeExternByMySelf%2Fprogram.prof
```

图 14-4 SnakeViz 工具生成的网页链接

我们可以直接复制这个链接在浏览器中打开，打开之后可以直接看到使用 SnakeViz 工具生成的 cProfile 性能测试报告的 GUI 可视化展示界面，如图 14-5 所示。

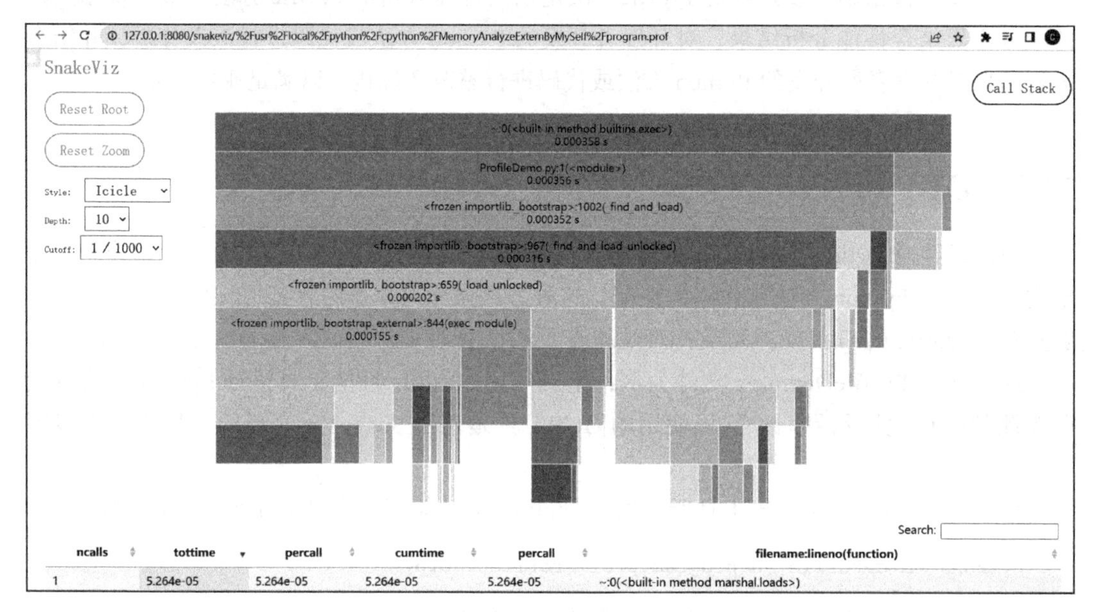


图 14-5 cProfile 性能测试报告的 GUI 可视化展示界面

生成的 GUI 可视化展示界面通过不同颜色来区分不同的内存占用、变量声明、文件声明等。当我们把鼠标移到随便一个颜色区域时，在上述界面的左下方位置会弹出详细的介绍信息，这里以鼠标移动到上述第二行颜色区域为例，移动到该区域后的展示信息如图 14-6 所示。

在图 14-6 的左下方位置笔者用框进行了着重显示，框中显示了 Name、Cumulative Time、File、Line、Directory 详细指标。

除了生成上述不同颜色的图形化界面，SnakeViz 工具还生成了详细的报表数据，我们只需要向下滚动上述界面即可看到详细的报表数据，如图 14-7 所示。

上述报表数据是将 cProfile 工具生成的性能测试内容进行归类显示，这种显示要比控制台显示更直观，更有利于阅读和排查。同时，SnakeViz 工具提供了搜索功能，以便开发者直接搜索关键字进行查询快速定位和问题排查。

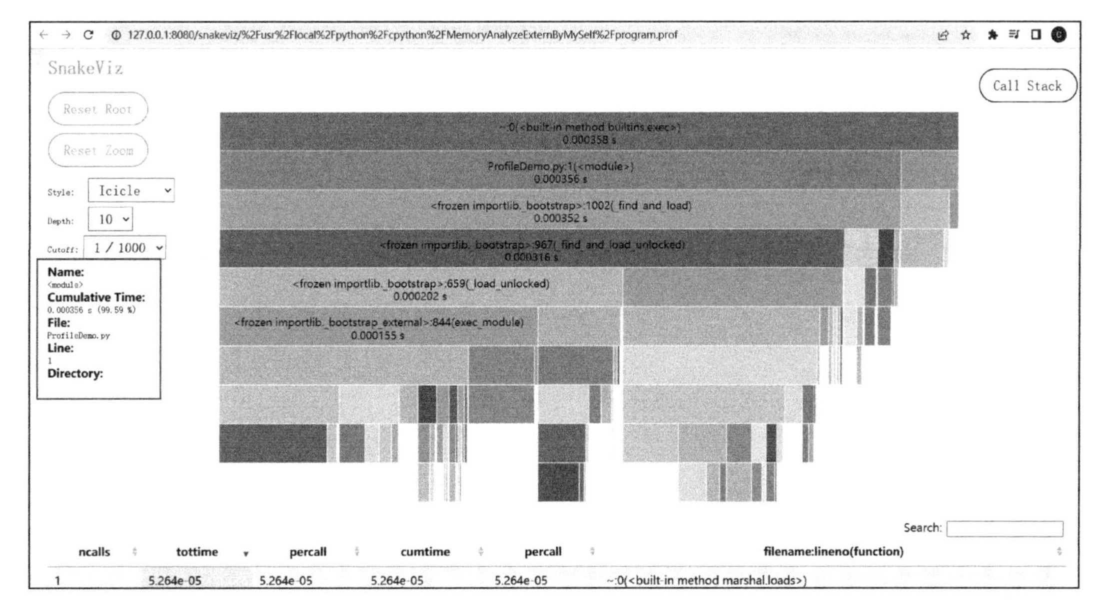


图 14-6　查看固定颜色区域的性能检测信息

| ncalls | tottime | percall | cumtime | percall | filename:lineno(function) |
| --- | --- | --- | --- | --- | --- |
| 1 | 5.264e-05 | 5.264e-05 | 5.264e-05 | 5.264e-05 | ~:0(<built-in method marshal.loads>) |
| 3 | 2.661e-05 | 8.871e-06 | 7.815e-05 | 2.605e-05 | <frozen importlib._bootstrap_external>:1514(find_spec) |
| 1 | 2.07e-05 | 2.07e-05 | 2.318e-05 | 2.318e-05 | ~:0(<built-in method builtins.__build_class__>) |
| 5 | 1.57e-05 | 3.14e-06 | 1.57e-05 | 3.14e-06 | ~:0(<built-in method posix.stat>) |
| 2 | 1.29e-05 | 6.449e-06 | 2.897e-05 | 1.448e-05 | <frozen importlib._bootstrap_external>:361(cache_from_source) |
| 1 | 1.246e-05 | 1.246e-05 | 1.246e-05 | 1.246e-05 | ~:0(<built-in method io.open_code>) |
| 16 | 1.08e-05 | 6.751e-07 | 2.795e-05 | 1.747e-06 | <frozen importlib._bootstrap_external>:121(_path_join) |
| 16 | 1.078e-05 | 6.736e-07 | 1.384e-05 | 8.648e-07 | <frozen importlib._bootstrap_external>:123(<listcomp>) |
| 1 | 9.117e-06 | 9.117e-06 | 0.0001206 | 0.0001206 | <frozen importlib._bootstrap_external>:916(get_code) |
| 1 | 8.625e-06 | 8.625e-06 | 9.412e-05 | 9.412e-05 | <frozen importlib._bootstrap_external>:1383(_get_spec) |
| 1 | 8.251e-06 | 8.251e-06 | 0.0001105 | 0.0001105 | <frozen importlib._bootstrap>:901(_find_spec) |
| 1 | 6.814e-06 | 6.814e-06 | 2.999e-05 | 2.999e-05 | cProfile.py:3(<module>) |
| 1 | 6.804e-06 | 6.804e-06 | 2.891e-05 | 2.891e-05 | <frozen importlib._bootstrap_external>:1036(get_data) |
| 1 | 6.684e-06 | 6.684e-06 | 7.355e-06 | 7.355e-06 | <frozen importlib._bootstrap>:112(release) |
| 1 | 6.672e-06 | 6.672e-06 | 0.0003522 | 0.0003522 | <frozen importlib._bootstrap>:1002(_find_and_load) |
| 1 | 6.108e-06 | 6.108e-06 | 9.87e-06 | 9.87e-06 | <frozen importlib._bootstrap>:166(_get_module_lock) |
| 1 | 5.859e-06 | 5.859e-06 | 5.859e-06 | 5.859e-06 | ~:0(<method 'read' of '_io.BufferedReader' objects>) |
| 1 | 5.845e-06 | 5.845e-06 | 3.636e-05 | 3.636e-05 | <frozen importlib._bootstrap>:486(_init_module_attrs) |
| 1 | 5.629e-06 | 5.629e-06 | 0.0002023 | 0.0002023 | <frozen importlib._bootstrap>:659(_load_unlocked) |

图 14-7　SnakeViz 工具生成的详细报表数据

Chapter 15 第 15 章

# 基于 Python 的 C 拓展组件的性能优化

我们在第 14 章了解了关于使用 Profile 来分析 Python 代码的步骤，以及根据 Profile 的性能分析报告对代码进行实际优化的相关内容。虽然通过 Profile 可以最大限度监测 Python 代码并根据性能测试报告进行优化，但是这种优化在复杂的业务场景中就显得苍白无力了，所以，笔者在这里增加了一种新的性能优化方式，那就是使用 Python 的 C 拓展组件进行性能优化。

在本章中，笔者会从 Python 架构模型入手，介绍如何使用 C 语言来编写 Python 的 C 拓展组件，从而整合进 Python。在 CPython 解释器或虚拟机运行时，我们可以直接使用自己编写的 C 拓展组件进行运行。在本章的最后部分，笔者会以某大厂真实的业务场景为例，介绍如何基于 Python 的 C 拓展组件对并发线程进行优化。

## 15.1 Python 架构模型简介

在正式介绍 Python 整合 C 拓展组件之前，我们需要先对 Python 的架构模型进行一定的了解，这样在后续进行整合时，可以保持清晰的整合思路。Python 中的架构模式还是比较清晰的，如图 15-1 所示。

从图 15-1 可知，Python 中的架构模式整体可分为 4 层，即 Layer 0、Layer 1、Layer 2、Layer 3，分别表示不同的架构模式。其中，Layer 0 层表示基于 C 语言实现的用于实现 Python 所有底层机制的管理流程的架构实现层。该层基于 C 语言实现，不受 Python 控制。但是，该层可以通过特定的 API 来操作 Python。

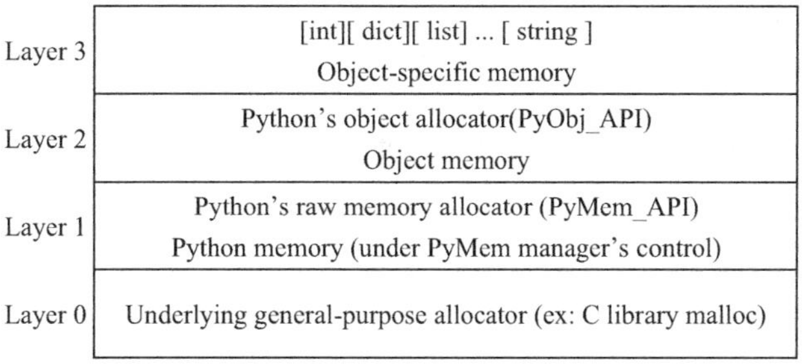

| | |
|---|---|
| Layer 3 | [int][ dict][ list] ... [ string ]<br>Object-specific memory |
| Layer 2 | Python's object allocator(PyObj_API)<br>Object memory |
| Layer 1 | Python's raw memory allocator (PyMem_API)<br>Python memory (under PyMem manager's control) |
| Layer 0 | Underlying general-purpose allocator (ex: C library malloc) |

图 15-1　Python 架构模式

Layer 1 层表示基于 Layer 0 层实现的 Python 自身的内存管理架构实现层，提供了面向 Python 中类型的内存分配器。该层基于 C 语言实现。Layer 1 层的核心实现代码如下：

```
PyAPI_FUNC(void *) PyMem_Malloc(size_t size);
#if !defined(Py_LIMITED_API) || Py_LIMITED_API+0 >= 0x03050000
PyAPI_FUNC(void *) PyMem_Calloc(size_t nelem, size_t elsize);
#endif
PyAPI_FUNC(void *) PyMem_Realloc(void *ptr, size_t new_size);
PyAPI_FUNC(void) PyMem_Free(void *ptr);

// PyMemAllocatorEx 数据结构定义了上下文及四种方法，
// 通过 #ifdef...#endif 初始化该数据结构
// C 语言中的方法也在该文件中

void *
PyMem_Malloc(size_t size)
{
    /* see PyMem_RawMalloc() */
    if (size > (size_t)PY_SSIZE_T_MAX)
        return NULL;
    return _PyMem.malloc(_PyMem.ctx, size);
}

void *
PyMem_Calloc(size_t nelem, size_t elsize)
{
    /* see PyMem_RawMalloc() */
    if (elsize != 0 && nelem > (size_t)PY_SSIZE_T_MAX / elsize)
        return NULL;
    return _PyMem.calloc(_PyMem.ctx, nelem, elsize);
}

void *
PyMem_Realloc(void *ptr, size_t new_size)
{
```

```
    /* see PyMem_RawMalloc() */
    if (new_size > (size_t)PY_SSIZE_T_MAX)
        return NULL;
    return _PyMem.realloc(_PyMem.ctx, ptr, new_size);
}

void
PyMem_Free(void *ptr)
{
    _PyMem.free(_PyMem.ctx, ptr);
}

// 以下为 Python 中的内存分配器的核心实现
#define PyMem_New(type, n) \
    ( ((size_t)(n) > PY_SSIZE_T_MAX / sizeof(type)) ? NULL :   \
        ( (type *) PyMem_Malloc((n) * sizeof(type)) ) )
#define PyMem_NEW(type, n) \
    ( ((size_t)(n) > PY_SSIZE_T_MAX / sizeof(type)) ? NULL :   \
        ( (type *) PyMem_MALLOC((n) * sizeof(type)) ) )

#define PyMem_Resize(p, type, n) \
    ( (p) = ((size_t)(n) > PY_SSIZE_T_MAX / sizeof(type)) ? NULL :     \
        (type *) PyMem_Realloc((p), (n) * sizeof(type)) )
#define PyMem_RESIZE(p, type, n) \
    ( (p) = ((size_t)(n) > PY_SSIZE_T_MAX / sizeof(type)) ? NULL :     \
        (type *) PyMem_REALLOC((p), (n) * sizeof(type)) )
```

关于上述代码的核心含义，笔者已经在代码中做了阐述。

Layer 2 层表示实现 Python 对象内存布局和内存管理的架构实现层，主要提供了创建 Python 对象的接口。在 Layer 1 层内存管理机制之上，对于 Python 中的一些常用对象，比如整数对象、字符串对象等，Python 又构建了更加抽象的内存管理策略，该层是真正在 Python 中发挥巨大作用，也是 Python 垃圾回收机制的主要运行场所。

Layer 3 层表示对 Python 中具体变量类型和对象类型进行内存划分的架构实现层。该层直接规定了所开发代码中变量类型和对象类型所占的内存大小和内存空间地址。Python 提供了操作该层的内存控制 API，开发者可以根据提供的 API 来设置具体变量类型和对象类型所占的内存大小和内存空间地址。

从上述对 Python 架构模式的介绍可知，C 拓展组件只能存在于 Layer 0 层和 Layer 1 层，因为 Layer 2 层和 Layer 3 层均是 Python 中具体对象或具体变量的内存分配实现过程，不会涉及 Python 中关于 C 语言的底层实现。如果开发者在 Layer 0 层和 Layer 1 层进行 C 语言拓展组件的集成，那么整个过程将会变得非常复杂，因为对于开发者来说不仅要清楚 Python 架构模式，还要清楚 Layer 0 层和 Layer 1 层的大体实现过程，这样才能将 C 拓展组件集成进去。出于此种集成方式的不便性考虑，Python 官方为开发者提供了集成 C 语言的

Python-API，只需开发者调用相应 C 语言的 Python-API 就能完成 C 语言与 Python 语言的集成，相比使用 Layer 0 层和 Layer 1 层进行 C 语言集成的方式来说有了更高的便利性和可维护性。

## 15.2　基于 Python 的 C 拓展组件的优化思路

本节介绍向 Python 整合 C 拓展组件的过程，整体基于 Python-C-API 进行整合，因为这种方式是目前使用最多的一种整合方式。对于开发人员来说，这种整合方式降低了整合要求，即开发者只需要熟悉 C 语言，会使用 C 语言开发简单的程序，并了解对 Python 提供的 C 语言整合 API，就能开始 C 拓展组件向 Python 语言中的整合。

对于如何集成 C 拓展组件到 Python，笔者这里介绍 3 种整合思路。

第一种思路是直接采用 Python 提供的 Python-C-API 实现。Python-C-API 是标准 Python 解释器，是 CPython 的支柱。使用此 API，我们可以用 C 和 C++ 编写 Python 扩展模块。显然，这些扩展模块凭借语言兼容性，可以调用任何用 C 或 C++ 编写的函数。使用 Python-C-API 时，通常会编写大量样板代码：首先解析提供给函数的参数，然后构造返回类型。以下是使用 Python-C-API 进行 C 拓展组件整合的示例，代码如下。

```
#include <Python.h>
#include <math.h>

/*  定义整合函数 cos_func */
static PyObject* cos_func(PyObject* self, PyObject* args)
{
    double value;
    double answer;

    if (!PyArg_ParseTuple(args, "d", &value))
        return NULL;

       answer = cos(value);

    return Py_BuildValue("f", answer);
}

/*  定义模板方法集合 */
static PyMethodDef CosMethods[] =
{
     {"cos_func", cos_func, METH_VARARGS, "evaluate the cosine"},
     {NULL, NULL, 0, NULL}
};

#if PY_MAJOR_VERSION >= 3
```

```
/* 在 Python 3 环境下初始化整合模板 */
/* Python version 3*/
static struct PyModuleDef cModPyDem =
{
    PyModuleDef_HEAD_INIT,
    "cos_module", "Some documentation",
    -1,
    CosMethods
};

PyMODINIT_FUNC
PyInit_cos_module(void)
{
    return PyModule_Create(&cModPyDem);
}

#else

/* 在 Python2 环境下初始化整合模板 */
/* Python version 2 */
PyMODINIT_FUNC
initcos_module(void)
{
    (void) Py_InitModule("cos_module", CosMethods);
}

#endif
```

Python-C-API 的优点还是很明显的，不需要额外的库就可以实现大量的底层控制，并且完全可以使用 C++ 与 Python 代码进行整合。但它也有两个致命缺点：一个是随着不断升级，Python 版本之间没有向前的兼容性保证，即采用 Python-C-API 整合后的代码，在更换 Python 版本之后可能会由于兼容性问题而不能使用；另一个缺点是对于垃圾回收机制来说，由于在使用 Python-C-API 进行整合时，相应的 C 语言代码会转换为 Python 中的变量类型或对象代码，由于这些变量类型或对象代码不是经过 CPython 解释器或虚拟机直接生成的，所以在继续回收垃圾时，这些变量类型或对象的引用计数器的值很可能发生错误，并且很难追踪这些变量类型或对象的引用计数。

在编写上述代码后，我们可以使用下述命令对上述代码进行编译，命令如下：

```
python setup.py build_ext --inplace
```

其中，setup.py 是 C 拓展组件的文件名称，build_ext 是构建扩展组件的命令，--inplace 是将编译好的扩展组件输出到当前目录的命令。执行上述命令之后，如果没有任何报错，则会在统计目录下生成以 .so 结尾的编译文件。该 .so 格式的文件可以直接被 Python 中的 import 语句引入，以此完成 C 拓展组件与 Python 的整合。

第二种思路是采用 CTypes 开放 API 进行实现。CTypes 是 Python 的一个外来函数库。它提供兼容 C 的数据类型，并允许调用 DLL 或共享库中的函数，可用于将这些库包装在纯 Python 中。CTypes 是 Python 标准库的一部分，不需要编译，完全用 Python 封装代码。以下是使用 CTypes 进行 C 拓展组件整合的一种实现示例，代码如下。

```
import ctypes

from ctypes.util import find_library
libm = ctypes.cdll.LoadLibrary(find_library('m'))

libm.cos.argtypes = [ctypes.c_double]
libm.cos.restype = ctypes.c_double


def cos_func(arg):
    return libm.cos(arg)
```

对于相同的 C 拓展组件，使用 CTypes 进行整合时完全可以采用 Python 代码形式实现，这样就不会出现第一种思路中冗长的代码了。由于该整合方式完全采用 Python 代码形式实现，所以不需要进行额外的编译，同时允许 import 语句对其进行直接引入。这种方式并不会对 C++ 程序提供良好的支持，这是因为 Python 主要使用 C 语言进行实现，而不是使用 C++ 语言进行实现。

第三种思路是采用 SWIG 接口生成器进行实现。SWIG 是一种简化包装接口生成器，它是一种软件开发工具，可将用 C 和 C++ 编写的程序与用包括 Python 在内的各种高级编程语言编写的程序连接起来。SWIG 的重要之处在于，它可以为您自动生成包装器代码。虽然这在开发时间方面是一个优势，但也可能是一种负担。生成的文件往往非常大，可能不太适合阅读，而且包装过程导致的多级间接性，可能有点难以理解。以下是使用 SWIG 进行 C 拓展组件整合的一种实现示例，代码如下：

假设 cos 函数存在于一个 cos_module 的 C 语言文件 cos_module.c 中：

```
#include <math.h>

double cos_func(double arg){
    return cos(arg);
}
```

并且拥有一个头文件 cos_module.h：

```
double cos_func(double arg);
```

我们的目标将 cos_func 与 Python 进行集成。要使用 SWIG 实现这一点，我们必须编写一个包含 SWIG 指令的接口文件。

```
%module cos_module
```

```
%{
    /* 定义 SWIG 整合模式 */
    #define SWIG_FILE_WITH_INIT
    /*  将需要整合到 Python 中的 C 拓展组件以 C 语言头文件的形式进行注入 */
    #include "cos_module.h"
%}

%include "cos_module.h"
```

在编写好上述代码后，我们还需要通过 setup 函数对其进行整合，代码如下：

```
from distutils.core import setup, Extension

setup(ext_modules=[Extension("_cos_module",
    sources=["cos_module.c", "cos_module.i"])])
```

在上述内容都编写好后，我们还需要进行最后一步的编译工作。编译命令这里不再赘述：

```
python setup.py build_ext --inplace
```

在编译通过之后，我们就可以通过 import 语句进行引入了。

上文介绍了 Python-C-API、CTypes、SWIG 三种在 Python 中整合 C 拓展组件的方式和具体操作步骤，开发者需要根据实际的整合需求来选择采用哪种方式进行整合。下面笔者会以我工作中的真实场景为例，基于 Python 的 C 拓展组件对 Python 中的并发线程进行性能优化，以加深读者对该部分内容的理解。

## 15.3　基于 Python 的 C 拓展组件对并发线程进行性能优化

笔者在某大厂进行实际的 Python 代码开发时，遇到了一个很棘手的问题。这个问题曾经花费笔者将近 3 天的时间去解决。在解决这个问题过程中，我们一直没有很好的解决方案和解决措施，导致在定位问题和排查问题时都不是非常顺利。这里笔者做一个简单的描述。

### 15.3.1　代码瓶颈的产生

当时，笔者在使用 Python 的 Scrapy 分布式爬虫框架去开发分布式爬虫程序。这个分布式爬虫程序的分布式架构在开发时是没有任何问题的，各个节点之间可以正常通信，爬虫数据传输也很正常。但是，当该项目正式上线时，用户大批量使用导致有时候界面所显示的内容并不符合业务需要，而且这个问题时有时无。

在该项目上线的当天晚上我们就开始对该问题进行了排查，由于该项目使用的是 Scrapy 分布式爬虫框架，我们一开始把问题产生的原因放在了业务代码上，但是最终排查后发现业务代码没有任何问题。于是，我们想到了 Python 中的高并发问题。

Scrapy 分布式爬虫框架的开发者并没有针对 Python 中的高并发问题进行处理，所以，当有大流量冲击时，Scrapy 分布式爬虫框架的处理就显得苍白无力。具体到 Python 代码层面的直接体现就是项目中的 Python 代码在处理高并发问题时没有保证线程安全。这种问题的直接表现就是在使用 Python 中的多线程去执行爬虫程序时会出现爬取数据错乱，即使用 Python 中的多线程去执行爬虫程序时，所爬取到的数据内容并不是我们预期需要爬取的数据内容。由于 Python 爬虫所爬取到的数据发生了错乱，这就直接导致项目页面中的内容出现错乱，但是这种问题在流量减小之后，就几乎不再发生了。

鉴于此，笔者先是通过引入 Threading 模块中的高并发处理工具来对核心的爬虫程序进行优化和处理，主要使用的是 Threading 模块中的 ConditionLock 条件锁对象和 Semaphore 信号量对象来对核心爬虫程序做线程同步。在线程同步初期，该项目在重新部署上线后的一段时间内并没有出现爬虫爬取错乱问题。但是，随着时间推移，当项目健康平稳地运行 3 个月后，我们发现打开项目爬虫页面的速度明显变卡顿了，甚至有时打开页面需要等待近 10s。于是，我们又对该问题提出了专项优化整改的排查意向。

从排查结果看，项目中的 Python 线程超过一定数量时，在执行分布式爬虫程序时，会出现明显的阻塞现象，因为涉及的爬虫业务逻辑比较复杂，所以有时一个 Python 线程执行爬虫代码会执行将近 3s 的时间（通过性能测试工具测得这一耗时指标），这是发生该问题的主要原因。于是，我们又引入了 Python 中 Concurrent 包下的其他线程同步工具，发现优化效果并不是很明显，这就是该项目的代码瓶颈。最后，我们采用 C 拓展组件解决了这一问题。

### 15.3.2 代码执行速度的恢复

上述问题的解决方案是使用将 C 拓展组件整合到 Python 代码中，使之编译成可以通过 import 语句导入的工具包。在这个 C 拓展组件中，笔者将分布式爬虫程序中的 Python 线程放入到该拓展组件中处理，以 CTypes 形式对该 C 拓展组件进行整合。

将分布式爬虫程序中的 Python 线程调用的核心爬取业务代码通过 C 语言的形式进行转换，即将核心的爬虫业务代码以 C 语言的形式进行实现，并将该 C 语言代码通过 C 语言编译器编译成 .so 格式文件（具体的转换过程可参考 C 语言语法实现），最终通过 CTypes 的开放 API 在 Python 中直接引入该 .so 文件，并且在对应的 Python 文件中单独开启 Python 线程来调用封装到 C 拓展组件中的代码。读者可以借助这种优化思路来对自己的 Python 项目进行性能优化。出于保密协议考虑，笔者这里只能提供类似业务场景和解决方案的公共代码，没有具体的爬虫业务逻辑与封装代码。

通过 CTypes 来整合 Python 代码的代码如下：

```
from ctypes import *
from threading import Thread

stduLib = cdll.LoadLibrary("scrapy_thread_deal_up.so")
```

```
t = Thread(target= stduLib.scrapy_tips_conetnt_by_cthread)
t.start()

stduLib.scrapy_tips_conetnt_by_cthread
```

在上述代码中，我们封装的部分C拓展组件在编译后被定义为scrapy_thread_deal_up.so，之后通过CTypes的CDLL库将.so文件加载到Python中，接着在该Python文件中直接调用Threading模块中的Thread类来开启Python线程，以执行爬虫核心业务程序。通过上述优化，CTypes在执行scrapy_thread_deal_up.so文件中的代码时会绕过CPython解释器或虚拟机中存在GIL，充分发挥该项目所在服务器的CPU能力，真正做到多核运算。

通过上述优化，代码瓶颈问题得到解决。从性能测试工具对整个Scrapy分布式爬虫框架的测试报告可知，最终使用CTypes进行优化的Python爬虫执行速度要比最开始没有出现任何问题的Python爬虫程序快3～5s。由此可见，使用CTypes进行Python代码的性能优化效果还是非常可观的，只不过在进行性能优化时需要开发者熟悉C语言代码和Python代码之间的差异，这样才能做到平滑切换，真正发挥CTypes的威力。

# 实 践 篇

Chapter 16　第 16 章

# Python 代码实践环境的搭建

正所谓“环境是一切真理存在的基石”，只有搭建好代码实践环境，才能做好代码实践工作。所以，在学习前文理论知识之后，我们还需要根据这些理论知识进行一定的代码实践，从而积累有关代码实践经验，并力争将这些经验应用到实际工作项目中去，这样才能做到学有所用。

在本章中，笔者会介绍 Python 企业级项目的 IDE 开发工具，包括这个 IDE 开发工具的安装和基础使用方法，还会介绍如何使用 Django 框架的测试工具在不同的开发环境中创建 Python Web 项目，以及如何基于 Fast API 创建 Python Web 项目。

## 16.1　Python 开发利器——PyCharm

正所谓“工欲善其事必先利其器”，有一个得心应手的 IDE 开发工具可以起到事半功倍的效果，所以笔者这里介绍一款经典的主要用于开发 Python Web 项目的开发工具。该开发工具是 Intellige JetBrains 公司的 Python 开发利器。

PyCharm 是一个用于计算机编程的集成开发环境，主要用于 Python 语言开发。PyCharm 提供代码分析、图形化调试器、集成测试器、集成版本控制系统，支持使用 Django 进行 Python Web 项目的开发。PyCharm 也是一个跨平台的 Python 开发环境，拥有 Microsoft Windows、MacOS 和 Linux 版本，社区版基于 Apache 许可证发布，专业版基于专用许可证发布。

PyCharm 的官方下载地址如下：

```
https://www.jetbrains.com/pycharm/
```

打开该地址之后，可直接看到 PyCharm 的欢迎界面，如图 16-1 所示。

图 16-1　PyCharm 欢迎界面

直接点击图 16-1 中的 DOWNLOAD 按钮即可下载，默认下载 PyCharm 的最新版本，下载完成之后按照提示进行安装即可，由于安装步骤太过简单，这里不再展开介绍。

打开 PyCharm，我们会看到 PyCharm 的默认页面布局，如图 16-2 所示。

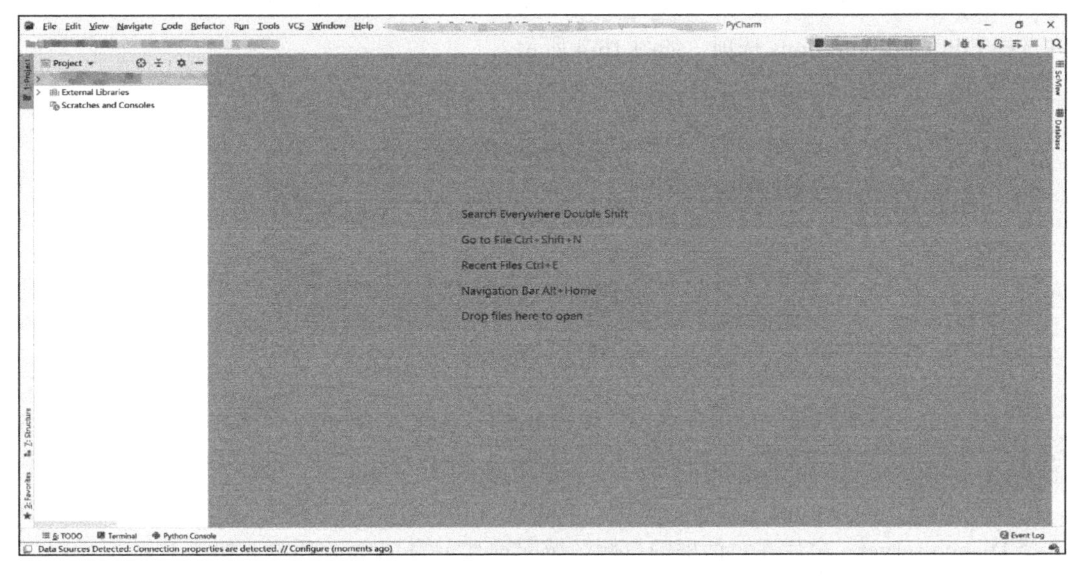


图 16-2　PyCharm 默认页面布局

打开 PyCharm 之后，我们可以直接点击顶部菜单栏中的 File，并选择 New 操作项，来创建 Python 文件或者 Python 项目，如图 16-3 所示。

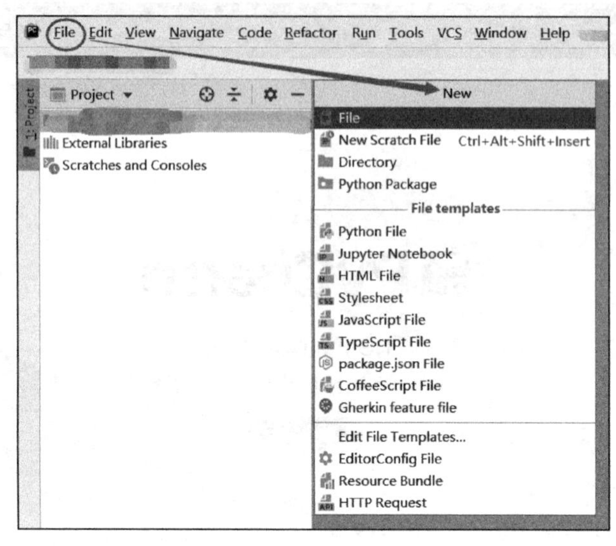


图 16-3　在 PyCharm 中创建 Python 文件或 Python 项目

在创建完 Python 文件或 Python 项目之后，我们即可使用 PyCharm 进行 Python Web 项目的开发了。不过，在开发之前我们还需要在 PyCharm 中配置使用的 Python 环境。本书的实践部分内容均采用之前介绍的 Python 3 版本，希望读者可以与笔者使用的 Python 版本保持一致，不然在开发过程中可能会因为 Python 版本不同而出现各种问题。

在 PyCharm 中配置 Python 环境需要在 PyCharm 的右上角找到 Configuration 配置框，并选择 Edit Configurations 选项，如图 16-4 所示。

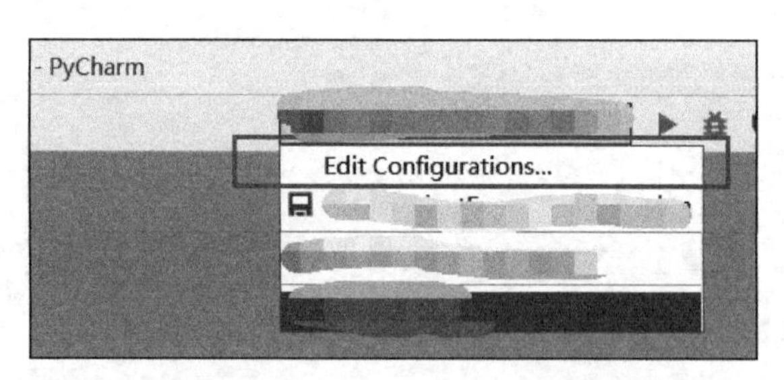


图 16-4　PyCharm 配置项目启动方式

点击 Edit Configurations 选项之后，弹出 PyCharm 配置 Django 环境提示框，如图 16-5 所示。

在弹出的 Python 环境配置对话框中，点击左上角的“+”号按钮，在弹出的菜单项中选择 Django server，之后在对话框的右侧区域配置真实的 Python 环境，如图 16-6 所示。

在 Python interpreter 选项的下拉框中，点击右侧的下拉按钮，选择真实的 Python 环境即可完成 PyCharm 中 Python 环境的配置。配置完 Python 环境只是完成了基础操作，我们还需要创建代码的实践环境。

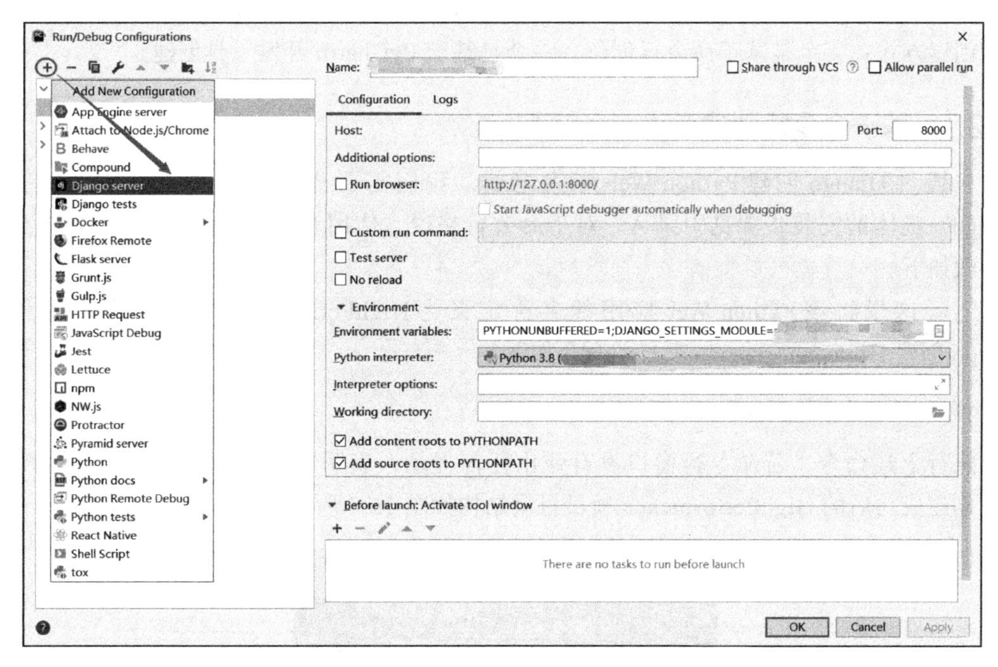


图 16-5　PyCharm 配置 Django 环境提示框

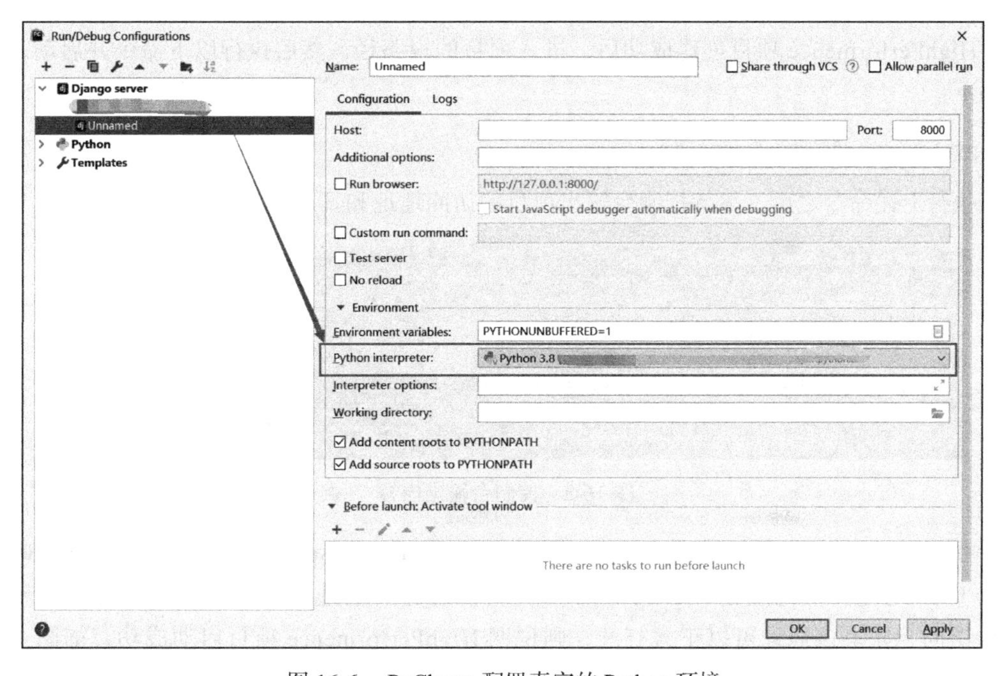


图 16-6　PyCharm 配置真实的 Python 环境

## 16.2 基于 Django 的 Python Web 应用环境搭建

本节将介绍如何使用 Django 框架来创建代码实践环境，并介绍两种主流的 Django 项目的创建方式：一个是基于命令行创建，一个是基于 PyCharm 开发工具创建。

### 16.2.1 基于命令行创建 Django 项目

在通过 Django 创建 Python Web 应用之前，我们需要先在当前 Python 环境中安装 Django，具体的安装步骤见附录 A。对于命令行来说，使用 Django 创建 Python Web 应用的步骤如下。

笔者这里将该 Python Web 应用的名称定义为 HighPerformence，在命令行中使用 Django 创建 HighPerformence 项目的命令如下：

```
django-admin startproject highPerformence
```

执行上述命令，若命令行窗口没有弹出任何提示，表明 HighPerformence 项目创建成功。创建成功后的 HighPerformence 项目目录结构如图 16-7 所示。

图 16-7 HighPerformence 项目目录结构

HighPerformence 项目创建成功后，进入项目的根路径，然后执行以下命令并启动，具体如下：

```
python manage.py runserver
```

执行上述命令之后，等待控制台输出项目的访问地址和日志，如图 16-8 所示。

```
Watching for file changes with StatReloader
Performing system checks...

System check identified no issues (0 silenced).

You have 18 unapplied migration(s). Your project may not work properly until you apply the migrations for app(s
): admin, auth, contenttypes, sessions.
Run 'python manage.py migrate' to apply them.

Django version 4.0.3, using settings 'highPerformence.settings'
Starting development server at http://127.0.0.1:8000/
Quit the server with CTRL-BREAK.
```

图 16-8 控制台输出内容

在图 16-8 中，我们需要重点关注 Starting development server at htttp://127.0.0.1:8000/ 这个 URL 地址。该地址是 HighPerformence 项目的访问地址。复制该访问地址到浏览器进行访问，如果该地址可以正常打开，则说明 HighPerformence 项目启动成功，如图 16-9 所示。

图 16-9　HighPerformence 项目启动成功页面

默认的 Django 项目启动端口为 8000 端口，localhost 会映射本机的 127.0.0.1 地址，上述图片内容表示的是 Django 项目的启动欢迎页面。项目启动成功时，会直接打开 Django 项目的启动欢迎页面，如果项目没有正常启动或没有启动成功，那么在 Django 项目的启动欢迎页面中会提示错误信息，甚至打不开 Django 项目的启动欢迎页面。

至此，在命令行中创建 Django 项目的过程就介绍完毕了。

## 16.2.2　基于 PyCharm 创建 Django 项目

基于 PyCharm 创建 Django 项目其实也是比较简单的。打开 PyCharm 开发工具，在左上角的顶部菜单栏中找到 File，点击 File 菜单，选择 New Project，之后在弹出的创建项目提示框中选择 Django，如图 16-10 所示。

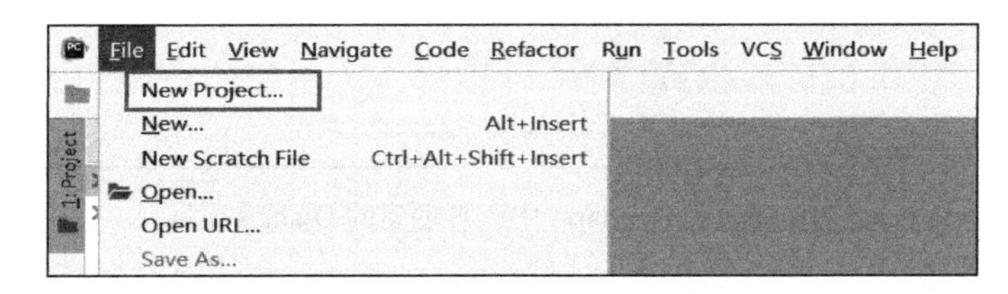


图 16-10　在 PyCharm 中创建 Django 项目

选择 Django 之后，我们还需要在右侧配置框起来的两部分内容，如图 16-11 所示。

第一个框中配置项目所在路径，配置路径中不能有中文也不能有特殊字符和符号，建议使用全英文。第二个框中配置运行该项目所需的 Python 环境，需要根据实际情况进行配置。

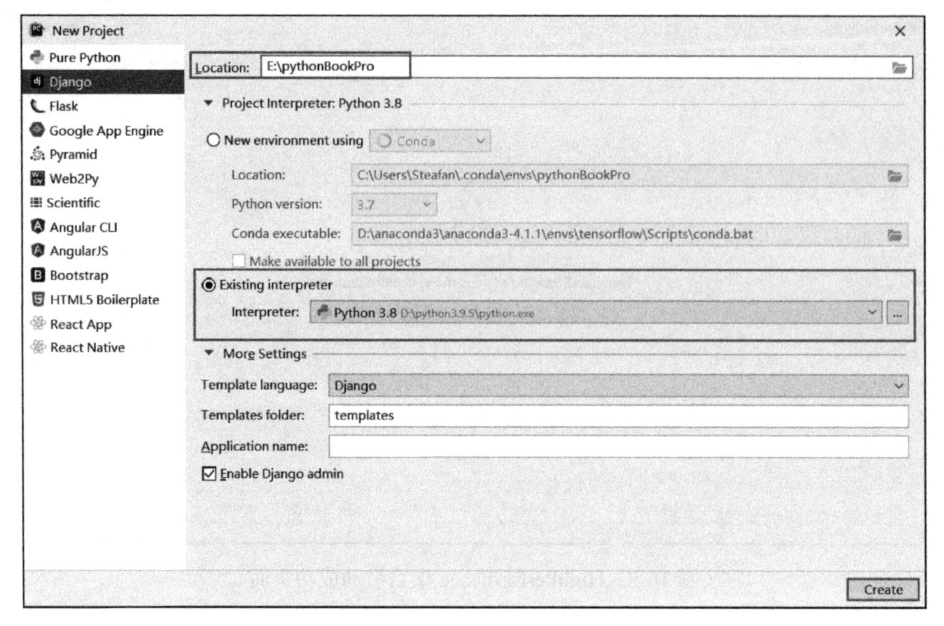


图 16-11　在 PyCharm 中配置 Django 项目路径及环境

在上述配置完成之后，点击右下角的 Create 按钮即可开始 Django 项目的创建，如果依赖没有任何问题，片刻后 PyCharm 即可打开我们创建的项目，如图 16-12 所示。

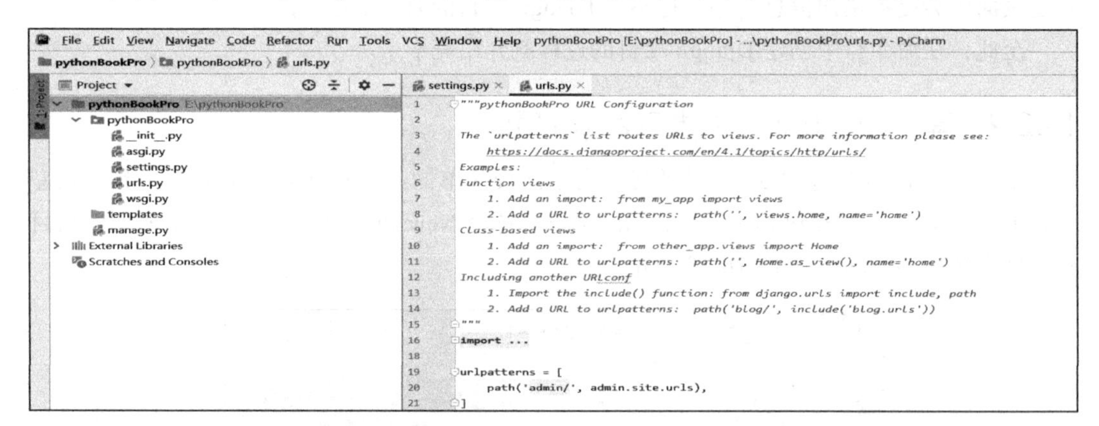


图 16-12　在 PyCharm 中查看创建的 Django 项目

基于 PyCharm 创建 Django 项目成功后，PyCharm 默认会创建项目的目录结构（见图 16-12 左侧），如果没有看到这样的目录结构，说明 Django 项目没有创建成功。

## 16.3　基于 FastAPI 的 Python Web 应用环境搭建

本节会介绍如何使用 FastAPI 来创建代码实践环境，即使用命令行与 PyCharm 开发工具相结合的方式来创建 FastAPI 项目，因为 FastAPI 项目不能单独依赖命令行来完成创建。

FastAPI 项目创建过程与 Django 项目创建过程完全不同。在创建项目之前，还是要先安装 FastAPI，具体的安装步骤见附录 B。创建 FastAPI 项目的具体步骤如下。

在安装好 FastAPI 之后，需要在当前 Python 环境中安装一个 Web 应用服务器 uvicorn。这个服务器是专门为 FastAPI 准备的运行容器，我们可以通过以下命令进行安装：

```
pip3 install uvicorn[standard]
```

安装好 uvicorn 以后，FastAPI 项目才能正常运行。

接着，打开 PyCharm 开发工具，选择创建 Pure Project，如图 16-13 所示。

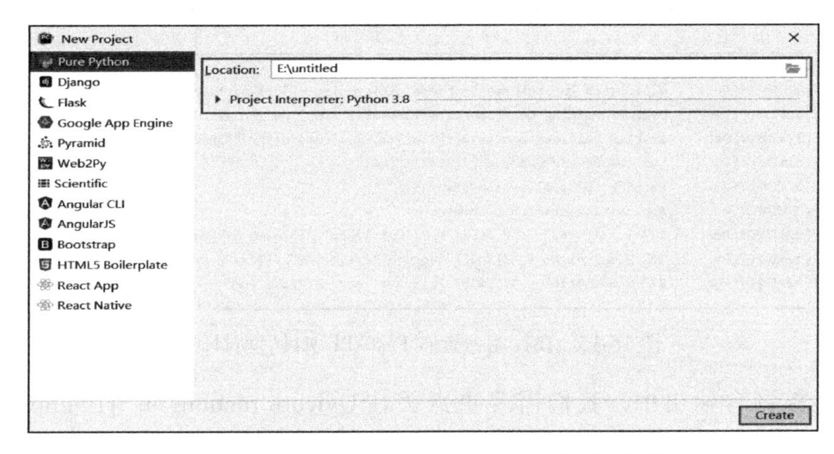


图 16-13　在 PyCharm 中配置 FastAPI 项目路径

然后在创建出来的根目录下创建一个 Python 文件，并将该文件命名为 main.py，如图 16-14 所示。

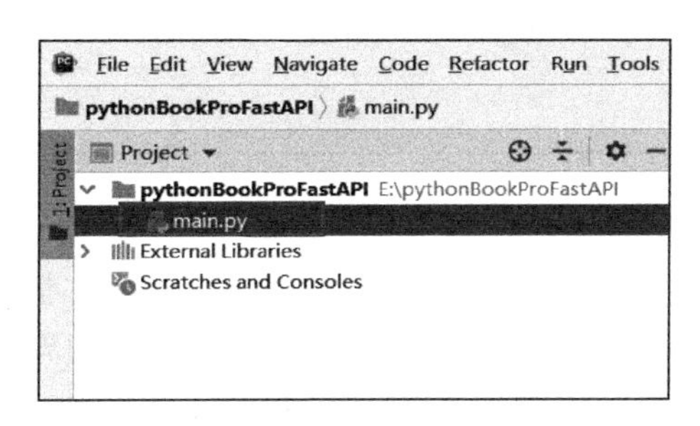


图 16-14　在 PyCharm 中创建 FastAPI 项目的启动文件 main.py

创建好 main.py 文件之后，我们需要在该文件中执行 FastAPI 项目的初始化，代码如下：

```
from  fastapi import FastAPI
```

```
app = FastAPI()


@app.get("/")
async def root():
    return {"message": "Hello World"}
```

编写好上述FastAPI项目的初始化代码之后，我们需要通过如下命令来运行创建的FastAPI项目：

```
uvicorn main:app --reload
```

执行上述命令，观察PyCharm的控制台输出，如图16-15所示。

```
E:\pythonBookProFastAPI>uvicorn main:app --reload
?[32mINFO?[0m:     Will watch for changes in these directories: ['E:\\pythonBookProFastAPI']
?[32mINFO?[0m:     Uvicorn running on ?[1mhttp://127.0.0.1:8000?[0m (Press CTRL+C to quit)
?[32mINFO?[0m:     Started reloader process [?[36m?[1m19264?[0m] using ?[36m?[1mWatchFiles?[0m
?[32mINFO?[0m:     Started server process [?[36m116?[0m]
?[32mINFO?[0m:     Waiting for application startup.
?[32mINFO?[0m:     Application startup complete.
?[32mINFO?[0m:     127.0.0.1:40827 - "?[1mGET / HTTP/1.1?[0m" ?[32m200 OK?[0m
?[32mINFO?[0m:     127.0.0.1:41166 - "?[1mGET /docs HTTP/1.1?[0m" ?[32m200 OK?[0m
?[32mINFO?[0m:     127.0.0.1:41167 - "?[1mGET /openapi.json HTTP/1.1?[0m" ?[32m200 OK?[0m
```

图16-15　在控制台查看FastAPI项目启动日志

在上述控制台输出中，我们需要重点关注Uvicorn running on ?[1mhttp://127.0.0.1:8000?]0m (Press CTRL+C to quit)。和Django项目的控制台输出类似，它是FastAPI项目的访问地址。我们在浏览器中输入该地址就可访问到编写的内容，如图16-16所示。

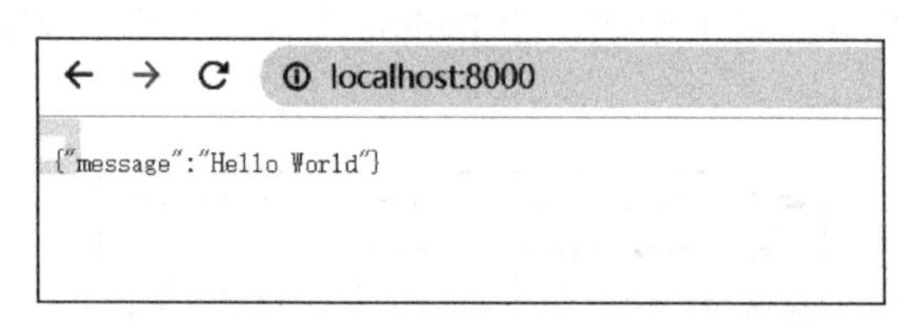


图16-16　测试FastAPI项目是否启动成功

看到上述内容就表示我们整合创建FastAPI项目成功了。整合创建的FastAPI项目和Django项目不同，FastAPI项目没有像Django项目那样的欢迎界面，也没有独立的运行环境。一般来说，FastAPI项目更像是以一种单独API来开发Python Web项目。

综上所述，我们已经准备好IDE开发工具，已经搭建好Python代码实践环境，下面要做的就是进入实践环节。

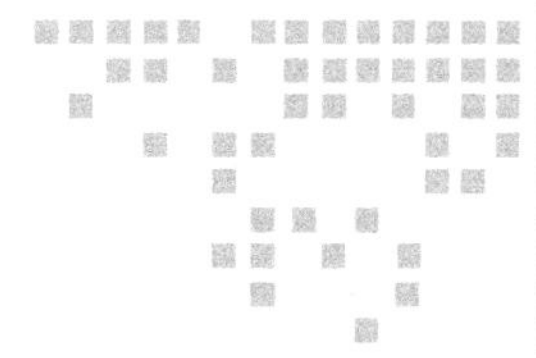

第17章 Chapter 17

# 高并发环境下的邮件发送功能

本章会基于 Django 和 FastAPI 介绍如何使用 Python 实现邮件发送功能，具体为先实现基础的邮件发送功能，构建基础的邮件发送功能环境，然后通过 Python 线程池模拟一定数量的线程，从而实现在模拟的高并发环境下线程安全的邮件发送功能。在高并发环境下的邮件发送功能实现后，为了验证功能实现代码的性能等，笔者采用基于 Locust 框架的测试工具来对高并发环境下的邮件发送功能进行测试，从而得到测试的关键指标。

## 17.1 Python 实现基础邮件发送功能

邮件发送功能作为 Web 项目的基础功能，在大多数系统中都有涉及，且在大多数系统中发送邮件是比较耗时的，所以我们有必要通过 Python 中的高并发相关工具对邮件发送功能进行优化。下面分别介绍基于 Django 和 FastAPI 框架的邮件发送功能的实现。

### 17.1.1 基于 Django 环境的实现

Django 自带邮件发送功能，不需要我们在项目中引入其他依赖。打开 PyCharm 开发工具，在项目目录下新建 views.py 文件，作为我们开发项目中功能的实现文件以及请求地址的封装文件，如图 17-1 所示。

图 17-1　项目中的 views.py 文件

在 views.py 文件中编写实现邮件发送功能的逻辑代码：

```
from email.mime.text import MIMEText
```

```
from django.http import HttpResponse
import smtplib


def sendEmailInhrit(request):
    sent = smtplib.SMTP()
    sent.connect('smtp.qq.com', 25)
    mail_name = "发送人邮箱地址"
    mail_password = "授权码"
    sent.login(mail_name, mail_password)
    to = ['收件人邮箱地址@qq.com']
    # 正文内容
    content = MIMEText('你好，我是Steafan')
# 邮件标题
    content['Subject'] = 'Python高并发实践'
    content['From'] = mail_name

    sent.sendmail(mail_name, to, content.as_string())
    sent.close()
    return HttpResponse("success")
```

上述代码直接通过调用Django框架中自带的邮件发送包实现，sendmail()方法可实现发送简单的邮件，因此为了方便，我们选用sendmail()方法。sendmail()方法接收3个参数。第一个参数表示邮件发送的标题；第二个参数表示收件人邮箱地址，该地址不能是本地地址，必须是可以通过公网或外网访问到的地址，我们可以同时向多个邮件接收地址发送邮件；第三个参数表示发送邮件的内容。针对上述3个参数，我们需要根据实际情况来配置，一般而言当下几个主流的互联网大厂都支持通过第三方来发送和接收邮件。上述3个参数配置完成后，我们需要将响应通过HttpResponse进行返回，从而确定邮件是不是成功发送出去了。

运行上述代码后，我们即可在邮件接收地址中查看到发送的邮件，如图17-2所示。

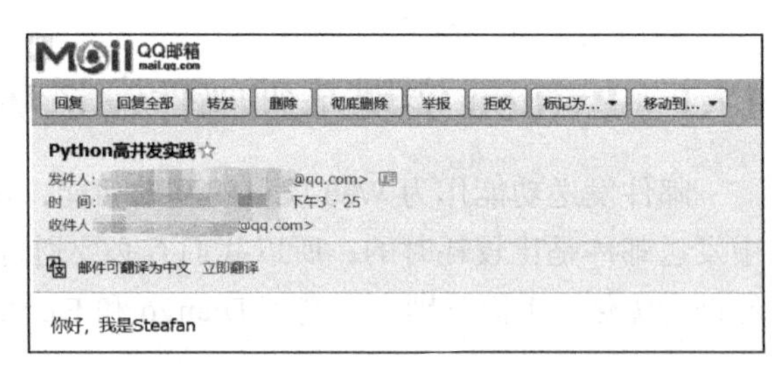


图17-2 发送成功的邮件

## 17.1.2 基于FastAPI环境的实现

在FastAPI环境中实现邮件发送功能同样用的是FastAPI中自带的邮件处理库。使用FastAPI发送邮件的代码如下：

```
from fastapi import FastAPI
from fastapi_mail import FastMail, MessageSchema,ConnectionConfig
from starlette.requests import Request
from starlette.responses import JSONResponse
```

```
from pydantic import EmailStr, BaseModel
from typing import List
app = FastAPI()

class EmailSchema(BaseModel):
    email: List[EmailStr]

# 配置邮件发送基本信息
conf = ConnectionConfig(
    MAIL_USERNAME=from_,
    MAIL_PASSWORD="************",
    MAIL_PORT=587,
    MAIL_SERVER="smtp.gmail.com",
    MAIL_TLS=True,
    MAIL_SSL=False
)

# 填充邮件内容
message = MessageSchema(
        subject="Fastapi-Mail module",
        recipients=email.dict().get("email"),  # 收件人列表，尽可能多
        body=template,
        subtype="html"
        )

# 获取发送邮件的配置信息
fm = FastMail(conf)
fm.send_message(message)

# 执行真实的发送邮件方法
@app.post("/send_mail")
def send_mail(email: EmailSchema):
    template = """ <html> <body><p>Hi !!!
        <br>Thanks for using fastapi mail, keep using it..!!!</p>
        </body>
        </html>
    """

    message = MessageSchema(
        subject="Fastapi-Mail module",
        recipients=email.dict().get("email"),  # 收件人列表，尽可能多
        body=template,
        subtype="html"
        )

    fm = FastMail(conf)
    fm.send_message(message)
        print(message)

            return JSONResponse(status_code=200, content={"message": "email has
                been sent"})
```

可以看出，使用FastAPI实现邮件发送还是比使用Django实现邮件发送烦琐。关于上述代码的实现细节，笔者已经在代码中添加了注释，这里不再赘述。

## 17.2 Python实现安全地发送邮件

### 17.2.1 基于Django环境的实现

要想线程安全地发送邮件，我们就需要处理发送邮件时出现的关键问题。对于邮件发送功能来说，开发者是不能干预邮件发送过程的，即一封邮件从发出到收件人收到的整个过程中，开发者是不能干预的，除非开发者重写发送邮件的细节。整个过程基于SMTP进行邮件传送。鉴于此，邮件发送在高并发环境中出现的问题就不在使用SMTP发送邮件的环节了。

邮件发送功能的触发时机一般是达到某个业务条件，所以，影响邮件发送的关键在于对业务中邮件触发时机的处理。我们完全可以把邮件发送的动作单独从业务中提取出来，在发送邮件时通过异步的形式进行发布，这样可以节省发送邮件的时间，也不会对后续邮件发送完成后的业务造成影响。

对于Python来说，实现邮件异步发送的最方便的方法是采用线程池进行处理。采用Python线程池进行异步发送邮件的方法如下：

```
from email.mime.text import MIMEText
from django.http import HttpResponse
import smtplib
from concurrent.futures import ThreadPoolExecutor


def asyncSendEmail(request):
    executor = ThreadPoolExecutor(max_workers=2)
    executor.submit(sendEmailInhrit(request))

def sendEmailInhrit(request):
    sent = smtplib.SMTP()
    sent.connect('smtp.qq.com', 25)
    mail_name = "发送人邮箱地址"
    mail_password = "授权码"
    sent.login(mail_name, mail_password)
    to = ['收件人邮箱地址@qq.com']
    # 正文内容
    content = MIMEText('你好，我是Steafan')
# 邮件标题
    content['Subject'] = 'Python高并发实践'
    content['From'] = mail_name

    sent.sendmail(mail_name, to, content.as_string())
```

```
    sent.close()
    return HttpResponse("success")
```

在上述代码中，笔者首先引入 concurrent 模块来汇总 Futures 类中 ThreadPoolExecutor 类型的线程池。关于该线程池，笔者已经在前文做了详细介绍，这里不再赘述。之后将传统的邮件发送功能进行单独处理（处理过程见代码注释），并定义了一个新的方法 asyncSendEmail。该方法是最终通过异步的方式来执行邮件发送的方法。在该方法中，笔者定义了两个 Python 线程，表示在发送邮件时会在当前 Python 环境中创建两个 Python 子线程，通过这两个 Python 子线程去发送邮件。在线程池执行时，真正执行发送邮件的方法是 submit()，开发者可以根据实际的业务需求来决定需不需要接收 submit() 方法的返回值，如果不需要接收，那么编写为上述代码段即可，如果需要接收，编写的代码如下：

```
sendMailResult = executor.submit(sendEmailInhrit(request))
```

在上述 sendMailResult 变量中就包含了邮件异步发送的返回结果，开发者可以根据实际需要进行处理。

### 17.2.2　基于 FastAPI 环境的实现

对于 FastAPI 环境来说，实现异步执行任务的方式相较 Django 来说比较简单，只需要给发送邮件的方法添加一个异步执行的关键字即可。在 FastAPI 环境中实现异步发送邮件的代码如下：

```
# 执行真实的发送邮件方法
@app.post("/send_mail")
await def send_mail(email: EmailSchema):
    template = """ <html> <body><p>Hi !!!
            <br>Thanks for using fastapi mail, keep using it..!!!</p>
            </body>
            </html>
        """

    message = MessageSchema(
        subject="Fastapi-Mail module",
        recipients=email.dict().get("email"),  # 收件人列表，尽可能多
        body=template,
        subtype="html"
        )

    fm = FastMail(conf)
    fm.send_message(message)
        print(message)

            return JSONResponse(status_code=200, content={"message": "email has
                been sent"})
```

在上述代码中，笔者在 send_mail() 方法中添加了 await 关键字。该关键字表明被修饰的方法通过异步调用的方式执行，不会发生阻塞。

## 17.3 基于 Locust 框架的邮件发送功能并发性能测试

在实现高并发环境下的邮件发送功能之后，没有一个相对稳定、可借鉴的测试数据或测试报告是不具备说服力的，所以，笔者这里引入了一款专门用于在 Python 中进行并发性能测试的 Locust 框架。

Locust 框架是使用 Python 语言实现的开源性能测试工具，具有简洁、轻量、高效特性，并发机制基于 gevent 协程，可以实现单机模拟较高的并发压力。Locust 框架可以用于普通的 Python 脚本测试场景、分布式和可扩展的业务场景。同时，Locust 框架提供了基于 Web 的用户界面，以便用户实时监控 Python 脚本或源代码文件的运行状态。Locust 框架几乎可以测试任何系统，除了可以对 Web HTTP 接口测试外，还支持自定义 clients 测试其他类型的系统。

要想使用 Locust 框架，需要先在当前 Python 环境中安装，安装命令如下：

```
pip3 install locustio
```

如果执行该命令之后控制台频繁报错，说明在当前操作系统中没有 C++ 14 的运行环境，需要安装 C++ 14 的运行环境。如果不想安装 C++ 14，我们可以尝试用以下组合命令来安装 Locust：

```
pip3 install -U setuptools
pip3 install -U --pre locustio
```

执行上述命令后，控制台还是报错，说明必须安装 C++ 14 的运行环境，才能安装 Locust 框架，但是出现这种情况的概率还是很小的。

在 Locust 框架安装之后，我们可以通过查看 Locust 版本来查看 Locust 是否安装成功，查看命令如下：

```
locust -V
```

上述命令的执行结果如图 17-3 所示。

图 17-3　查看 Locust 版本

1.0b2 是当前安装的 Locust 的版本号，出现该版本号后就表明 Locust 框架已经成功安装。接下来就是使用 Locust 框架对我们编写的高并发程序进行压测了。假设上述代码位于一个名为 Demo 的 Python 源文件中，使用 Locust 框架对编写的代码进行测试的命令如下：

```
locust -f Demo.py
```

执行上述命令，我们可以在控制台中看到日志输出信息，如图 17-4 所示。

```
(highPerformance) E:\pythonBookPro\pythonBookPro>locust -f Demo.py
[2022-10-13 12:01:58,109] LAPTOP-GD28VN5P/INFO/locust.main: Starting web monitor at http://:8089
[2022-10-13 12:01:58,113] LAPTOP-GD28VN5P/INFO/locust.main: Starting Locust 1.0b2
```

图 17-4　查看 Locust 测试日志

我们重点关注 Starting web monitor at http://:8089，它指明了 Locust 框架的访问路径，在浏览器中输入该路径即可进行访问，如图 17-5 所示。

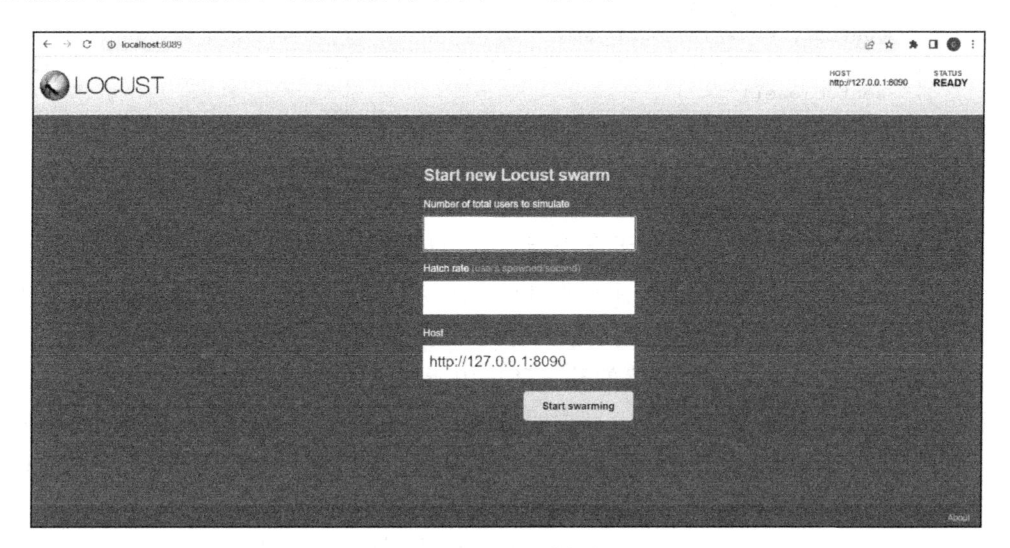


图 17-5　Locust 访问界面

图 17-5 中的第一个输入框表示一次性执行的用户数量，第二个输入框表示虚拟用户增长的比例，第三个输入框表示 Locust 框架运行所依赖的服务地址。这三个输入框需要根据实际需求进行设置，以满足真实的压测需求。对于本邮件发送功能来说，我们是模拟的高并发环境，所以，压力测试的粒度可以具体到 QPS 级别，即直接测试本邮件发送功能每秒可以正确处理的最大请求数量。

结合 Locust 的测试 API，对实现邮件发送功能的代码进行测试改动，改动后的代码如下：

```
from email.mime.text import MIMEText
import smtplib
from concurrent.futures import ThreadPoolExecutor
from locust import HttpUser, task

class Quickstart(HttpUser):
    min_wait = 100  # 最小等待时间(ms),模拟用户在执行任务时等待的最短时间
    max_wait = 500  # 最大等待时间(ms),模拟用户在执行任务时等待的最长时间
    host = 'http://127.0.0.1:8090'
```

```
    def on_start(self):
        # 开始拼接邮件数据
        sent = smtplib.SMTP()
        sent.connect('smtp.qq.com', 25)
        mail_name = " 发送人邮箱地址 "
        mail_password = " 授权码 "
        sent.login(mail_name, mail_password)
        to = [' 收件人邮箱地址 @qq.com']
        # 正文内容
        content = MIMEText(' 你好，我是 Steafan')
        # 邮件标题
        content['Subject'] = 'Python 高并发实践 '
        content['From'] = mail_name
        sent.sendmail(mail_name, to, content.as_string())
        sent.close()

    @task
    def mytask(self):
        executor = ThreadPoolExecutor(max_workers=2)
        executor.submit(self.client.get('/'))
```

上述代码主要是对线程池的调用过程进行了改动，对测试所用的注解 @task 进行了添加，并规定了测试的基础参数和基础数据。现在，我们可以开始使用 Locust 进行测试了。

对于邮件发送功能来说，一般的并发环境中所要求的测试指标为 QPS 在 100 ～ 300 之间，只要测试满足这一基本指标，就说明邮件发送功能在一般的并发环境中是线程安全的，即可以线程安全地以并发形式发送邮件。鉴于此，我们直接设置 Locust 的一次性执行的用户数量在 100 ～ 300 之间，设置虚拟用户增长的比例为每次 50 ～ 150 个。点击 Start swarming 按钮，Locust 框架就会开始测试，最终的测试结果如图 17-6 所示。

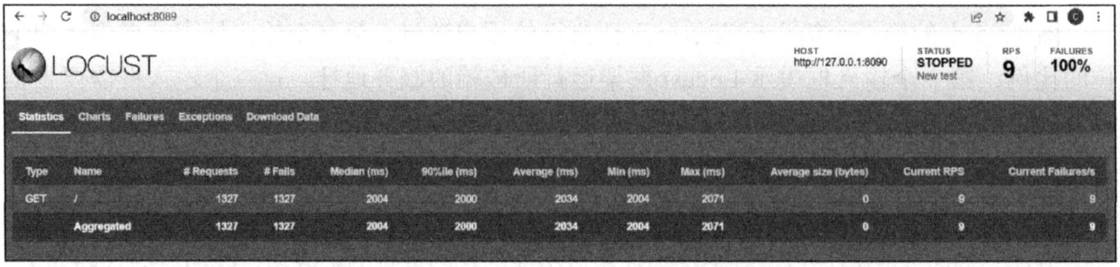

localhost:8089

LOCUST

HOST http://127.0.0.1:8090 | STATUS STOPPED New test | RPS 9 | FAILURES 100%

Statistics Charts Failures Exceptions Download Data

| Type | Name | # Requests | # Fails | Median (ms) | 90%ile (ms) | Average (ms) | Min (ms) | Max (ms) | Average size (bytes) | Current RPS | Current Failures/s |
|---|---|---|---|---|---|---|---|---|---|---|---|
| GET | / | 1327 | 1327 | 2004 | 2000 | 2034 | 2004 | 2071 | 0 | 9 | 9 |
| | Aggregated | 1327 | 1327 | 2004 | 2000 | 2034 | 2004 | 2071 | 0 | 9 | 9 |

图 17-6　Locust 测试邮件发送功能的结果

由于邮件发送功能并没有返回真实的响应结果，在测试的代码中笔者并没有处理请求的响应结果，所以使用 Locust 测试框架进行测试时，请求的失败率就达到了 100%，但是邮件实际上已经发出去了。在上述测试结果中，请求数量达到了 1327，QPS 达到了 150 左右，基本满足基本的并发安全条件，所以本邮件发送功能在一般的并发环境中是线程安全的，可以正常使用。

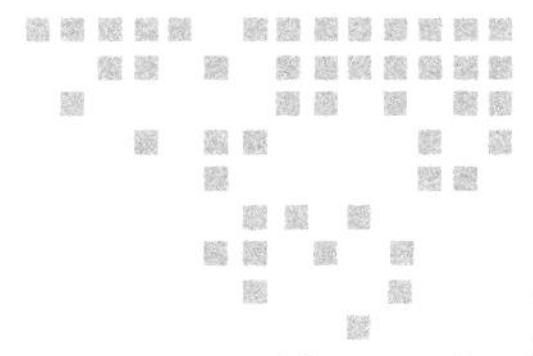

第 18 章 Chapter 18

# 高并发环境下的日志打印功能

本章会基于 Django 框架和 FastAPI 框架，介绍如何使用 Python 实现基础日志打印功能，具体为先实现基础的日志打印功能，构造基础的日志打印功能环境，然后通过 Python 线程池模拟一定数量的线程，从而实现在模拟的高并发环境下，线程安全的日志打印功能。在实现高并发环境下的日志打印功能后，为了验证功能实现代码的性能等，笔者采用 Locust 框架的测试工具对高并发环境下的日志打印功能进行测试，从而得到测试的关键指标。

## 18.1 Python 实现基础日志打印功能

### 18.1.1 基于 Django 环境的实现

关于日志打印功能，前文做了一定介绍，即介绍了 Python 中常规的日志打印模式和基于 Logging 模块的日志打印功能的实现。对于 Django 框架来说，其在实现日志打印时，使用的是 Python 中的 Logging 日志打印模块，并没有引入其他新的日志打印模块，也没有提供其他新的日志打印 API。所以，在 Django 中实现日志打印功能本质上还是使用的 Python 中的 Logging 日志打印模块。

Logging 日志打印模块本身是线程安全的，由 4 部分组成。

- Logger：表示用户使用的直接接口。
- Handler：将日志传递给 Handler，并由 Handler 控制日志输出到哪里。
- Filter：一个 Logger 可以有多个 Handler，控制哪些日志从 Logger 流向 Handler。

- Formatter：控制日志的格式。

要想使用Django中内置的Logging日志打印模块，我们需要从项目的全局角度来对Django中的Logging日志打印模块进行配置，具体的配置过程在项目的settings.py配置文件中进行，配置的主要内容就是添加Logging日志打印模块，具体配置代码如下：

```
LOGGING = {
    'version': 1,  #版本信息
    'disable_existing_loggers': False,  # 是否禁用已经存在的日志打印器
    'formatters': {  # 日志信息显示的格式
        'verbose': {
            'format': '%(levelname)s %(asctime)s %(module)s %(lineno)d %(message)s'
        },
        'simple': {
            'format': '%(levelname)s %(module)s %(lineno)d %(message)s'
        },
    },
    'filters': {
        'require_debug_true': {  # Django在Debug模式下才输出日志
            '()': 'django.utils.log.RequireDebugTrue',
        },
    },
    'handlers': {
        'console': {
            'level': 'INFO',
            'filters': ['require_debug_true'],
            'class': 'logging.StreamHandler',
            'formatter': 'simple'
        },
    },
    'loggers': {
        'django': {  # 定义一个名为django的日志打印器
            'handlers': ['console'],
            'propagate': True,
            'level': 'INFO',
        },
    }
}
```

关于Logging日志打印模块相关的配置属性说明，笔者已经在上述代码中添加，不再做单独说明。在配置好Logging日志打印模块的相关属性之后，我们就可以调用配置好的Logging日志打印模块，调用的具体代码如下：

```
import logging
from django.http import HttpResponse


def logPrintDemo(self):
    logger = logging.getLogger('django')
```

```
    logger.info("This is anerror msg")
    return HttpResponse("打印日志成功，请在控制台查看")
```

在上述代码中，Logging 日志打印模块通过 import 关键字导入，具体的日志打印处理过程则是交给了 logPrintDemo() 方法。在 logPrintDemo() 方法内部，通过 logging.getLogger('django') 语句来获取配置的日志打印器。getLogger() 方法中传入的参数就是在 settings.py 文件中配置的日志打印器的名称。

执行上述代码，等待返回响应时，我们就可以在控制台中看到输出的日志了，如图 18-1 所示。

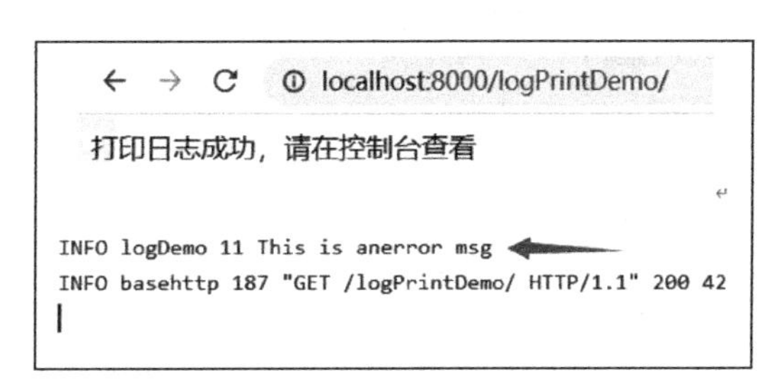


图 18-1　查看日志输出内容

为了演示方便，笔者在 Django 中实现了大众化的日志打印方式，如果有读者需要复杂的日志打印功能，可以自行查阅相关资料了解。

## 18.1.2　基于 FastAPI 环境的实现

对于 FastAPI 环境来说，实现日志打印的方式和 Django 相同，也是用的 Python 中的 Logging 日志打印模块，只不过配置的过程完全不同。在 FastAPI 中配置 Logging 日志打印模块的代码如下：

```
import logging
from fastapi import FastAPI
import time
import random
import string

logger = logging.getLogger()
logger.setLevel(logging.INFO)
ch = logging.StreamHandler()
fh = logging.FileHandler(filename='./server.log')
formatter = logging.Formatter(
    "%(asctime)s - %(module)s - %(funcName)s - line:%(lineno)d - %(levelname)s -
        %(message)s"
)

ch.setFormatter(formatter)
fh.setFormatter(formatter)
```

```
logger.addHandler(ch)  # 将日志输出至屏幕
logger.addHandler(fh)  # 将日志输出至文件

logger = logging.getLogger(__name__)

app = FastAPI()


@app.middleware("http")
def log_requests(request, call_next):
    idem = ''.join(random.choices(string.ascii_uppercase + string.digits, k=6))
    logger.info(f"rid={idem} start request path={request.url.path}")
    start_time = time.time()

    response = await call_next(request)

    process_time = (time.time() - start_time) * 1000
    formatted_process_time = '{0:.2f}'.format(process_time)
    logger.info(f"rid={idem} completed_in={formatted_process_time}ms status_
        code={response.status_code}")

    return response

@app.get("/")
def root():
    return {"msg": "success"}
```

运行上述代码，在浏览器中输入访问路径即可得到返回结果，如图 18-2 所示。

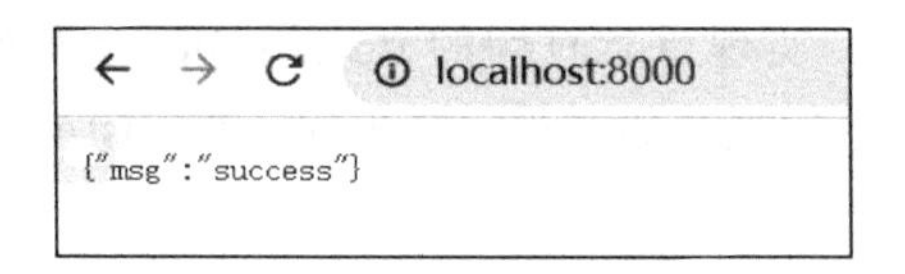


图 18-2　查看服务响应结果

得到图 18-2 所示的 msg 返回，说明日志已经成功打印到控制台，如图 18-3 所示。

```
2022-10-13 15:52:12,333 - main - log_requests - line:37 - INFO - rid=8QDH1M start request path=/
15:52:12,334 - main - log_requests - line:44 - INFO - rid=8QDH1M completed_in=1.00ms status_code=200
?[32mINFO?[0m:     127.0.0.1:5267 - "?[1mGET / HTTP/1.1?[0m" ?[32m200 OK?[0m
```

图 18-3　请求处理日志

## 18.2　Python 实现安全地打印日志

### 18.2.1　基于 Django 环境的实现

日志打印功能在高并发环境下需要保证的和邮件发送功能在高并发环境下需要保证的

安全性相同，都需要保证在高并发环境下可以正常输出日志，不会出现日志打印顺序杂乱问题。鉴于此，在高并发环境下打印日志时，我们继续采用在邮件发送实现时所使用的 Python 线程池进行优化。

使用 Python 线程池对日志输出进行打印的代码如下：

```
import logging
from concurrent.futures import ThreadPoolExecutor


def loggingPrintDemo():
    logger = logging.getLogger('django')
    executor = ThreadPoolExecutor(max_workers=2)
    executor.submit(logger.info("This is anerror msg"))
```

在对日志打印模块进行优化时，直接将打印日志的关键方法放到 Python 线程池执行即可，没有其他多余的优化操作。上述代码就是将输出日志的关键方法 info() 放到了 Python 线程池中的 submit() 方法，直接交由线程池进行执行和管理。如果日志打印的方法比较复杂，或者需要处理较多的日志打印需求，那么我们可以将日志打印单独抽离出来，作为一个单独的日志打印方法进行处理。在这样的背景下，直接将 info() 方法放入 submit() 方法也是可以的，就像对发送邮件的功能进行并发优化那样。

## 18.2.2　基于 FastAPI 环境的实现

对于 FastAPI 环境下的并发优化来说，其优化措施和邮件发送功能的优化措施相同，通过添加异步执行的关键字将日志打印动作通过异步的方式进行执行，具体的优化代码如下：

```
import logging
from fastapi import FastAPI
import time
import random
import string

logger = logging.getLogger()
logger.setLevel(logging.INFO)
ch = logging.StreamHandler()
fh = logging.FileHandler(filename='./server.log')
formatter = logging.Formatter(
    "%(asctime)s - %(module)s - %(funcName)s - line:%(lineno)d - %(levelname)s -
        %(message)s"
)

ch.setFormatter(formatter)
fh.setFormatter(formatter)
logger.addHandler(ch)  # 将日志输出至屏幕
logger.addHandler(fh)  # 将日志输出至文件
```

```
logger = logging.getLogger(__name__)

app = FastAPI()


@app.middleware("http")
async def log_requests(request, call_next):
    idem = ''.join(random.choices(string.ascii_uppercase + string.digits, k=6))
    logger.info(f"rid={idem} start request path={request.url.path}")
    start_time = time.time()

    response = await call_next(request)

    process_time = (time.time() - start_time) * 1000
    formatted_process_time = '{0:.2f}'.format(process_time)
    logger.info(f"rid={idem} completed_in={formatted_process_time}ms status_
        code={response.status_code}")

    return response


@app.get("/")
async def root():
    return {"msg": "success"}
```

通过添加 async 关键字实现对日志输出的异步执行，相对来说比基于 Django 框架的优化措施要简单很多。

## 18.3 基于 Locust 框架的日志打印功能并发性能测试

与邮件发送功能的并发性能测试相同，我们需要对编写的并发打印日志的代码进行基于 Locust 框架的并发性能测试，具体的过程如下：

```
import logging
from concurrent.futures import ThreadPoolExecutor
from locust import HttpUser, task


class Quickstart(HttpUser):
    min_wait = 100  # 最短等待时间 (ms)，模拟用户在执行任务时等待的最短时间
    max_wait = 500  # 最长等待时间 (ms)，模拟用户在执行任务时等待的最长时间
    host = 'http://127.0.0.1:8090'  # 访问的域名

    def on_start(self):
        # 开始执行任务
        logger = logging.getLogger('django')
        executor = ThreadPoolExecutor(max_workers=2)
        executor.submit(logger.info("This is anerror msg"))
```

```
    @task
    def mytask(self):
        executor = ThreadPoolExecutor(max_workers=2)
        executor.submit(self.client.get('/'))
```

对于日志打印功能来说，在高并发环境下，我们注重的应该是日志在特定的时机执行打印动作，而不是随意执行打印动作。所以，日志打印功能在高并发环境下所要求的 QPS 并不是很高。考虑到日志打印数据大小问题，QPS 在 50 ～ 100 之间打印速度就已经非常快了，所以，在使用 Locust 对日志打印进行并发性能测试时，我们所规定的用户数量设置在 50 ～ 100 之间，所规定的虚拟用户自增比例设置在 5 ～ 10 之间，如图 18-4 所示。

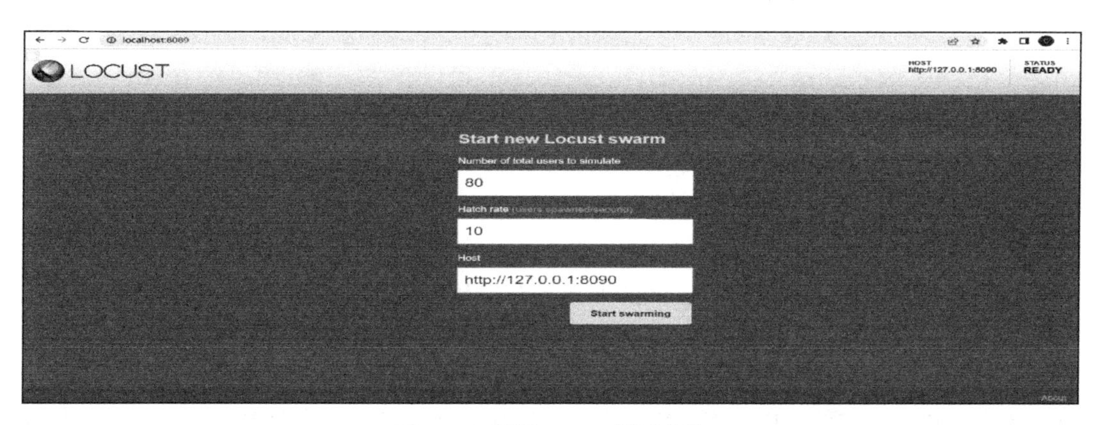


图 18-4　配置 Locust 测试参数

点击 Start swarming 按钮即开始日志打印功能的并发性能测试，最终的测试结果如图 18-5 所示。

LOCUST　HOST http://127.0.0.1:8090　STATUS STOPPED New test　RPS 33.5　FAILURES 100%

Statistics　Charts　Failures　Exceptions　Download Data

| Type | Name | # Requests | # Fails | Median (ms) | 90%ile (ms) | Average (ms) | Min (ms) | Max (ms) | Average size (bytes) | Current RPS | Current Failures/s |
|---|---|---|---|---|---|---|---|---|---|---|---|
| GET | / | 620 | 620 | 2074 | 2100 | 2050 | 2024 | 2074 | 0 | 33.5 | 33.5 |
| | Aggregated | 620 | 620 | 2074 | 2100 | 2050 | 2024 | 2074 | 0 | 33.5 | 33.5 |

图 18-5　基于 Locust 测试日志打印功能的结果

从测试结果可以看出，在执行 620 个用户请求之前，控制台均可正常输出日志，且均按照线程的执行顺序进行输出，因为 Python 线程池中线程队列是按照 FIFO 方式进行执行的，保证了线程的执行顺序。对于日志输出并发性能测试结果中的 QPS 来说，在处理 620 个请求时，QPS 在 60 ～ 120 之间，满足我们的既定要求。

Chapter 19 第 19 章

# 高并发环境下的用户注册和登录功能

本章会基于 Django 框架和 FastApi 框架，介绍如何使用 Python 实现基础的用户注册和登录功能，具体为先实现基础的用户注册和登录功能，构造基础的用户注册和登录功能环境，然后通过 Python 中的 Futures 模拟一定数量的线程，并对功能的返回结果进行处理，从而实现在模拟的高并发环境下线程安全的用户注册和登录功能。在实现高并发环境下的用户注册和登录功能后，为了验证功能实现代码的性能等，笔者采用基于 Locust 框架的测试工具来对高并发环境下的用户注册和登录功能进行测试。

## 19.1 Python 实现基础的用户注册和登录功能

### 19.1.1 基于 Django 环境的实现

在 Django 中要想实现基础的用户注册和登录功能，需要具备数据库表，笔者这里通过 Django 支持的数据库类型，模拟了一张用户信息表 hp_user，在 Django 中创建用户信息表需要使用 Django 的内置命令。首先，在项目的目录下创建一个 models.py 文件。该文件可以直接识别为数据库模型文件，我们创建的数据库表信息就是读取的该文件中的内容。该文件创建完成后，我们需要在文件中填充 Django 可以识别的数据模型类型和数据库表字段名称，如图 19-1 所示。

models.py 文件中定义了一个 HpUser 的 Python 类。该类在被解析时会被直接当作数据库中的表进行创建。该类中定义的字段 username、password、sex 都是该数据库表中存在的字段。为了演示方便，笔者这里只定义了 username、password、sex 三个基础字段，供实现用户注册和登录功能演示。

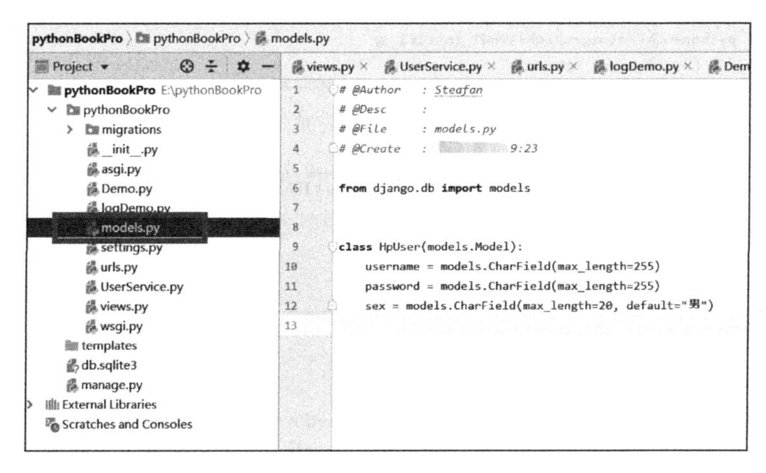


图 19-1　models.py 文件

接着，在 settings.py 文件中对项目所使用的数据库进行配置，配置的具体参数如图 19-2 所示。

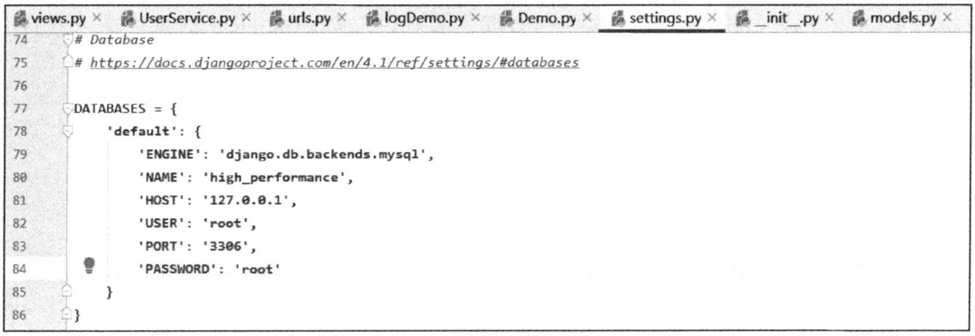

```
views.py × UserService.py × urls.py × logDemo.py × Demo.py × settings.py × __init__.py × models.py ×
74  # Database
75  # https://docs.djangoproject.com/en/4.1/ref/settings/#databases
76
77  DATABASES = {
78      'default': {
79          'ENGINE': 'django.db.backends.mysql',
80          'NAME': 'high_performance',
81          'HOST': '127.0.0.1',
82          'USER': 'root',
83          'PORT': '3306',
84          'PASSWORD': 'root'
85      }
86  }
```

图 19-2　配置项目数据库参数

在 settings.py 文件中的 DATABASES 属性下对项目所使用的数据库进行配置，笔者这里将数据库配置成本地的数据库，以方便演示。

在上述配置完成后，执行 Django 中创建数据库表的命令，以生成项目所需的数据库，具体命令如下：

```
python manage.py makemigrations pythonBookPro
```

执行上述命令，Django 会直接生成一个创建数据库表的模型文件，且以生成次数为名称来对该文件进行命名，执行结果如图 19-3 所示。

在生成该文件后，根据该文件创建对应的数据库表，命令如下：

```
python manage.py sqlmigrate pythonBookPro 0001
```

```
(highPerformance) E:\pythonBookPro>python manage.py makemigrations pythonBookPro
Migrations for 'pythonBookPro':
  pythonBookPro\migrations\0001_initial.py
    - Create model HpUser
```

图 19-3 查看 Django 自动生成的模型文件

执行上述命令，Django 会直接根据 0001 这个文件在本地的数据库中生成一个数据库表。该数据库表的名称默认采用应用名称和模型文件中的类名称进行定义。执行上述命令后的结果如图 19-4 所示。

```
(highPerformance) E:\pythonBookPro>python manage.py sqlmigrate pythonBookPro 0001
--
-- Create model HpUser
--
CREATE TABLE `pythonBookPro_hpuser` (`id` bigint AUTO_INCREMENT NOT NULL PRIMARY KEY, `username` varchar(255) NOT NULL, `password` varchar(255) NOT NULL, `sex` varchar(20) NOT NULL);
```

图 19-4 查看 sqlmigrate 命令的执行日志

之后，我们还需要执行最后一个命令，将生成的数据库表写入本地数据库，命令如下：

```
python manage.py migrate
```

执行上述命令后，Django 默认将一些数据库表和已经创建的 User 数据库表一次性写入配置的本地数据库。执行上述命令后的结果如图 19-5 所示。

```
(highPerformance) E:\pythonBookPro>python manage.py migrate
Operations to perform:
  Apply all migrations: admin, auth, contenttypes, pythonBookPro, sessions
Running migrations:
  Applying contenttypes.0001_initial... OK
  Applying auth.0001_initial... OK
  Applying admin.0001_initial... OK
  Applying admin.0002_logentry_remove_auto_add... OK
  Applying admin.0003_logentry_add_action_flag_choices... OK
  Applying contenttypes.0002_remove_content_type_name... OK
  Applying auth.0002_alter_permission_name_max_length... OK
  Applying auth.0003_alter_user_email_max_length... OK
  Applying auth.0004_alter_user_username_opts... OK
  Applying auth.0005_alter_user_last_login_null... OK
  Applying auth.0006_require_contenttypes_0002... OK
  Applying auth.0007_alter_validators_add_error_messages... OK
  Applying auth.0008_alter_user_username_max_length... OK
  Applying auth.0009_alter_user_last_name_max_length... OK
  Applying auth.0010_alter_group_name_max_length... OK
  Applying auth.0011_update_proxy_permissions... OK
  Applying auth.0012_alter_user_first_name_max_length... OK
  Applying pythonBookPro.0001_initial... OK
  Applying sessions.0001_initial... OK
```

图 19-5 查看项目数据库表生成结果

如果控制台输出上述内容，表明项目中所用的所有数据库表都被成功写入配置的数据库。此时，我们可以使用对应数据库类型的可视化工具来查看我们配置的数据库，查看数据库中是否已经存在这些数据库表。笔者这里使用个人学习版的 Navicat 进行查看，查看的结果如图 19-6 所示。

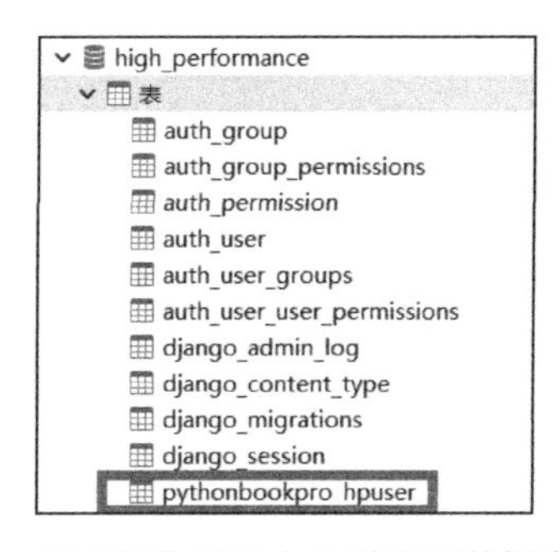


图 19-6　在可视化工具中查看项目数据库表信息

通过图 19-6 可知，项目所需的所有数据库和数据库表都已经成功创建，且都被成功写入所配置的数据库。这样，我们就可以开发用户注册和登录功能了。

我们先来开发用户注册功能。在项目的目录中创建一个新的 Python 文件，定义为 UserService.py，用户注册和登录的功能实现代码存储在该文件中。用户注册功能的实现代码如下：

```
from .models import HpUser
from django.http import HttpResponse
from django.views.decorators.csrf import csrf_exempt

@csrf_exempt
def register(request):
    if request.method == "POST":
        username = request.POST.get('username')
        password = request.POST.get('password')
        sex = request.POST.get('sex')
        user = HpUser()
        user.username = username
        user.password = password
        user.sex = sex
        user.save()
        return HttpResponse("注册成功")
```

上述代码的逻辑比较简单，这里不再详细说明，重点说一下 @csrf_exempt 注解。该注解是在 Django 代码层面解决互联网跨域问题的代码。通过在 Django 端添加该注解，我们不用在页面端添加 {% csrf_token %} 语句来解决跨域问题，毕竟跨域问题还是需要从后端进行根本性解决的。之后，打开接口测试工具（笔者这里使用的是 RestletClient），然后输入用户注册接口所需的基本参数，如图 19-7 所示。

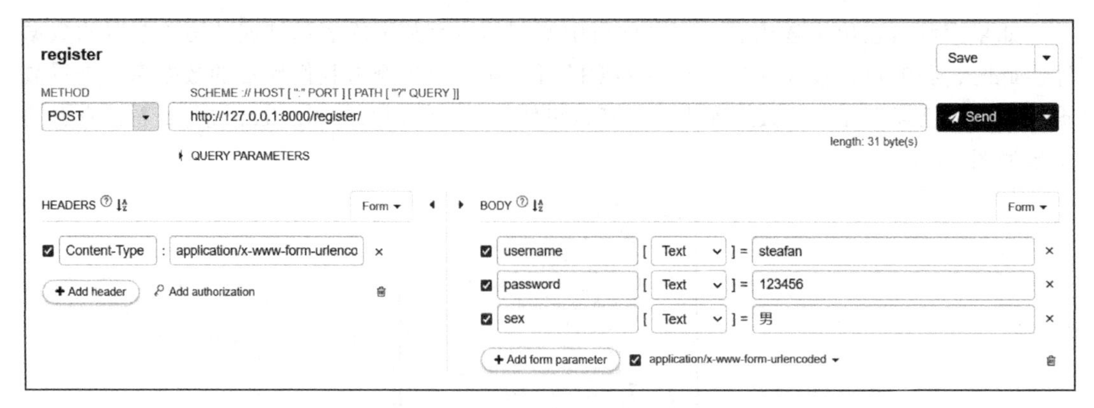


图 19-7 配置用户注册服务测试参数

点击右上角的 Send 按钮，向我们所实现的用户注册服务发送请求，请求的响应结果如图 19-8 所示。

图 19-8 用户注册服务的响应结果

可以看到，我们所实现的用户注册接口返回了 200 状态码，表明服务响应成功。我们可以通过访问项目中所配置的数据库表中是否存在该用户进行用户注册功能的验证，验证结果如图 19-9 所示。

| id | username | password | sex |
|---|---|---|---|
| 1 | steafan | 123456 | 男 |

图 19-9 验证用户注册功能

通过图 19-9 可以得出，我们所实现的用户注册接口已经正常运行了。下面实现用户登录功能，实现代码如下：

```
@csrf_exempt
```

```
def login(request):
    if request.method == "POST":
        username = request.POST.get('username')
        password = request.POST.get('password')
        currUser = HpUser.objects.filter(username=username, password=password)
        if currUser:
            return HttpResponse(" 登录成功 ")
        return HttpResponse(" 登录失败 ")
```

像测试用户注册功能那样，我们在 RestletClient 中对用户登录功能进行测试，测试的具体过程和结果如图 19-10 所示。

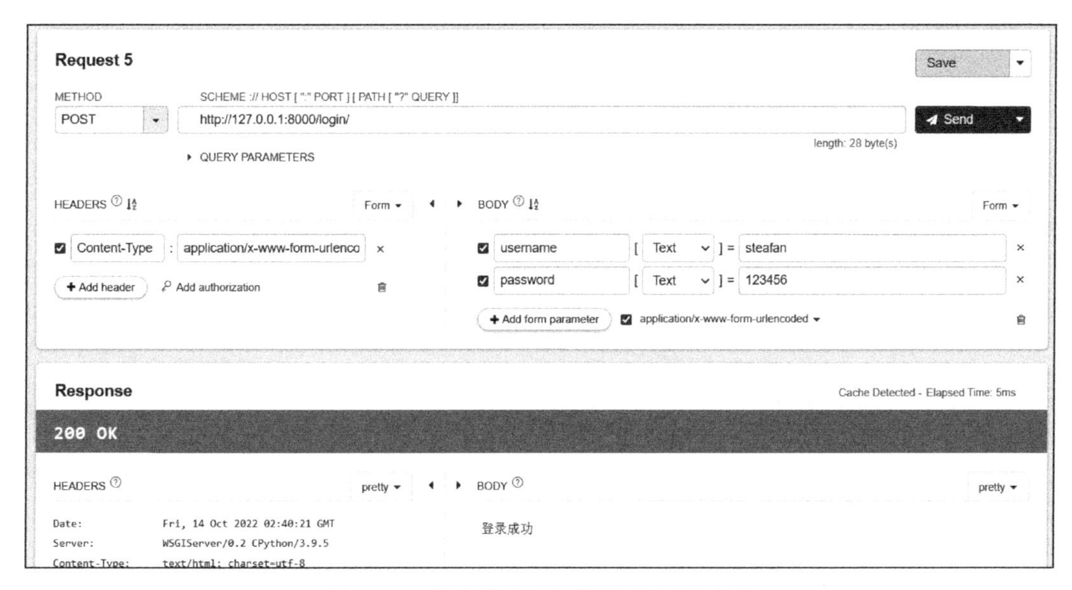


图 19-10　用户登录功能的测试过程及结果

由图 19-10 可知，使用在用户注册接口所注册的用户信息进行登录时，用户登录接口成功返回了 200 状态码，并提示我们用户登录成功。至此，基于 Django 实现用户注册和登录功能就已经实现完毕且通过最基础的测试了。

## 19.1.2　基于 FastAPI 环境的实现

在 FastAPI 环境下实现用户注册与登录功能和在 Django 环境下实现的总体流程相同，都需要先创建项目所需的数据库和数据库表。由于使用 FastAPI 创建数据库和数据库表的过程太过烦琐，脱离了本书定位，所以这里不再具体介绍，感兴趣的读者可以查阅相关资料进行了解。

在 FastAPI 环境下实现用户注册的代码如下：

```
# 注册用户
@router.post("/register/")
```

```
def register_user(db: Session, user: UserCreate):
    roles = db.query(Role).filter(Role.name == user.role).first()
    db_user = User(**user.dict())
    db_user.role=roles.id
    db.add(db_user)
    db.commit()  # 提交并保存到数据库中
    db.refresh(db_user)  # 刷新
    return db_user
```

在 FastAPI 环境下实现用户登录的代码如下：

```
@router.post("/login/")
def login(
    user:schemas.PyUserLogin,
    response: Response,
    session: Session = Depends(get_db),
):
    dbuser = session.query(db.User).filter(db.User.username == db.User.username).
        first()
    if not (dbuser and dbuser.verify_password(user.password)):
        raise ApiException(
            code = 1001,
            message = "账号不存在或密码错误"
        )
    current_user = schemas.PyUser.from_orm(dbuser)
    role_required.login(response, current_user)
    return ApiResponse(
        code = 0,
        message = "登录成功",
        data = {
            "username": current_user.username,
            "realname": current_user.realname,
            "description": current_user.description
        }
    )
```

关于对用户注册与登录功能的测试，由于测试方法重复，这里就不再进行介绍了。

## 19.2 Python 实现安全地登录注册

### 19.2.1 基于 Django 环境的实现

对于用户注册与登录功能来说，在高并发环境下最核心的优化就是在并发环境中对于任意时刻的服务的调用，用户注册与登录功能服务能及时做出响应，返回服务的响应结果，不能出现响应结果不返回或返回的响应结果紊乱等现象。所以，在高并发环境下对用户注册与登录功能的优化措施重点应放在高并发环境下接收功能服务返回结果的处理上。

Python 中可以用来接收多线程的返回结果的 API 是 concurrent 包中的 futures 类。该类封装了接收多线程返回结果的基础操作 API，支持开发者进行调用。我们在高并发环境下对用户注册与登录功能的优化使用的就是 futures 类。

在高并发环境下对用户注册功能优化的代码如下：

```
import concurrent.futures

@csrf_exempt
def register(request):
    with concurrent.futures.ThreadPoolExecutor(max_workers=5) as executor:
        if request.method == "POST":
            username = request.POST.get('username')
            password = request.POST.get('password')
            sex = request.POST.get('sex')
            user = HpUser()
            user.username = username
            user.password = password
            user.sex = sex
            future = executor.submit(user.save())
            print(future)
            return HttpResponse(" 注册成功 ")
```

在上述代码中，将 concurrent 包中的 futures 类通过 import 语句导入，并且在用户注册的具体实现逻辑中，使用 with 语句块对其进行处理。为了看到 future 变量的返回结果，笔者这里直接将返回结果进行打印，如图 19-11 所示。

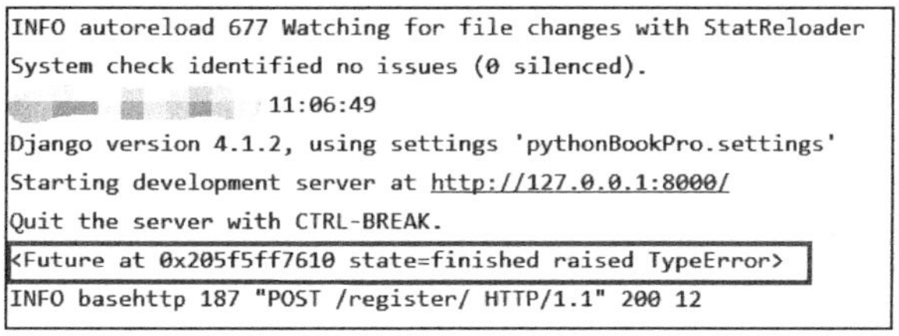

```
INFO autoreload 677 Watching for file changes with StatReloader
System check identified no issues (0 silenced).
11:06:49
Django version 4.1.2, using settings 'pythonBookPro.settings'
Starting development server at http://127.0.0.1:8000/
Quit the server with CTRL-BREAK.
<Future at 0x205f5ff7610 state=finished raised TypeError>
INFO basehttp 187 "POST /register/ HTTP/1.1" 200 12
```

图 19-11　查看 future 变量返回结果——用户注册

在高并发环境下对用户登录功能优化的代码如下：

```
@csrf_exempt
def login(request):
    with concurrent.futures.ThreadPoolExecutor(max_workers=5) as executor:
        if request.method == "POST":
            username = request.POST.get('username')
            password = request.POST.get('password')
            currUserfuture = executor.submit(HpUser.objects.filter(username=
                username, password=password))
            if currUserfuture:
                print(currUserfuture)
                return HttpResponse(" 登录成功 ")
            return HttpResponse(" 登录失败 ")
```

用户登录功能的优化手段和用户注册功能的优化手段是相同的，这里不再进行赘述，我们直接来看返回结果，如图 19-12 所示。

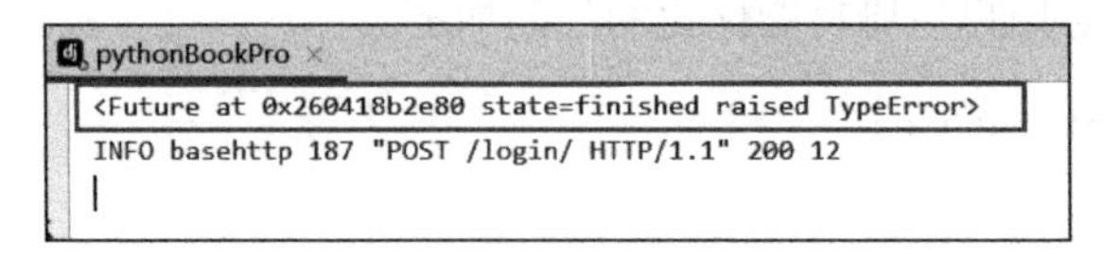


图 19-12　查看 future 变量返回结果——用户登录

## 19.2.2　基于 FastAPI 环境的实现

在 FastAPI 环境下对高并发的用户注册和登录功能的优化还是通过异步回调的方式，具体代码如下：

```
# 注册用户
@router.post("/register/")
async register_user(db: Session, user: UserCreate):
    roles = db.query(Role).filter(Role.name == user.role).first()
    db_user = User(**user.dict())
    db_user.role=roles.id
    db.add(db_user)
    db.commit()  # 提交并保存到数据库中
    db.refresh(db_user)  # 刷新
    return db_user

# 用户登录
@router.post("/login/")
async def login(
    user:schemas.PyUserLogin,
    response: Response,
    session: Session = Depends(get_db),
):
    dbuser = session.query(db.User).filter(db.User.username == db.User.username).
        first()
    if not (dbuser and dbuser.verify_password(user.password)):
        raise ApiException(
            code = 1001,
            message = "账号不存在或密码错误"
        )
    current_user = schemas.PyUser.from_orm(dbuser)
    role_required.login(response, current_user)
    return ApiResponse(
        code = 0,
        message = "登录成功",
        data = {
            "username": current_user.username,
            "realname": current_user.realname,
```

```
            "description": current_user.description
        }
    )
```

上述代码将用户注册与登录的返回结果进行返回，并通过方法回调的方式进行接收，这一过程通过 async 关键字结合结果返回的形式即可实现，实现起来更快捷。

## 19.3　基于 Locust 框架的用户注册和登录功能并发性能测试

与邮件发送功能和日志打印功能的并发性能测试相同，我们需要对实现的用户注册和登录功能进行并发性能测试，用户注册功能的并发性能测试具体代码如下：

```
from django.http import HttpResponse
from django.views.decorators.csrf import csrf_exempt
import concurrent.futures
from locust import HttpUser, task

from pythonBookPro.models import HpUser


class Quickstart(HttpUser):
    min_wait = 100  # 最短等待时间 (ms)，模拟用户执行任务时等待的最短时间
    max_wait = 500  # 最长等待时间 (ms)，模拟用户执行任务时等待的最长时间
    host = ‘http://127.0.0.1:8090’  # 访问的域名


@csrf_exempt
def on_start(self, request):
    with concurrent.futures.ThreadPoolExecutor(max_workers=5) as executor:
        if request.method == "POST":
            username = request.POST.get('username')
            password = request.POST.get('password')
            sex = request.POST.get('sex')
            user = HpUser()
            user.username = username
            user.password = password
            user.sex = sex
            future = executor.submit(user.save())
            print(future)
            return HttpResponse( “注册成功” )

    @task
    def mytask(self):
        self.client.get('/')
```

用户登录功能的并发性能测试代码如下：

```
from django.http import HttpResponse
```

```
from django.views.decorators.csrf import csrf_exempt
import concurrent.futures
from locust import HttpUser, task

from pythonBookPro.models import HpUser


class Quickstart(HttpUser):
    min_wait = 100  # 最短等待时间 (ms)，模拟用户执行任务时等待的最短时间
    max_wait = 500  # 最长等待时长 (ms)，模拟用户执行任务时等待的最长时间
    host = 'http://127.0.0.1:8090'  # 访问的域名


@csrf_exempt
def on_start(self, request):
        with concurrent.futures.ThreadPoolExecutor(max_workers=5) as executor:
        if request.method == "POST":
            username = request.POST.get('username')
            password = request.POST.get('password')
            currUserfuture = executor.submit(HpUser.objects.filter(username=username,
                password=password))
            if currUserfuture:
                print(currUserfuture)
                return HttpResponse(" 登录成功 ")
            return HttpResponse(" 登录失败 ")

    @task
    def mytask(self):
        self.client.get('/')
```

基于上述测试代码，分别基于 Locust 框架的测试工具对其进行并发性能测试，最终的测试结果如图 19-13 所示。

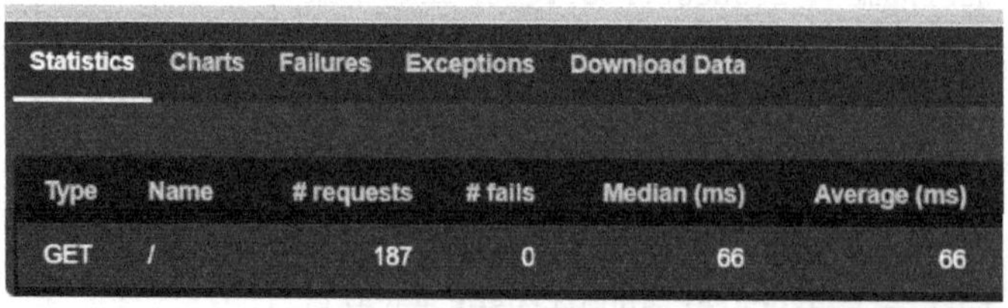

Statistics　Charts　Failures　Exceptions　Download Data

| Type | Name | # requests | # fails | Median (ms) | Average (ms) |
|---|---|---|---|---|---|
| GET | / | 187 | 0 | 66 | 66 |

图 19-13　用户注册和登录功能的并发性能测试结果

对于用户注册与登录功能来说，一般的并发性能要求 QPS 在 100 ～ 300 之间，如果项目所在服务器的性能比较高，那么可以将这一要求提高到 QPS 在 300 ～ 500 之间。对于本例来说，我们对于用户注册与登录功能的 QPS 的要求一般，即 QPS 在 100 ～ 300 之间即可满足一般并发环境的需要。通过上述测试结果可知，在处理了 187 个请求时，失败率为 0%，QPS 在 100 ～ 130 之间，基本满足一般并发场景下的 QPS 要求。

# 附　　录

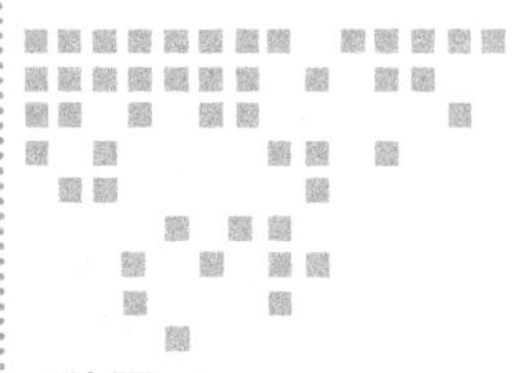

Appendix A 附录 A

# Django 框架快速入门

本附录内容会介绍本书中所用的 Django 框架，为没有使用过 Django 框架的读者介绍一些必备的知识点。

## 1. 下载并安装 Django

Python 中 Django 框架的安装还是非常简单方便的。在安装 Django 框架之前，我们需要确保计算机中已经安装好 Python 环境，并且要与 Django 框架的版本相适应。本书所使用的 Python 环境是 Python 3.9.13 版本，在安装 Django 框架时可以默认使用最新版本的 Django 框架，并通过以下命令进行安装：

```
pip3 install Django
```

或者通过另一种命令进行安装：

```
pip3 install Django -I https://pypi.douban.com/simple
```

上述安装方式同样是采用 pip 进行安装，只不过是通过 pip 的 -I 参数来指定 Django 框架的安装源。

执行完上述安装命令且控制台没有任何报错，就表明 Django 框架已经安装完成。我们可以通过以下命令来验证 Django 框架是否安装成功：

```
python -m django --version
```

执行上述命令之后，如果 Django 框架安装成功，控制台输出当前安装的 Django 框架的版本号，如图 A-1 所示。

图 A-1 中显示当前环境下安装成功的 Django 框架的版本号为 4.1.2，表示 Django 框架已经安装成功，可以使用了。

图 A-1　Django 框架的版本号

## 2. VirtualEnv 介绍与使用

VirtualEnv 是一个 Python 虚拟开发环境。和真实的 Python 开发环境不同，开发者可以在自己的电脑中创建多个 Python 虚拟开发环境。每个 Python 虚拟开发环境可以运行不同的开发任务，这一点是 Java 语言不具备的。

要想使用 VirtualEnv，我们就需要先安装 VirtualEnv。和 Django 框架安装类似，安装 VirtualEnv 也可以采用 pip 的方式，安装命令如下：

```
pip3 install virtualenv
```

在上述命令执行结束后，我们可以通过一个简单的命令来验证 VirtualEnv 是否安装成功，命令如下：

```
virtualenv --version
```

执行上述命令后的结果如图 A-2 所示。

```
(highPerformance)                 env\highPerformance\Scripts>virtualenv --version
                  \site-packages\setuptools\command\install.py:34: SetuptoolsDeprecationWarning: setup.py install is dep
recated. Use build and pip and other standards-based tools.
  warnings.warn(
virtualenv 20.10.0 from                  \site-packages\virtualenv\__init__.py
```

图 A-2　验证 VirtualEnv 是否安装成功的结果

VirtualEnv 安装成功之后，我们就可以正常使用了。在使用 VirtualEnv 时，我们需要通过相应的命令创建一个 Python 虚拟开发环境，创建 Python 虚拟开发环境的命令如下所示：

```
virtualenv path+name
```

使用 virtualenv 命令来创建一个虚拟开发环境，后面跟虚拟开发环境所在的路径和虚拟开发环境的名称，如果不写路径，只写名称，则虚拟开发环境默认存储在系统的根目录下。进入创建的虚拟开发环境的存储路径下，我们会看到一个 Scripts 文件夹，进入该文件夹，直接输入 activate 来激活该虚拟开发环境，激活虚拟开发环境之后，会在虚拟开发环境目录的最前面看到括号括起来的虚拟开发环境名称，如图 A-3 所示。

图 A-3　查看 VirtualEnv 虚拟开发环境名称

图 A-3 中框起来的部分是我们创建的虚拟环境的名称。如果我们不需要使用虚拟环境，想关闭一个 Python 虚拟环境，可直接在虚拟开发环境的目录中执行 deactivate 命令。

#### 3. Django 项目目录介绍

本书中的实践部分对于基于 Django 框架实现的项目，最终项目的目录如图 A-4 所示。

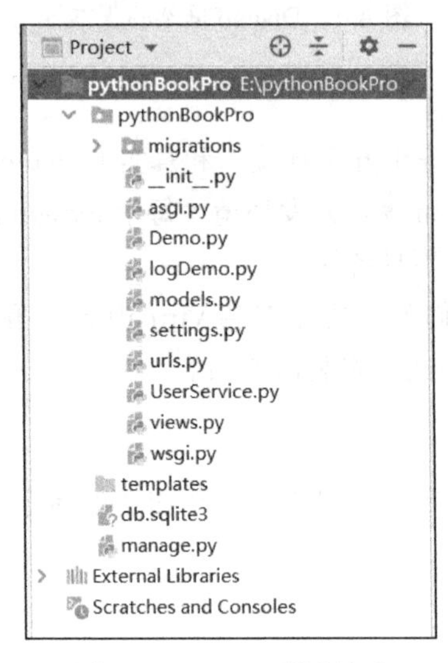


图 A-4 Django 项目目录

本书中的实践项目其实是 3 个不同功能的实现，整体由 pythonBookPro 这个 Django 应用依托 pythonBookPro 这个 Django 项目组成，项目中的核心文件是 Demo.py、logDemo.py、UserService.py。文件中的具体内容已经在相关章节做了详细介绍，这里不再赘述。

#### 4. Django-Models 介绍

Django-Models 是 Django 中的数据模型模块，提供最基础的数据模型支持。模型准确且唯一地描述了数据，包含存储的数据的重要字段等。一般来说，每一个模型映射一张数据库表。每个模型都是一个 Python 类，这些类继承自 django.db.models.Model，类的每个属性相当于一个数据库的字段。利用这些特性，Django 提供了一个自动生成访问数据库的 API。

假设现在有一个 Person 数据实体，需要定义到 Django 中，通过 Django-Models 进行数据模型的管理，代码如下：

```
from django.db import models

class Person(models.Model):
    first_name = models.CharField(max_length=30)
    last_name = models.CharField(max_length=30)
```

first_name 和 last_name 是模型的字段。每个字段都被指定为一个类的属性，并且每个属性映射为一个数据库列。

上述Person模型会创建一个数据库表，以MySQL数据库表为例：

```
CREATE TABLE myapp_person (
    "id" bigint NOT NULL PRIMARY KEY GENERATED BY DEFAULT AS IDENTITY,
    "first_name" varchar(30) NOT NULL,
    "last_name" varchar(30) NOT NULL
);
```

该表的名称myapp_person是自动从某些模型元数据中派生出来的，但可以被改写。id字段会被自动添加，但是可以被改写。

一旦你定义了模型，你需要告诉Django准备使用这些模型。你需要在INSTALLED_APPS设置中添加包含models.py文件的模块名称。例如，若模型位于项目中的myapp.models模块（此包结构由manage.py startapp命令创建），INSTALLED_APPS应设置为：

```
INSTALLED_APPS = [
    #...
    'myapp',
    #...
]
```

### 5. Django-Migrate介绍

迁移是Django将对模型的修改（例如增加一个字段）应用至数据库的方式。

以下是几个常用的与迁移相关的命令：

migrate：负责应用和撤销迁移。

makemigrations：基于模型的修改创建迁移。

sqlmigrate：展示迁移使用的SQL语句。

showmigrations：列出迁移的项目和迁移的状态。

每个应用的迁移文件位于该应用的migrations目录中。它们被设计成应用代码的一部分，与应用代码一起被提交、发布。你只需在开发机上构建一次，就可以在同事的电脑或测试机上运行同样的迁移且保证结果一致，最后在生产环境中运行同样的迁移。将同样的数据集合迁移至开发、测试和生产环境都会生成同样的结果。Django会在修改模型或字段时生成迁移，即便修改的是不会影响数据库的配置。

Django可以对模型进行修改（比如，添加一个字段和删除一个模型），然后运行makemigrations的代码如下：

```
$ python manage.py makemigrations
Migrations for 'books':
    books/migrations/0003_auto.py:
        - Alter field author on book
```

模型将被扫描并与当前包含在迁移文件中的版本进行比较，然后写出一组新的迁移。

新的迁移应该应用于数据库，以确保可以按预期工作：

```
$ python manage.py migrate
Operations to perform:
    Apply all migrations: books
Running migrations:
    Rendering model states... DONE
    Applying books.0003_auto... OK
```

一旦应用了新的迁移，将迁移和模型更改作为一个单一的提交来提交到版本控制系统，这样，当其他开发人员（或你的生产服务器）检查代码时，他们将同时获得模型的更改和伴随的迁移。

如果想给迁移赋予一个有意义的名称而不是生成的名称，我们可以使用 makemigrations --name：

```
$ python manage.py makemigrations --name changed_my_model your_app_label
```

### 6. Django- 路由介绍

路由指的是对一个给定的 URL 进行定义、转换、传参、命名之后，找到相应处理函数的过程，也就是关联 URL 和处理函数的过程。

在配置路由时，settings.py 文件中的 ROOT_URLCONF 变量指定全局路由文件名称（也就是工程的入口路由文件）：

```
ROOT_URLCONF = "<工程名称>.urls"
```

urls.py 文件中的 urlpatterns 变量表示路由。该变量是列表类型，元素由 path() 或 re_path() 组成。path() 处理字符串的路由。re_path() 处理正则表达式的路由。Django 在查看路由时，查找全局路由文件中的 urlpatterns 变量，根据先后顺序，对 URL 逐一匹配 urlpatterns 中的元素，找到第一个匹配的元素后，将停止查找，并根据匹配结果执行处理函数。如果没有找到匹配或者出现异常，Django 将进行错误处理。Django 不考虑 HTTP 请求形式，只根据 URL 进行路由，只要 URL 相同，无论 POST 还是 GET 形式都会指向同一个处理函数。但是，Django 可以通过 decorators 在处理函数前进行基本判断：

```
from django.views.decorators.http import require_http_methods

@require_http_methods(["GET", "POST"])
def index(request):
    pass
```

在 Django 中配置路由有 3 种方式。

1）第一种：精确字符串格式，类似于 articles/2003/。

一个 URL 匹配一个处理函数，适合对静态 URL 的响应。

2）第二种：精确转换格式，类似于 articles/<int:year>/。

一个 URL 模板匹配 URL 的同时，获取一批变量作为参数传递给处理函数。

3）第三种：精确正则表达式格式，类似于 articles/?P<year>[0-9]{4}/。

借助正则表达式的丰富语法，可以表达一类 URL，可以通过 <> 提取变量作为处理函数的参数。

### 7. Django- 可支持数据库介绍

到现在为止，Django 支持常见的几种数据库类型，包括 SQLite、MySQL、MariaDB、Oracle、PostgreSQL。在 Django 中切换数据库的方式是在 settings.py 文件中 DATABASES 配置节点的 ENGINE 属性进行配置，支持的配置规则有 django.db.backends.mysql、django.db.backends.oracle、django.db.backends.postgresql、django.db.backends.sqlite3，其中，MariaDB 数据库与 MySQL 数据库的使用操作相同，即使用 MariaDB 数据库就是使用 MySQL 数据库，需要配置 MySQL 数据库的驱动，Django 并没有提供 MariaDB 数据库的驱动。

在配置好 Django 中数据库的基本属性后，我们还需要在对应的 Django 项目的初始化文件中配置相应的数据库初始化过程，以 MySQL 数据库为例，__init__.py 文件中 PyMySQL 的初始化过程如下：

```
import pymysql

pymysql.install_as_MySQLdb()
```

值得注意的是，使用任意一种 Django 支持的数据库，在创建 Django 的 Models 数据模型时，都需要根据对应数据库的语法去使用，因为不同数据库可能会有不同的使用语法。

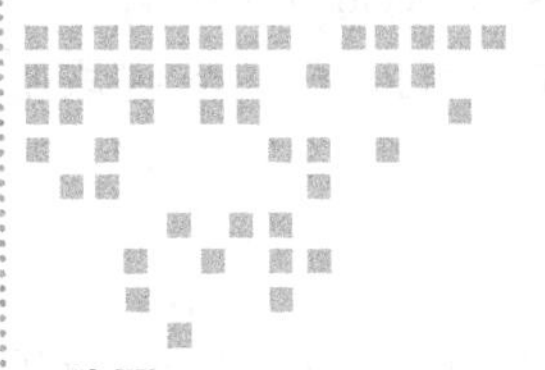

Appendix B 附录 B

# FastAPI 框架快速入门

本附录将介绍书中所用的 FastAPI 框架，为没有使用过 FastAPI 框架的读者提供一些必备的知识点。

## 1. 下载并安装 FastAPI

在 Python 中安装 FastAPI 也是比较简单的，可以直接使用 pip 的方式进行安装，具体的安装命令如下：

```
pip3 install "fastapi[all]"
```

执行上述代码即可安装 FastAPI 的全部依赖项，包含 uvicorn。当然，我们也可以分开安装。单独安装 FastAPI 的命令如下：

```
pip3 install fastapi
```

单独安装 uvicorn 的命令如下：

```
pip3 install "uvicorn[standard]"
```

## 2. FastAPI 路径参数介绍

你可以使用与 Python 中格式化字符串相同的语法来声明路径参数或变量：

```
from fastapi import FastAPI

app = FastAPI()


@app.get("/items/{item_id}")
```

```
async def read_item(item_id):
    return {"item_id": item_id}
```

路径参数 item_id 的值将作为参数 item_id 的值传递给函数。所以，如果运行上述示例并访问 http://127.0.0.1:8000/items/foo，将会看到如下响应：

```
{"item_id":"foo"}
```

你可以将标准的 Python 类型标注为函数中的路径参数声明类型。在本例中，item_id 被声明为 int 类型，代码如下：

```
from fastapi import FastAPI

app = FastAPI()


@app.get("/items/{item_id}")
async def read_item(item_id: int):
    return {"item_id": item_id}
```

如果运行示例并打开浏览器访问 http://127.0.0.1:8000/items/3，将看到如下响应：

```
{"item_id":3}
```

如果通过浏览器访问 http://127.0.0.1:8000/items/foo，你会看到一个 HTTP 错误：

```
{
    "detail": [
        {
            "loc": [
                "path",
                "item_id"
            ],
            "msg": "value is not a valid integer",
            "type": "type_error.integer"
        }
    ]
}
```

因为路径参数 item_id 传入的值为 foo，它不是一个 int 类型值。如果传入的是 float 类型值，也会出现同样的错误。所以，通过同样的 Python 类型声明，FastAPI 提供了数据校验功能（校验规则请查看 FastAPI 官网）。注意上面的错误同样清楚地指出了校验未通过的具体原因，这对于开发和调试与 API 交互的代码时，非常有用。

### 3. FastAPI 查询参数介绍

声明不属于路径参数的其他函数参数时，它们将被自动解释为查询字符串参数：

```
from fastapi import FastAPI
```

```
app = FastAPI()

fake_items_db = [{"item_name": "Foo"}, {"item_name": "Bar"}, {"item_name":
    "Baz"}]


@app.get("/items/")
async def read_item(skip: int = 0, limit: int = 10):
    return fake_items_db[skip : skip + limit]
```

查询字符串是键值对的集合，这些键值对位于 URL 的？之后，并以 & 符号分隔。例如，在 http://127.0.0.1:8000/items/?skip=0&limit=10 中，查询参数为 skip=0、limit=10。由于它们是 URL 的一部分，因此它们的原始值是字符串。但是，当为它们声明了 Python 中常见的类型（在上面的示例中为 int 类型）时，它们将转换为该类型并针对该类型进行校验。由于查询参数不是路径的固定部分，因此它们可以是可选的，并且可以有默认值。

访问 http://127.0.0.1:8000/items/ 与访问以下地址的效果相同：http://127.0.0.1:8000/items/?skip=0&limit=10。但是，如果访问的是：http://127.0.0.1:8000/items/?skip=20，函数中的 skip 参数值将变为 20，limit 参数值将变为 10。

通过同样的方式，你可以将它们的默认值设置为 None 来声明可选查询参数：

```
from typing import Union
from fastapi import FastAPI
app = FastAPI()


@app.get("/items/{item_id}")
async def read_item(item_id: str, q: Union[str, None] = None):
    if q:
        return {"item_id": item_id, "q": q}
    return {"item_id": item_id}
```

在这个例子中，函数中的参数 q 是可选的，并且默认值为 None。需要注意的是，FastAPI 能够分辨出参数 item_id 是路径参数而参数 q 不是（ q 是一个查询参数）。

### 4. FastAPI 请求体介绍

当你需要将数据从客户端（例如浏览器）发送给 API 时，你将其作为请求体发送。请求体是客户端发送给 API 的数据。响应体是 API 发送给客户端的数据。API 几乎总是发送响应体。但是，客户端并不总是需要发送请求体。我们使用 Pydantic 模型来声明请求体，但不能使用 GET 方法发送请求体。发送数据的方法包括 POST（较常见）、PUT、DELETE 或 PATCH。

导入 Pydantic 中的 BaseModel，代码如下：

```
from typing import Union
```

```
from fastapi import FastAPI
from pydantic import BaseModel


class Item(BaseModel):
    name: str
    description: Union[str, None] = None
    price: float
    tax: Union[float, None] = None


app = FastAPI()


@app.post("/items/")
async def create_item(item: Item):
    return item
```

然后，将数据模型声明为继承自 BaseModel 的类，使用标准的 Python 类型来声明所有属性，代码如下：

```
from typing import Union

from fastapi import FastAPI
from pydantic import BaseModel


class Item(BaseModel):
    name: str
    description: Union[str, None] = None
    price: float
    tax: Union[float, None] = None


app = FastAPI()


@app.post("/items/")
async def create_item(item: Item):
    return item
```

和声明查询参数时一样，当一个模型的属性具有默认值时，它不是必需的；否则，它是必需的。将默认值设为 None 可使属性成为可选属性。

例如，上面的模型声明了 JSON 对象（或 Python 字典）：

```
{
    "name": "Foo",
    "description": "An optional description",
    "price": 45.2,
```

```
    "tax": 3.5
}
```

由于 description 和 tax 是可选的（它们的默认值为 None），下面的 JSON 对象也将是有效的：

```
{
    "name": "Foo",
    "price": 45.2
}
```

### 5. FastAPI 响应模型介绍

你可以在任意的路径操作中使用 response_model 参数来声明用于响应的模型，代码如下：

```
@app.get()
@app.post()
@app.put()
@app.delete()

from typing import List, Union

from fastapi import FastAPI
from pydantic import BaseModel

app = FastAPI()


class Item(BaseModel):
    name: str
    description: Union[str, None] = None
    price: float
    tax: Union[float, None] = None
    tags: List[str] = []


@app.post("/items/", response_model=Item)
async def create_item(item: Item):
    return item
```

注意，response_model 是装饰器方法（如 get、post 等）的一个参数，不属于路径操作函数。它接收的参数类型与为 Pydantic 模型属性所声明的类型相同，因此它可以是一个 Pydantic 模型，也可以是一个由 Pydantic 模型组成的 list，例如 List[Item]。

现在我们声明一个 UserIn 模型，它包含一个明文密码属性，代码如下：

```
from typing import Union

from fastapi import FastAPI
```

```
from pydantic import BaseModel, EmailStr

app = FastAPI()


class UserIn(BaseModel):
    username: str
    password: str
    email: EmailStr
    full_name: Union[str, None] = None


# Don't do this in production!
@app.post("/user/", response_model=UserIn)
async def create_user(user: UserIn):
    return user
```

下面使用此模型声明输入数据，并使用同一模型声明输出数据，代码如下：

```
from typing import Union

from fastapi import FastAPI
from pydantic import BaseModel, EmailStr

app = FastAPI()


class UserIn(BaseModel):
    username: str
    password: str
    email: EmailStr
    full_name: Union[str, None] = None


# Don't do this in production!
@app.post("/user/", response_model=UserIn)
async def create_user(user: UserIn):
    return user
```

现在，每当在浏览器使用一个密码创建用户时，API 都会在响应中返回相同的密码。在本案例中，这可能不算是问题，因为用户自己正在发送密码。但是，如果我们在其他的路径操作中使用相同的模型，则可能会将用户的密码发送给每个客户端。

### 6. FastAPI-Cookie 参数介绍

你可以像定义 Query 参数和 Path 参数一样来定义 Cookie 参数。你可以通过以下代码导入 Cookie：

```
from typing import Union
```

```
from fastapi import Cookie, FastAPI

app = FastAPI()


@app.get("/items/")
async def read_items(ads_id: Union[str, None] = Cookie(default=None)):
    return {"ads_id": ads_id}
```

声明 Cookie 参数的结构与声明 Query 参数、Path 参数的结构相同。第一个值是参数的默认值，同时可以传递所有验证参数或注释参数来校验参数，代码如下：

```
from typing import Union

from fastapi import Cookie, FastAPI

app = FastAPI()


@app.get("/items/")
async def read_items(ads_id: Union[str, None] = Cookie(default=None)):
    return {"ads_id": ads_id}
```

Cookie 、Path、Query 是兄弟类，它们都继承自公共的 Param 类。但请记住，当从 FastAPI 导入 Query、Path、Cookie 或其他参数声明函数时，实际上导入的是返回特殊类的函数。

### 7. FastAPI-Header 参数介绍

你可以使用定义 Query、Path、Cookie 参数一样的方法来定义 Header 参数。你可以通过以下代码来导入 Header：

```
from typing import Union

from fastapi import FastAPI, Header

app = FastAPI()


@app.get("/items/")
async def read_items(user_agent: Union[str, None] = Header(default=None)):
    return {"User-Agent": user_agent}
```

然后使用和 Path、Query、Cookie 一样的声明结构定义 header 参数。第一个值是默认值，你也可以传递所有的额外验证参数或注释参数，代码如下：

```
from typing import Union

from fastapi import FastAPI, Header
```

```
app = FastAPI()


@app.get("/items/")
async def read_items(user_agent: Union[str, None] = Header(default=None)):
    return {"User-Agent": user_agent}
```

Header是Path、Query和Cookie的兄弟类型，也继承自通用的Param类。但是请记住，当你从fastapi导入Query, Path, Header, 或其他时，实际上导入的是返回特定类型的函数。

## 8. FastAPI-Swagger在线文档介绍

FastAPI内置了Swagger在线接口文档，支持开发者直接访问来查看接口内容和调试服务接口。FastAPI内置的Swagger在线接口文档的地址如下：

```
http://127.0.0.1:8000/docs
```

在浏览器中输入上述地址即可访问FastAPI内置的Swagger在线接口文档，如图B-1所示。

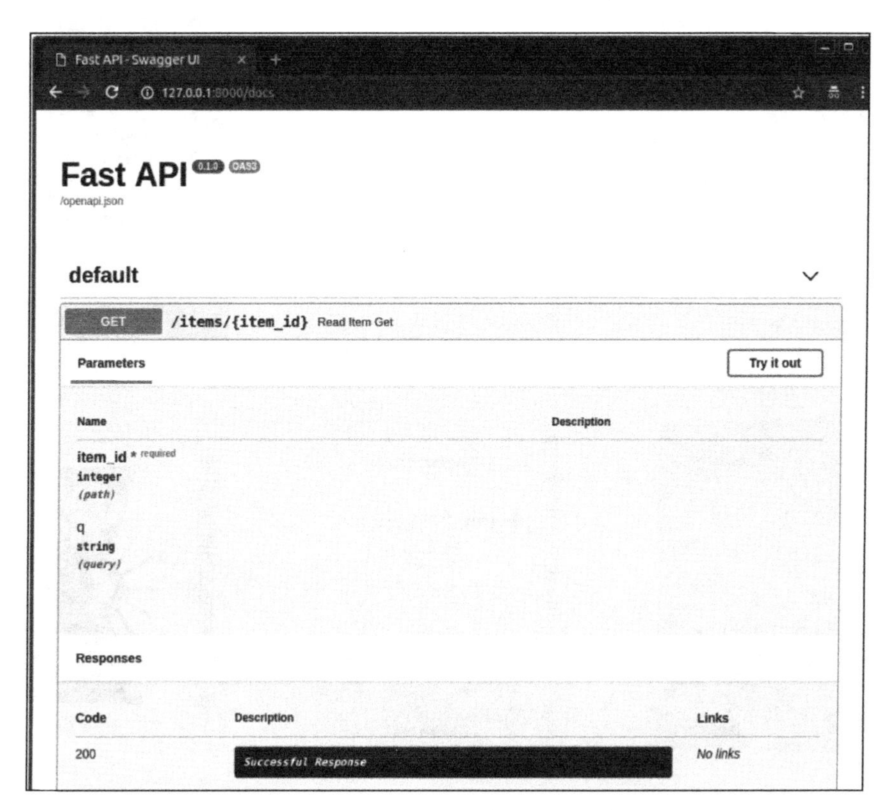


图B-1　FastAPI-Swagger在线接口文档界面

# 推荐阅读

ECharts
数据可视化
入门、实战与进阶
DATA VISUALIZATION BY
ECHARTS

数字孪生实战
基于模型的数字化企业(MBE)

Python数据分析
与挖掘实战

数据分析即未来
企业全生命周期数据分析应用之道
THE ANALYTICS
LIFECYCLE TOOLKIT

O'REILLY
大规模数据分析和建模
基于Spark与R
Mastering Spark with R
[美] Javier Luraschi Kevin Kuo
Edgar Ruiz 著

增强型分析
AI驱动的数据分析、业务决策与案例实践

Python数据分析
与数据化运营

Python3智能数据分析
快速入门

R语言
数据可视化实战
R语言
数据可视化
实战